AF879272

Moderne Biowissenschaften **Band 9**

Mathematische Modellierung von Lebensprozessen

Akademie der Wissenschaften der UdSSR
Sektion Philosophische Probleme biologischer Wissenschaften

MATHEMATISCHE MODELLIERUNG VON LEBENSPROZESSEN

Herausgegeben von
Prof. Dr. Hansjürgen Matthies, Magdeburg, und
Dr. Fritz Pliquett, Leipzig

AKADEMIE-VERLAG · BERLIN

1972

Originaltitel:
Математическое моделирование жизненных процессов
Издательство „Мысл", Москва

Das Originalwerk wurde herausgegeben von
W. S. Gurfinkel
N. N. Lifschitz
A. A. Ljapunow
M. M. Wedenow

Aus dem Russischen übersetzt von
Swetlana Bös
Martin Brandt
Lutz Lindenau
Dr. Fritz Pliquett

Erschienen im Akademie-Verlag GmbH, 108 Berlin, Leipziger Str. 3–4
Copyright 1972 by Akademie-Verlag GmbH
Lizenznummer: 202 · 100/533/72
Gesamtherstellung: VEB Druckhaus „Maxim Gorki", 74 Altenburg
Einband und Schutzumschlag: Rolf Kunze
Bestellnummer: 2148/9 · ES 18 G 1
EDV-Nummer: 761 645 1
Printed in German Democratic Republic

VORWORT ZUR DEUTSCHEN AUSGABE

Die Biowissenschaften stehen im letzten Drittel unseres Jahrhunderts vor einer entscheidenden Etappe ihrer weiteren Entwicklung. Immer mehr wächst die Einsicht, daß ein tieferes Verständnis der Lebensprozesse bei dem hohen Grad der Organisiertheit biologischer Systeme nicht erreicht werden kann ohne Berücksichtigung ihres Systemcharakters und der damit verbundenen Informationsprozesse. Daraus leitet sich die zunehmende Verbreitung kybernetischer Betrachtungsweisen, die verstärkte Anwendung mathematischer Methoden und das größer werdende Bedürfnis nach theoretischen Abstraktionen und Modellierungen biologischer Erscheinungen ab.

Die hochgradige Arbeitsteilung und Spezialisierung schaffen zugleich die Notwendigkeit, den inneren Zusammenhang der Wissenschaft durch enge Wechselbeziehungen zwischen den Teilwissenschaften zu bewahren und damit die Proportionalität der Gesamtentwicklung zu ermöglichen, sie sind ebenso die Ursache für die Entwicklung neuer Grenzgebiete, wie der interdisziplinären Kooperation. So tritt auch die Beziehung zwischen den Biowissenschaften und der Mathematik in eine neue Phase, die sich nicht durch ein einfaches Zusammenfügen ihrer Methoden und Ergebnisse charakterisieren läßt. Die qualitativen Besonderheiten der Lebensprozesse, die Spezifik der Gesetzmäßigkeiten der biologischen Organisation fordern vielmehr von der Mathematik die Entwicklung neuer Verfahren und Denkweisen und von der Biologie die Neuformulierung ihrer Problemstellungen und eine entsprechende Gestaltung ihrer Lösungswege, um die Integration beider Wissenschaftszweige auf einer höheren Ebene und damit neuen Erkenntnisgewinn und praktische Nutzanwendung zu ermöglichen.

Darüber hinaus wird immer deutlicher, daß damit zusammenhängende methodologische und erkenntnistheoretische Probleme ihrer Bearbeitung bedürfen, wie immer, wenn sich entscheidende Entwicklungsabschnitte der Wissenschaften ankündigen.

Diese grundlegenden Probleme waren auch Gegenstand einer theoretischen Konferenz 1966 in Moskau; der vorliegende Sammelband enthält die Arbeiten sowjetischer Autoren, die auf dieser Konferenz vorgetragen wurden, sowie eine Arbeit von N. Rashevsky über „Mathematische Grundlagen der gesamten Biologie“. Wenn auch seitdem einige Jahre verstrichen sind, haben die behandelten Fragen trotz des ständig wachsenden Tempos der wissenschaftlichen Entwicklung nichts an ihrer Aktualität verloren, da sie bis heute noch nicht beantwortet werden konnten.

Da es bisher keine moderne, zusammenfassende Darstellung der methodologischen Probleme der mathematischen Modellierung von Lebensprozessen gibt, soll das vorliegende Buch den Lesern der verschiedenen Fachrichtungen helfen, dieses Gebiet zu erschließen.
Sicherlich wird man nicht allen hier geäußerten Gedanken und Vorstellungen zustimmen können; um so mehr wird das Lesen dieses Bandes zur geistigen Anregung dienen und die Beschäftigung mit den angeschnittenen Fragen stimulieren. Das thematische Spektrum reicht von erkenntnistheoretischen und methodologischen Aspekten, die häufig bei der theoretischen Durchdringung biologischer Probleme vernachlässigt werden, über allgemeine Prinzipien der Anwendung mathematischer Verfahren und der Modellierung in der Biologie bis zur Behandlung konkreter Anwendungsbeispiele und läßt so die breite Front deutlich werden, in der sich Mathematik und Biologie durchdringen.
Um die Originalität des Textes zu erhalten, haben wir uns entschlossen, von umfangreicheren Überarbeitungen und Kürzungen abzusehen, auch wenn dadurch einige Überschneidungen oder stellenweise eine gewisse Breite der Darstellung übernommen wurde.
Herrn Prof. N. Rashevsky sind wir für die Überarbeitung seines Beitrages zu Dank verpflichtet. Durch engen Kontakt mit Herrn Prof. W. S. Gurfinkel, einem der sowjetischen Herausgeber, wurde die deutsche Ausgabe gefördert. Schließlich möchten wir dem Übersetzerkollektiv für die einwandfreie orginalgetreue Übertragung der nicht immer einfachen Texte in die deutsche Sprache danken.

Die Herausgeber

VORWORT ZUR SOWJETISCHEN AUSGABE

Das Eindringen mathematischer Methoden und mathematischen Gedankengutes in die Erforschung von Lebensprozessen ist für die Entwicklung der modernen Biologie eine charakteristische Besonderheit, die häufig als Mathematisierung der Biologie bezeichnet wird. Dieser Vorgang ist durch die intensive Entwicklung des gesamten Gebietes der biologischen Disziplinen und die Entstehung neuer Wissenschaftszweige, wie vor allem der Kybernetik und der allgemeinen Systemtheorie, bedingt. Zwischen der Mathematik und der Biologie bilden sich neue Beziehungen, und darüber hinaus entsteht auch eine gemeinsame Sprache. Wo diese beiden Wissenschaften zusammentreffen, werden neue allgemeingültige Begriffe geformt, wie Steuerungs- und Organisationsebenen, Information, Rückkopplung und Stufenregelung, und viele bereits bestehende Begriffe, wie komplexes System, Struktur, Steuerung und Kodierung, erschließen sich in ihrer tieferen Bedeutung. Mathematische Theorien und Begriffe entstehen, die nicht nur das Eindringen der Mathematik in die Biologie fördern, sondern auch den Charakter der Biologie selbst ändern. Im Zuge der Erforschung so komplizierter Objekte, wie es die lebenden Systeme sind, erweist sich gleichzeitig die Bildung neuer Richtungen in der Mathematik selbst als unerläßlich.

Ständig wächst die Zahl der Forschungsarbeiten auf dem großen Gebiet biologischer Erscheinungen und verschiedener Entwicklungsstufen des Lebenden, mit deren Erkenntnis die Bedeutung der mathematischen Modellierung zunimmt. Als wichtiges Mittel zur Formung und Entwicklung der theoretischen Biologie hat die mathematische Modellierung allgemeine Anerkennung gefunden. Im Verlaufe der Entstehung der mathematischen Modellierung von Lebensprozessen ergaben sich neue philosophische und methodische Probleme. Die Frage nach dem Charakter des mathematischen Apparates, der zur Untersuchung biologischer Erscheinungen eingesetzt wird, gewinnt große methodologische Bedeutung. Es sei daran erinnert, daß der aus historischer Sicht klassische mathematische Apparat im wesentlichen unter dem Einfluß der Anforderungen der Mechanik und der Physik entstanden ist. Somit erweist er sich in vielen Fällen als ungenügend zur Lösung schwieriger Probleme bei der Untersuchung lebender Systeme. Er muß von Grund auf umgestaltet werden, oder man muß sogar einen auf anderen Prinzipien basierenden neuen mathematischen Apparat schaffen.

Unter den Problemen der modernen Biologie ziehen die Fragen der mathematischen Modellierung von Lebensprozessen das Interesse von Wissenschaftlern verschiedener Fachrichtungen auf sich, von Mathematikern und Biologen, Kybernetikern und Logikern, Physikern und Chemikern, Konstrukteuren und Philosophen.

Diesem Buch liegen die überarbeiteten und erweiterten, auf der theoretischen Konferenz über Probleme der mathematischen Modellierung von Lebensprozessen in Moskau 1966 gehaltenen Referate zugrunde. In seinen einführenden Worten betonte das Mitglied der Akademie der Wissenschaften Bychowski, daß die Physik und die Chemie unbestritten die führenden Wissenschaften unserer Zeit sind. Doch wenn es um die Wissenschaft von morgen gehe, so werde wohl nach dem Zeitalter der Physik und der Chemie ein Zeitalter der Biologie anbrechen. Zu den Erfolgen der Physik und der Chemie habe in großem Maße die umfangreiche Anwendung mathematischer Methoden beigetragen. Je komplizierter das Material der Wissenschaft sei, um so später werden zu dessen Bearbeitung mathematische Methoden angewendet. Mit der Anwendung mathematischer Gedanken und Methoden habe man in der Biologie praktisch erst gegen Ende des 19. und am Anfang des 20. Jahrhunderts begonnen. Man sei ihnen mit Mißtrauen begegnet, aber die Praxis habe zu der Einsicht gezwungen, daß die Mathematisierung in der Biologie unvermeidlich sei und voranschreite.

Heute, so fuhr Bychowski fort, seien die Biologen bestrebt, ein „Internationales biologisches Programm" von Forschungsarbeiten zu verwirklichen, die es ihnen ermöglichen, die rationale Nutzung der Produkte der Biosphäre zu berechnen und zu organisieren, das Verhalten und das Funktionieren einzelner biologischer Arten gründlicher zu studieren, ihre zahlenmäßige Zusammensetzung, ihre Dynamik in der Struktur der Biozönosen zu klären usw. Die Erfüllung dieses großartigen Programms sei undenkbar ohne Verwendung mathematischer Modelle in der Biologie und werde die weitere Entwicklung der Modelle fördern.

In diesem Buch wird der Versuch unternommen, die Probleme der mathematischen Modellierung von Lebensprozessen unter verschiedenen Aspekten zu erörtern, und zwar unter den Aspekten der Mathematik, der Biologie, der Kybernetik und der Philosophie. Die vielseitige Betrachtung des Problems bestimmte schließlich auch die Zusammensetzung des Autorenkollektivs, das Vertreter der unterschiedlichen Wissensgebiete umfaßt. Das Redaktionskollegium hat es für zweckmäßig erachtet, auch einen Beitrag des bekannten amerikanischen Gelehrten N. Rashevsky mit dem Titel „Mathematische Grundlagen der gesamten Biologie" in das Buch aufzunehmen. Doch soweit der Bogen der in dem Werk behandelten Fragen auch gespannt ist, bleiben doch viele wichtige Aspekte unberührt. Das Autorenkollektiv und das Redaktionskollegium haben es sich auch gar nicht zur Aufgabe gestellt, das gesamte Problem lückenlos zu beleuchten. Wie in jedem kollektiven Werk trägt das Buch im Stil und in der Art des Herangehens an das Problem unterschiedlichen Charakter. Das Redaktionskollegium war um ein breites Spektrum von Ansichten über die mathematische Modellierung von Lebensprozessen und um die Erhaltung der individuellen Eigenarten in der Darstellung eines jeden Autors bemüht.

Nach Meinung des Autorenkollektivs und des Redaktionskollegiums sollen die in dem Buch veröffentlichen Beiträge den Leser mit einer der wichtigsten Richtungen der modernen Wissenschaft vertraut machen und ihm zeigen, wie intensiv die schöpferische Forschungstätigkeit auf diesem Gebiet ist.
An der Bearbeitung des Manuskriptes hatten I. W. Dostowa und A. T. Schatalow Anteil.

INHALTSVERZEICHNIS

J. A. Aktschurin, M. F. Wedenow, Ju. Satschkow

METHODOLOGISCHE PROBLEME DER MATHEMATISCHEN MODELLIERUNG IN DER BIOLOGIE

1. Die intensive Wechselwirkung der Biologie und der Mathematik — der Weg des Fortschritts beider Wissenschaften

Die Bedeutung der mathematischen Modellierung. Die moderne intensive Entwicklung der Biologie beruht auf der engen und vielseitigen Wechselwirkung ihrer Methoden mit den experimentellen und theoretischen Methoden anderer Wissenschaften, wie der Physik, Chemie, Kybernetik und Mathematik. Besonders diese Methoden ermöglichen es, in die Geheimnisse der Lebensprozesse einzudringen, die auf den untersten Organisationsebenen der Zelle vor sich gehen, was zur Umgestaltung und Entwicklung des gesamten Komplexes der Biologie führte. Die Anwendung der Mathematik in der Biologie wurde durch die zunehmende Kompliziertheit der wissenschaftlichen Theorien hervorgerufen, die zur Lösung der Hauptprobleme der Wissenschaft vom Leben erforderlich sind, solcher Probleme, wie Evolution und Organisation lebender Systeme. Bevor wir die Bedeutung der mathematischen Modellierung biologischer Erscheinungen zur Gewinnung neuer Erkenntnisse betrachten, soll zunächst, wenn auch nur in ganz allgemeiner Form, der Inhalt des Begriffs „Modell", insbesondere „mathematisches Modell", erörtert werden. Bekanntlich gibt es gegenwärtig noch keine allgemein anerkannte Definition des Begriffs, aber unseres Erachtens hat Schtoff die beste Formulierung gefunden: „Unter einem Modell versteht man ein gedanklich vorstellbares oder ein materiell realisiertes System, das, indem es das Untersuchungsobjekt abbildet oder reproduziert, fähig ist, es auf solche Weise zu ersetzen, daß dessen Untersuchung uns zu einer neuen Information über dieses Objekt verhilft" [1]. Jedes Modell ist auf der Basis bestimmter theoretischer Prinzipien aufgebaut und wird mit bestimmten Mitteln realisiert. Ein auf der Grundlage der Prinzipien einer mathematischen Theorie aufgebautes Modell, das mit Hilfe mathematischer Mittel beschrieben wird, nennt man gewöhnlich ein mathematisches Modell.

Die spezifischen Eigenschaften der mathematischen Modellierung einiger Erscheinungen der Wirklichkeit zeigen sich anschaulich in ihrer Beziehung zum Wesen und zu den Aufgaben einer wissenschaftlichen Theorie, insbesondere zur physikalischen als der am weitesten entwickelten Form der naturwissenschaftlichen Theorie. Die physikalischen Theorien sind vor allem intensional aufzufassende

Systeme mathematischer Wechselbeziehungen. Die entsprechenden Begriffssysteme sind logisch relativ vollständig; das abstrakte Objekt der Theorie, (z. B. der Massepunkt im Falle der klassischen Mechanik, ist völlig eindeutig definiert; in den inneren Verbindungen eines Systems gibt es keine freien Stellen, keine „weißen Flecke" und keine logischen Widersprüche; die experimentelle Basis bildet ein geschlossenes Gebiet.

Sowohl bei der Untersuchung der wichtigsten modernen physikalischen Theorien als bei ihrer Anwendung auf die interessantesten Objekte der physikalischen Forschung — Festkörper, Atomkern, Struktur der Elementarteilchen u. a. — wird die Methode der mathematischen Modellierung in großem Umfang eingesetzt. Die mathematische Modellierung ist eine teils experimentelle, teils theoretische Methode der Erkenntnis und der Erklärung der zu untersuchenden Naturerscheinungen. Hier sind weitgehend sich auf die Mathematik stützende theoretische Überlegungen vertreten, nicht aber ein vollständiges Begriffssystem. Das abstrakte Objekt ist nicht eindeutig definiert. Viele wesentliche Beziehungen in dem allgemeintheoretischen Bild des entsprechenden Forschungsgebietes lassen sich nicht theoretisch deuten — sie haben rein phänomenologischen, empirischen Charakter. Das Gebiet der empirischen Basis ist nicht deutlich umrissen und im Innern nicht geordnet. Insgesamt läßt sich sagen, daß die mathematische Modellierung den modernen theoretischen Vorstellungen der Wissenschaft höchste Effektivität verleiht, einen Weg zur Untersuchung logisch vollständiger wissenschaftlicher Theorien darstellt und Vorbedingung für die Anwendung auf neuen Forschungsgebieten ist.

In allgemeinster Form ist jeder Fortschritt der Wissenschaft entweder mit der Anwendung neuer Methoden oder Gedanken zur Erkenntnis der materiellen Wirklichkeit bzw. mit der Erforschung neuer Teilgebiete oder auch mit einer weitgehenden Verallgemeinerung verbunden, die die unterschiedlichsten Wissenssphären umfaßt. Auf Versuche, die Methoden und Gedanken der Mathematik auf die Erforschung der Lebensvorgänge anzuwenden, setzt man große Hoffnungen, und zwar nicht nur als eine neue exaktere Methode der Erkenntnis, sondern auch als ein Mittel, jene Seiten des Erkenntnisobjektes zu beleuchten, die für andere Methoden unzugänglich sind, und schließlich auch als ein Verfahren zur umfassendsten Synthese früher voneinander getrennter Wissensgebiete.

Die Mathematik hatte es nicht leicht, in die Biologie Eingang zu finden, ohne Kampf und Reibungen ging es nicht ab. Die Möglichkeiten zur Anwendung mathematischer Methoden in der Biologie boten sich später als in anderen Wissenschaften. Mitunter wird behauptet, die mathematischen Methoden seien zusammen mit der Genetik in die Biologie eingegangen. Aber das ist nicht ganz richtig. Wie mehrere andere Zweige der biologischen Wissenschaften hat die Genetik den Boden dafür vorbereitet und die Bedingungen dazu geschaffen, indem sie genauere inhaltliche Begriffe gebildet hat, die für das Eindringen mathematischer Methoden und Gedanken in die Biologie notwendig waren.

Die Durchdringung der Biologie mit Ideen und Methoden der Mathematik hat eine lange Geschichte. In allgemeiner Form ist offensichtlich die These richtig, daß die Erkenntnis mit der intensionalen und qualitativen Analyse beginnt, und erst danach wird es erforderlich, zur Formalisierung und quantitativen Präzisierung überzugehen. So beurteilt man oft den Reifegrad einer Wissenschaft nach dem Umfang oder Grad der Anwendung von mathematischen Methoden oder Theorien. Heute nimmt die Mathematik einen an Bedeutung ständig zunehmenden Platz unter den methodischen Hilfsmitteln in der Biologie ein. In den letzten Jahren ist ihre Bedeutung so groß geworden, daß viele biologische Erscheinungen ohne entsprechende mathematische Analyse einfach nicht erkannt und erklärt werden können. Auf jeden Fall sind heutzutage die Ergebnisse der Anwendung der Theorie der Algorithmen, der Wahrscheinlichkeitstheorie, der Informationstheorie und der Spieltheorie zur Erkenntnis eines relativ großen Kreises biologischer Erscheinungen weithin bekannt.

Betrachtet man die Bedeutung der mathematischen Methoden und der mathematischen Modellierung für die Erkenntnis der Erscheinungen, so muß man folgende spezifische Eigenschaft berücksichtigen: Die Mathematik stellt eine zur Beschreibung von Prozessen unterschiedlicher Art geeignete Sprache zur Verfügung, sie gibt die Möglichkeit, die durch die Spezialisierung hervorgerufene Enge zu überwinden. Der heutige Stand der Wissenschaft vom Leben verlangt unbedingt, daß die Grundgesetze der Biologie mathematisch ausgedrückt werden, und die experimentelle Bestätigung der Schlußfolgerungen der biologischen Gesetze ist das Kriterium ihrer Genauigkeit.

Wie groß auch der Bereich sein mag, in dem die Methoden und Ideen der Mathematik angewendet werden, die effektivsten Ergebnisse werden in der Genetik und der Neurophysiologie erzielt. Die positive Rolle, die die Methoden der Mathematik spielen, kann durch einige wichtige Fakten aus der Geschichte der Entwicklung der Genetik belegt werden. Die von Mendel zur Analyse experimentellen hybriden Materials angewendeten mathematischen Methoden ermöglichten ihm, die Erklärung für die Vererbungserscheinungen genauer zu formulieren. Ein wesentlicher Fortschritt in der Anwendung mathematischer Methoden auf die Populationsgenetik wurde durch Fischer, Holdeyn, Right und Tschetverikow erreicht. Die von ihnen geschaffenen mathematischen Modelle zeigten, wie die Vererbungsgesetze das „Schicksal“ eines Gens in einer Population steuern. Die Entschlüsselung des Kodes der genetischen Information wird gleichfalls stark durch die mathematische Kodierung beeinflußt. Somit bleibt die Genetik weiterhin der exakteste Zweig der Biologie, denn in ihr sind Experiment und Theorie erfolgreich verflochten.

Die mathematische Modellierung hat unter den zahlreichen Methoden der Erkenntnis biologischer Vorgänge bedeutende Geltung. Sie wird auf die vielen biologischen Vorgänge angewendet, die auf den verschiedenen Strukturebenen der Entwicklung des Lebenden vor sich gehen. Sie ist ein unentbehrliches Mittel der theoretischen Untersuchung biologischer Erscheinungen geworden. Die mathematische Modellierung von Lebensprozessen ist eine der effektivsten Formen der Wechselwirkung von Mathematik und Biologie. An den Nahtstellen dieser beiden grundlegenden Wissenschaften entstehen immer häufiger neue Verfahren und

Richtungen in der Erkenntnis der Lebensvorgänge. Hier bilden sich vor allem auch neue Begriffe, Verallgemeinerungen und Methoden, mit denen sich die Lebenserscheinungen tiefgründiger und exakter erkennen lassen. Im Laufe dieser Wechselwirkung in der Biologie entstanden und kamen so neue Begriffe in Umlauf, wie *Steuerung* und *Regelung*, *Struktur* und *System*, *Information* und *Kodierung*, *Selbstreproduktion* und *Selbstorganisation*. Durch das Eindringen von Methoden und Ideen der Mathematik in die Biologie wird der Charakter der wissenschaftlichen Erkenntnis der Lebenserscheinungen verändert. Das wird am Beispiel der Geschichte von der Entstehung und der Entwicklung des Problems des genetischen Kodes deutlich sichtbar.

Die Entschlüsselung des genetischen Kodes ist eine der größten Errungenschaften der Biologie in der zweiten Hälfte des zwanzigsten Jahrhunderts. Die Erforschung dieses Problems vereinigte auf molekulargenetischer Grundlage die Erkenntnismethoden nahezu aller biologischer Wissenschaftszweige. Man begann, die Probleme der Evolution und der Organisation sowie die Analyse der gesetzmäßigen Beziehungen zwischen verwandten Organismen und der Entwicklungswege der einzelnen Arten in direkte Abhängigkeit von den physikalischen und chemischen Vorgängen auf molekularer Ebene zu bringen. Intensiv wurden die Gesetzmäßigkeiten der wechselseitigen Beziehungen zwischen den verschiedenen Strukturebenen der Entwicklung des Lebenden erforscht. In diesen Untersuchungen sind die Auffassungen über den genetischen Kode, die in der Entwicklung der Gentheorie einen Schritt vorwärts bedeuten, die zentrale, vereinigende Basis.

Die mathematische Modellierung in der Biologie verleiht dieser Wissenschaft eine neue Einheitlichkeit. Sie ermöglicht es, völlig neue Merkmale der Gesamtheit der Strukturen auf den verschiedensten Ebenen und Organisationsniveaus unseres Wissens vom Lebenden ins Blickfeld zu bringen. Die Entdeckung der weitgehenden Strukturisomorphie, der fundamentalen Gemeinsamkeit der Natur, von scheinbar überhaupt nicht ähnlichen Erscheinungen — das ist für den Prozeß der Mathematisierung des menschlichen Wissens das charakteristischste Kennzeichen. Es genügt, an dieser Stelle an so große Entdeckungen der Physik zu erinnern, wie die Feststellung der Identität der Natur des Lichtes und der elektromagnetischen Erscheinungen, der Wärme und der mechanischen Bewegung.

Man kann annehmen, daß der für alle Lebewesen einheitliche genetische Kode nur die erste mit Hilfe der Mathematik entdeckte fundamentale Gesetzmäßigkeit aus der großen Zahl jener Gesetzmäßigkeiten ist, die in nicht allzu ferner Zukunft das Gesicht der Biologie völlig verändern, ihr eine neue logische und theoretische Struktur verleihen und die Einheit der Natur vieler biologischer Gesetzmäßigkeiten aufdecken werden, die uns heute noch völlig unabhängig voneinander zu sein scheinen.

Das immer intensivere Eindringen mathematischer Methoden in die Biologie ist durch einen ganzen Komplex untereinander eng verbundener und mitunter auch seltsam verflochtener Ursachen bedingt. Vorrangig sind objektive Faktoren, die vor allem mit dem weiteren und sich immer mehr beschleunigenden Fortschritt der Biologie selbst verknüpft sind. LENIN verband bekanntlich in seinem Werk

„Materialismus und Empiriokritizismus“ den Fortschritt der Wissenschaft mit ihrer Annäherung an Objekte, die so einfach und gleichartig sind, daß sich ihre Gesetzmäßigkeiten der Bewegung mathematisch ausdrücken lassen. Fast in der gesamten biologischen Forschung haben die Wissenschaftler heute Ausgangspositionen eingenommen, wonach der weitere Fortschritt ihrer Forschungstätigkeit in vielem durch die Schaffung und die experimentelle Bestätigung exakter, eine mathematische Formulierung zulassender Modelle bestimmt wird.
Dabei rückt auch eine andere prinzipiell wichtige Ursache für die Mathematisierung unseres heutigen Wissens in den Vordergrund. Die Ketten der Beweistheorien sind heute wesentlich „länger“ geworden und verfügen über eine sehr große Anzahl elementarer logischer „Schritte“. Deshalb werden in den modernen wissenschaftlichen Theorien die rein beschreibenden Begriffe und Theorien immer unzuverlässiger. Das Ungenaue und Ungleiche, das jedem derartigen Begriff unweigerlich anhaftet und von einem logischen Schritt der wissenschaftlichen Beweistheorie zum anderen an Umfang zunimmt, beginnt bei einer bestimmten Anzahl von Schritten die Zuverlässigkeit der Logik jeder beliebigen Theorie in Zweifel zu stellen.
Ein weiterer sehr wichtiger Grund für die Mathematisierung der modernen Biologie besteht in der in den letzten Jahren stark angewachsenen Kompliziertheit der materiellen Produktion, die der Biologie ihre sozialen Aufträge präsentiert. Die Belange der gesamten Volkswirtschaft im ganzen und solcher Gebiete der Wissenschaft und Technik im besonderen, wie Kosmonautik, Raketentechnik, Raketenabwehr und dergleichen, stellen an die Funktionszuverlässigkeit der biologischen Systeme außerordentlich hohe Anforderungen.
Als letzter Grund — in der Reihe, nicht der Bedeutung nach — für das intensive Eindringen mathematischer Methoden in die Biologie gilt die Notwendigkeit, eine gewisse logische Ordnung in der unübersehbaren Informationsmenge zu schaffen, die von der biologischen Wissenschaft bis heute gespeichert wurde. Das Beispiel der Physik zeigt, daß das „stabilste“ effektivste Verfahren zur Kodierung empirischer Information die Entwicklung neuer, mathematisierbarer Begriffe ist, z. B. des Begriffes von den unitären Symmetrieeigenschaften der in starker Wechselwirkung zueinander stehenden Elementarteilchen. Deshalb vertreten sehr viele Biologen sowie Mathematiker, Kybernetiker, Physiker, Chemiker und sich mit der Biologie befassende Vertreter anderer wissenschaftlicher Fachrichtungen die Meinung, daß nur mathematische Modelle sie vor dem „Ertrinken“ in jenem Ozean empirischer Information retten können, in den sich bestimmte Gebiete der modernen Biologie immer mehr verwandeln.

Die wachsende Bedeutung der Mathematik in den modernen Naturwissenschaften. Ohne Analyse der allgemeinen methodologisch-philosophischen Probleme, die in Verbindung mit der Mathematisierung der Naturwissenschaften entstehen, lassen sich die spezifischen Probleme der mathematischen Modellierung von Lebensvorgängen nicht bis ins letzte begreifen.
Auf die fortgeschrittensten Wissensgebieten stützen sich heute die Formen für den Ausdruck neuer Ideen und Begriffe, vor allem auf die Mathematik, deren

Konzeption und Vorstellungen. Sie werden von letzteren „souffliert". Im System der theoretischen Wissensgebiete und im System der Wissenschaft überhaupt ist die Mathematik an und für sich eine überaus interessante und eigenartige Erscheinung. Die grundlegende Bedeutung der Mathematik für die Theorie ist im Verlauf der gesamten Entwicklungsgeschichte der Wissenschaft von hervorragenden Gelehrten erwähnt worden. In unserer Zeit hat sich das geflügelte Wort „Mathematisierung des Wissens" eingebürgert, das die Hauptrichtung kennzeichnet, in der sich die theoretischen Vorstellungen in der Wissenschaft im allgemeinen und in den Naturwissenschaften im besonderen bewegen. Was aber zum Beispiel die Entwicklung der modernen theoretischen Physik betrifft, so kann man allgemein mit Fug und Recht behaupten, daß sie sich überwiegend auf der Grundlage der mathematischen Hypothese entwickelt. Zum Beispiel sind die wesentlichen Resultate und Entdeckungen der Quantentheorie und der Physik der Elementarteilchen — angefangen mit dem Dualismus von Welle und Korpuskel und endend mit dem Omega-Hyperon und den hypothetischen Quarks — der Mathematik zu danken.

Wollen wir den Prozeß der Mathematisierung als einen Wachstumsprozeß der theoretischen Vorstellungen der Wissenschaft betrachten, so müssen wir vor allem genügend adäquates Verständnis für den eigentlichen Gegenstand der modernen Physik voraussetzen, obgleich natürlich schon eine einfache positive Definition des Wesens der Mathematik mitunter auf erhebliche Schwierigkeiten stößt. In den heutigen Definitionen der Mathematik heißt es, daß sie die Wissenschaft von den abstrakten Strukturen, deren Funktions- und Entwicklungsgesetzen und den Operationen mit ihnen ist, die Wissenschaft von den Operationen mit Objekten von hinreichend allgemeiner Art.

Als abstrakte, entsprechende Strukturen bildende Objekte der Mathematik gelten Zahlen, Größen, Vektoren, hyperkomplexe Systeme, Mengen, Gruppen u. a. Die Verbindungen und Beziehungen zwischen ihnen, aus denen sich die Operationsarten ergeben, werden durch Begriffe, wie Addition, Multiplikation, Division, Vereinigung, Transformation, Gesetz der Komposition und dergleichen ausgedrückt. Es versteht sich von selbst, daß das materialistische Herangehen an die Erforschung des Wesens der Mathematik darauf beruht, daß diese Objekte und Verbindungen als Abbildungen, Muster und Modelle bestimmter Seiten der materiellen Objekte und Systeme betrachtet werden, als Muster und Modelle, die von der konkreten, physikalischen Natur dieser Objekte und Systeme völlig abstrahieren und nur infolge dieser Abstraktion gelten. Wir dürfen auch die mitunter anklingende Beschränkung in der Erkenntnis des Gegenstandes der Mathematik nicht übersehen, wenn sie nur als Wissenschaft von der Quantität, der Zahl und der entsprechenden Operationen betrachtet wird. Die moderne Mathematik untersucht eine weit umfassendere Klasse von Objekten und Beziehungen, obwohl die Quantität auch weiterhin eine wesentliche Rolle spielt, sozusagen auf den ersten Etappen der „mathematischen Realität".

Betrachten wir die mathematisch entwickelten naturwissenschaftlichen Theorien, so können wir feststellen, daß die Mathematik in diesen Fällen die Hauptform für den Ausdruck entsprechender Gesetzmäßigkeiten ist, und daß mit Hilfe der Mathematik die Grundgleichungen der Theorien, die deren Kern bilden, formuliert werden. Mit anderen Worten, der größte Wert der Mathematik besteht darin, daß sie durch sich selbst das Skelett, das Gerüst, die innere Organisation der entsprechenden Vorgänge in der Natur ausdrückt, und eben diesem Zweck dienen ihre abstrakten Objekte und Beziehungen (Verbindungen).

Uns interessiert vor allem die Wechselwirkung der Mathematik mit anderen Wissenszweigen, aber nicht nur als Prozeß der Anwendung der Mathematik als eines bereits fest umrissenen Wissensgebietes, sondern jenes methodologische Klima, in dem sich auch die Mathematik erfolgreich entwickeln kann. Mit der Entfaltung der Wissenschaft geht die Ablösung jener mathematischen Disziplinen Hand in Hand, die jeweils mit den Naturwissenschaften in engster Wechselwirkung stehen. Für die klassische Mathematik ist die Anwendung der *gewöhnlichen klassischen Analysis* (der Differential- und Integralrechnung) charakteristisch; die klassische Elektrodynamik MAXWELLS erfordert die Anwendung der *Vektoranalysis*, die Relativitätstheorie — die *Tensoranalysis*, die Quantenmechanik — die *Theorie der Hilbert-Räume*, die moderne Theorie der Elementarteilchen — die *Gruppen- und Funktionentheorie*. Dementsprechend setzt die Mathematisierung des Wissens den Übergang zur mathematischen Erforschung neuer materieller Objekte und Systeme, vor allem die Entwicklung neuer mathematischer Theorien, voraus. Nur auf diese Weise kann man hoffen, das Wesen dieser Objekte und Systeme exakt aufzudecken und auch auszudrücken.

Die Mathematisierung neuer Wissensgebiete verlangt, daß auf diesen Gebieten zunächst früher entwickelte mathematische Mittel angewendet werden, mit denen sich die entsprechenden Erscheinungen und die einfachsten Gesetzmäßigkeiten erkennen und mathematisch ausdrücken lassen. Der Mathematik wohnt bekanntlich eine bestimmte innere Kontinuität ihrer Entstehung inne, sie verfügt über eine bestimmte Plastizität der Entwicklung, was nicht nur die ständige Ausdehnung ihrer Einflußsphäre, sondern auch ihre Kraft bedingt. Die Anwendung der alten, nicht völlig adäquaten mathematischen Methoden auf die neuen, komplizierteren Objekte führt im Endergebnis zu einem überaus verworrenen Bild erkennbarer Erscheinungen; mit den neuen Methoden kann man tiefer eindringen und dadurch das auf der Basis der alten Methoden erhaltene Bild vereinfachen. Insgesamt ist der Einsatz der Mathematik in der Erkenntnis neuer Gebiete der Wirklichkeit ein komplizierter Prozeß, in dessen Verlauf neue mathematische Disziplinen durch bereits existierende erzeugt werden und neue, tiefere mathematische Begriffe rückwirkend die alten Begriffe beeinflussen.

In gewissem Sinne können wir in der heutigen Wechselwirkung zwischen Mathematik und Biologie eine typische Situation beobachten. Die Biologie verlangt nach eigenen mathematischen Gebieten, deren Untersuchung möglich ist, wenn sie in logischer Beziehung eine Weiterentwicklung und Verallgemeinerung der gesamten vorangegangenen Mathematik darstellen. Um diese Möglichkeit in eine Realität zu verwandeln, muß man den ganzen Reichtum moderner mathematischer Methoden zur Eroberung des Operationsfeldes, zur primären Bearbeitung der gewaltigen Masse biologischer Daten nutzen, soweit es nur irgend möglich ist. In dieser Hinsicht verdient die Anwendung der Wahrscheinlichkeitstheorie besondere Beachtung. Wenn im Prozeß der Mathematisierung die Untersuchung neuer Teilgebiete der Mathematik als vordringlich anerkannt wird, so ist für das Verständnis des Wesens der Mathematik jene Seite am wichtigsten, die, wie man sagt, mit der induktiven Seite des Denkens als Gegensatz zur deduktiven Seite verbunden ist. Zugleich begegnet man mitunter Behauptungen, die Mathematik sei als Ganzes nur eine deduktive Wissenschaft. Derartige Behauptungen rühren daher, daß im Aufbau mathematischer Theorien die axiomatische Methode vorherrscht und stellen eine bestimmte methodologische Interpretation dieses Faktes dar. Doch das Wesen der axiomatischen Methode läßt sich bei weitem nicht auf ihren deduktiven Aspekt zurückführen, worüber besondere Untersuchungen durchgeführt worden sind [2, 3]. Die Deduktion spricht nur von der Existenz einer bestimmten inneren Geordnetheit in der Mathematik. Charakter und Wesen mathematischer Begriffe, deren wechselseitige Beziehungen und Gesetzmäßigkeiten der Entwicklung kann man auf der Grundlage der Deduktion allein nicht aufdecken. Wie auf allen Gebieten der Wissenschaft ergänzen und bedingen Deduktion und Induktion einander auch in der Mathematik.

Daher läßt sich der Prozeß der Mathematisierung und selbst die einfache Anwendung fertiger mathematischer Disziplinen in den Naturwissenschaften ganz und gar nicht auf rechnerische Prodezuren zurückführen, so wichtig diese auch sein mögen. Bevor man rechnet, muß man die mathematischen und die eigentlich naturwissenschaftlichen Vorstellungen in Wechselbeziehung zueinander bringen und diese Wechselbeziehung begründen, was auf deduktivem Wege nicht möglich ist.

Das Beispiel der Mathematisierung der Physik zeugt nicht nur davon, daß bestimmten physikalischen Theorien eigene Teilgebiete der Mathematik entsprechen. Wesentlich ist, daß die entsprechenden Abschnitte der Mathematik in ihren wichtigsten Konturen unabhängig von diesen Theorien und zeitlich vor ihnen entwickelt worden sind; darüber hinaus war die Anwendung bestimmter Gebiete der Mathematik eine unerläßliche Bedingung für das Aufstellen physikalischer Theorien. Die Mathematik kam der Entwicklung der Physik zuvor, und in der Geschichte der Physik geschah es wiederholt, daß mathematische Prognosen auf hervorragende Weise durch experimentelle Ergebnisse bestätigt wurden. In diesem Zuvorkommen zeigt sich die ganze Kraft der Theorie — eine bestimmte Selbständigkeit und Unabhängigkeit in ihrer Entwicklung. Die Versuche, jenes Vorauseilen zu analysieren, haben prinzipielle Bedeutung für das Verständnis des Wesens der Mathematik. Vor allem zeigen sie, daß die Begriffe der Mathematik genügend verallgemeinerte Bilder und Modelle der materiellen Welt sind und, daß sich die Entwicklung neuer Begriffe und Vorstellungen der Mathematik durchaus nicht auf ihre einfache Ableitung aus einem neuen Gebiet experimenteller Fakten der Wissenschaft zurückführen läßt.

Wenn wir von den Quellen der Entwicklung der Mathematik sprechen, so sind sowohl innere als auch äußere zu berücksichtigen. Die inneren Quellen sind mit kontinuierlich ablaufenden Prozessen verbunden, in denen sich die Grundlagen der

Mathematik vervollkommen, mit innerhalb der Mathematik vor sich gehenden Verallgemeinerungen, und mit der Wechselwirkung zwischen verschiedenen Teildisziplinen der Mathematik. Besonders bedeutungsvoll für die weitere Entwicklung ist die Wechselwirkung zwischen den diskontinuierlichen und kontinuierlichen, den algebraischen und den geometrischen Grundlagen innerhalb ihres Bereiches.

Viele mathematische Ideen und Disziplinen entstehen bei der Beschäftigung mit Fakten, deren Untersuchung von anmaßenden sog. Sachverständigen als abstrakte kindliche Spielerei eingeschätzt wird. Erst später werden diese Ideen geprüft und bei der Lösung praktischer Probleme angewandt. Ein in dieser Hinsicht typisches Beispiel ist die Ausarbeitung der wichtigsten Ausgangspositionen der Wahrscheinlichkeitstheorie [4]. Natürlich ist die Auswahl einfacher Modelle, die keine komplizierten Faktoren enthalten und für die Entwicklung neuer Vorstellungen dienen, nicht nur für die Mathematik charakteristisch. Die großen „Dienste", die die *Drosophila* der klassischen Genetik oder die Mikroorganismen der modernen Genetik erwiesen haben, sind wohlbekannt.

Schließlich gilt als Quelle der Entwicklung der Mathematik auch ihre unmittelbare Wechselwirkung mit der Praxis der Naturwissenschaften. Die von der angewandten Mathematik zu lösenden neuen Aufgaben führen ihrerseits zu neuen Verallgemeinerungen bestehender mathematischer Theorien und Begriffe. Als typisch kann im vorliegenden Falle die Entwicklung der Funktionentheorie gelten, die nicht nur eine der wichtigsten mathematischen Methoden in der modernen Physik der Elementarteilchen wurde, sondern auch die Hauptentwicklungsrichtung der modernen Funktionalanalysis.

Kybernetische Modelle. Die Probleme der weiteren Entwicklung der Mathematik selbst in Verbindung mit den Anforderungen der Praxis der Biologie und anderer naturwissenschaftlicher Zweige werden durch die jüngste Nachkriegsentwicklung der verschiedenen kybernetischen Disziplinen sehr gut veranschaulicht. Hier ist die Möglichkeit nicht gegeben, die methodologische Bedeutung für das von uns behandelte Thema der wichtigsten Begriffe und Theoreme der Informationstheorie, der Programmierungstheorie, der Automatentheorie und selbstorganisierenden Systeme, der Spieltheorie, der Bionik und anderer kybernetischer Disziplinen zu analysieren. Wir untersuchen im folgenden mehr oder weniger ausführlich nur ein typisches Beispiel des kybernetischen Modells, das aus dem Bereich trockner Abstraktion der modernen mathematischen Logik durch die Forderungen der Molekularbiologie gewissermaßen mit Leben erfüllt wurde.

Dieses Beispiel — das abstrakte mathematische Modell eines sich selbstreproduzierenden und sich höher entwickelnden Systems — verdient besondere Beachtung. Es wurde von so bekannten Mathematikern unserer Zeit, wie NEUMANN und KOLMOGOROW, untersucht und ist in bezug auf die komplizierten Wechselwirkungen neuer Ideen und alter mathematischer Mittel, die für die meisten modernen kybernetischen Modelle des Lebenden charakteristisch sind, überaus typisch.

Eingangs sei aber noch eine Bemerkung allgemeiner Bedeutung gestattet. Heute, fast zwei Jahrzehnte nach der Einführung der wesentlichen Begriffe, Ideen und Theoreme der Kybernetik, zeigt diese sich uns immer mehr als eine die neue Klasse neomathematischer Strukturen untersuchende Wissenschaft. Bei der Erforschung dieser Theorien rücken nicht die Momente algebraischen oder topologischen Aspekts in den Vordergrund — wie in den klassischen Strukturen der Analysis, Geometrie und Algebra — sondern vor allem die Strukturen der Geordnetheit: Minimierung und Optimierung — der ökonomischste Kode mit der geringsten Redundanz in der Informationstheorie; das kürzeste Programm in der Programmierungstheorie; der am einfachsten gebaute Automat in der Automatentheorie; die beste Strategie in der Spieltheorie. Alle diese ziemlich unterschiedlichen Strukturen der modernen Kybernetik auf den verschiedensten Abstraktionsstufen lösen auch mit den verschiedensten Mitteln eine große und entscheidende Aufgabe. Diese Aufgabe besteht in der mathematischen Präzisierung der für die Biologie so wichtigen Kategorien, wie Komplexität und Organisation. Für die Anwendung der Kybernetik bei der Schaffung von Modellen biologischer Vorgänge sind ihre vier theoretischen Teilgebiete — Informationstheorie, Programmierungstheorie, Automatentheorie und Spieltheorie — vor allem deshalb nützlich, weil sie eine Art Organisationsrechnung darstellen; eine Rechnung, die natürlich gerade erst Form anzunehmen beginnt und ihre Grundbegriffe und -ideen noch nicht in gebührendem Maße geordnet hat, aber immerhin eine Rechnung, die für jeden ernsten Versuch, biologische Erscheinungen mathematisch zu modellieren, grundlegende Bedeutung hat.

Was die „höhere" Automatentheorie betrifft — von unserem Standpunkt aus die Theorie der „höheren" Form der Organisation der Materie —, so beruhen deren Auffassungen im wesentlichen auf Gebieten der modernen Logik wie der Algorithmentheorie, den rekursiven Funktionen, der Theorie der TURING-Maschinen u. a. sowie auf deren Verallgemeinerungen, wie sie v. NEUMANN zur Erforschung der zur Selbstreproduktion fähigen Automaten empfohlen hat.

In großen Zügen sollen die Gedankengänge v. NEUMANNS wiederholt werden [5]. Das System, das die Fähigkeit hat, selbständig ein Duplikat seiner selbst zu konstruieren, soll aus einer bestimmten Anzahl standardisierter Bestandteile gebaut werden. J. v. NEUMANN wählte zwölf verschiedene Arten solcher Bausteine. Mit der Außenwelt ist das System eben durch diese standardisierten Blöcke verbunden; ihm erscheint die Außenwelt gleichsam als ein riesiges Becken, in dem die erforderlichen Elemente in genügender Menge umherschwimmen. Im System selbst wird die gesamte Information in Form von Kombinationen der zwölf Ausgangsstrukturen gespeichert. Sogar der Verhaltensalgorithmus des Systems, d. h. Instruktion und Programm, wonach es sich ein Duplikat selbst konstruiert, ist in Gestalt bestimmter Reihenfolgen der Hauptstrukturelemente kodiert.

Man kann eine aus den folgenden drei Automaten bestehende Maschine bauen: der erste (A) baut nach der jeweils gegebenen Beschreibungsinstruktion (I) ein bestimmtes neues System; der zweite (B) stellt aus den gleichen Strukturelementen die Programminstruktion für die neue Maschine her; der dritte (C), der steuernde Automat, setzt A und B in Gang und kontrolliert sie, versorgt den neuen Auto-

maten mit einem neuen Programm (oder mit einer genauen Kopie des alten) und kettet ihn vom Ausgangssystem D = A + B + C ab.
Dann produziert der Automat D bei der einfachen Instruktion I einfachere Systeme, als er selbst darstellt, beim Programm I_D ist er fähig, Automaten zu reproduzieren, die ihm gleichartig sind, und bei dem höher entwickelten, modifizierten Programm $I_{D/E}$ wird er in die Lage versetzt, kompliziertere Systeme D + E herzustellen. Vom Standpunkt der Dialektik ist es bemerkenswert, daß Selbstreproduktion und Selbstoptimierung, wie v. NEUMANN nachgewiesen hat, nur in einem genügend komplexen System möglich sind, und zwar in einem System, das mindestens 50000 aktive d. h. am Zusammenbau unmittelbar beteiligte Elemente und 200000 andere, nur zur Informationsspeicherung verwendete, enthält. Der Übergang von quantitativer zu qualitativer Veränderung spielt auch hier, in diesen abstrakten, völlig neuen und ziemlich ungewohnten kybernetischen Theorien, eine wichtige Rolle.
Für die Biologie und andere Wissenschaften ist die nähere Betrachtung der dargelegten Gedanken besonders interessant, wenn Erscheinungen, wie Rauschen oder Mutationen, auftreten, wenn äußere oder innere Störungen an einer oder mehreren Stellen die Programminstruktion oder das Ausgangssystem selbst, von dem ein modifizierendes Programm kopiert wird, stören. Die streng mathematische Behandlung dieses Problems, die intuitiv den Theoremen in vielen SHANNONS in der Informationstheorie bei gestörten Kanälen analog erscheint, würde offensichtlich viel zum Verständnis des Vererbungsmechanismus in lebenden Organismen beitragen.
J. v. NEUMANN hält seine Ergebnisse für eine weitere Verallgemeinerung der sich mit Universalautomaten befassenden Gedanken TURINGS, einem der Begründer der allgemeinen Automatentheorie als Wissenschaft. Die erstmals 1936 eingeführten sogenannten TURING-Maschinen sind abstrakte mathematisch-logische Modelle beliebiger automatischer Anlagen, die fähig sind, nach einem System im voraus festgelegter, streng determinierter Regeln ein bestimmtes System von Daten, eine Information, am Eingang in ein bestimmtes neues System von Daten, eine neue Information, am Ausgang zu verarbeiten. In dieser Hinsicht entspricht die Arbeit der TURING-Maschinen zugleich etwa der Betrachtung einzelner Filmaufnahmen von bestimmten Seiten des realen menschlichen Denkprozesses, z. B. von Berechnungen. Zur Vereinfachung der mathematischen Gesichtspunkte denkt man sich die Maschine mit der Außenwelt nur durch ein endloses Papierband verbunden, auf dem sie jeweils nur einen bestimmten Abschnitt, ein Feld, überblicken kann. Jedes Feld kann je eines von endlich vielen Zeichen enthalten, die für die jeweilige konkrete Maschine spezifisch sind. Die Grundoperationen — nach TURING der „Schnitt" der Maschine — wird durch das von ihr aufgenommene Zeichen und den jeweiligen Zustand der Maschine bestimmt: Diese „Konfiguration" legt fest, gegen welches neue Zeichen das aufgenommene ausgetauscht wird, ob sich das Band um ein Feld nach links oder rechts bewegt und in welchen neuen Zustand die Maschine im folgenden Zeitpunkt übergeht; die Gesamtzahl der Zustände wird als endlich und als spezifisch für die jeweilige konkrete Maschine an-

genommen, während das Band sowohl in der einen als auch in der anderen Richtung als unendlich betrachtet wird.

TURING gelang es nachzuweisen, daß man eine die Arbeit einer beliebigen anderen konkreten Maschine imitierende Universalmaschine bauen kann; man braucht diese Universalmaschine nur mit einem entsprechenden vorbereiteten Programm zu versorgen — einer bestimmten Zeichenfolge auf dem Band, das der Maschine die Ausführung jener Operationen vorschreibt, die eine konkrete TURING-Maschine ausführen sollte. Dieses ursprünglich rein theoretische Resultat wurde später, in den Jahren 1945 bis 1946, zum Ausgangspunkt für den Vorschlag v. NEUMANNS, das Operationsprogramm einer elektronischen Maschine mit Hilfe von Zahlen zu kodieren. Damit dienten die Zahlen in Zukunft nicht mehr nur Berechnungen, sondern auch als bereits universale Steuerungselemente.

J. v. NEUMANN schlug vor, die Theorie TURINGS für jenen Fall zu verallgemeinern, wo das die Maschine mit der Außenwelt verbindende endlose Papierband gegen die Folge der nacheinander „heranschwimmenden" elementaren Strukturen ausgetauscht wird, die jenen gleichen, aus denen die Maschine selbst gebaut ist und die sie in genügender Menge aus dem riesigen Becken, als das sich die Außenwelt der Maschine darstellt, „herausfischen" kann. Er hat nachgewiesen, daß die Ausgangsmaschine bei genügender Komplexität auf diese Weise die an sie „heranschwimmenden" Strukturen verarbeiten kann, daß immer höher entwicklte Maschinen entstehen, die im Prinzip eine beliebig hohe, potentiell unendliche Komplexität haben können.

Uns scheint, daß sich heute die Gedanken TURINGS und v. NEUMANNS in der „höheren" Automatentheorie durch Verallgemeinerung auf beliebige abstrakte Objekte übertragen lassen, die über die Fähigkeit der Selbstreproduktion, der Selbstoptimierung und der Selbstorganisation verfügen. In diesem Falle erweist sich die oben qualitativ dargelegte theoretische Auffassung als einer der wesentlichen Bestandteile einer strengen Theorie von Bewegungsformen der Materie, die höher organisiert sind als die biologische Bewegungsform. Wir stoßen ja bereits bei den einfachsten Lebewesen auf so komplizierte, ungewöhnliche Formen der materiellen Bewegung, die schon im Altertum mit Begriffen, wie Organisation, organische Einheit und dergleichen, belegt wurden.

Die abstrakten Strukturen der Automatentheorie geben uns schließlich die Möglichkeit, den Sinn dieser durch Jahrhunderte rätselhaft gebliebenen Wörter zu klären. Es sei aber ausdrücklich vermerkt, daß die Autoren nicht daran denken, die Biologie und andere Wissenschaften auf die Kybernetik zurückzuführen. Die Kybernetik kann für die konkreten Probleme der Biochemie, der Biophysik, der Genetik, der Zytologie u. a. prinzipiell keine Lösungen bringen — es ist einfach nicht ihre Aufgabe. Doch dafür liefern die kybernetischen Strukturen, insbesondere die Strukturen der Automatentheorie, weit mehr: Sie erfassen und verbinden miteinander so überraschende Elemente in der Problematik dieser Wissenschaften und ermöglichen es, sie von einem so neuen und ungewöhnlichen Standpunkt zu betrachten, daß sie neue Wege für deren Präzisierung und Lösung sowie für deren Gegenüberstellung in einem Kontext mit weit fundamentaleren und wichtigeren

Problemen zeigen. Die tiefer gehende Lösung der letzteren garantiert nicht nur die Lösung alter Probleme verschiedener Bedeutung, sondern verleiht auch unserem gesamten Wissen weit mehr innere Geschlossenheit und besseren logischen Aufbau sowie die Fähigkeit, tiefer in die uns umgebende Welt einzudringen.
Ähnlich wie die Begründer der nichteuklidischen Geometrie LOBATSCHEWSKI, GAUSS, BOLYAI und RIEMANN die konkreten Probleme der Gravitation und der Kosmologie nicht lösten, sondern nur jene neuen „Möglichkeitsräume" entdeckten, mit deren Hilfe — und nur mit deren Hilfe — diese Probleme später von EINSTEIN, SCHWARZSCHILD, FRIDMAN und anderen gelöst wurden, genauso dachten und denken die Begründer der modernen Kybernetik, insbesondere der Automatentheorie, nicht daran, die konkreten Probleme der Genetik, der Biophysik, der theoretischen Biologie u. a. zu lösen. Sie tun etwas ganz anderes, etwas, was für diese und andere Wissenschaften sehr wichtig ist — sie bringen Klarheit in die völlig neuen und spezifischen Begriffe, Kategorien und Gesetzmäßigkeiten, mittels deren sich mathematische Methoden auf Gebiete und Wechselbeziehungen der materiellen Wirklichkeit anwenden lassen, die früher für diese Methoden praktisch als unzugänglich galten.
B. W. GNEDENKO hat unseres Erachtens vollkommen recht, wenn er behauptet, daß wir gegenwärtig eine Wende in der Mathematik selbst erleben, und zwar dergestalt, daß in ihrer Problematik und in ihren Methoden die Untersuchung der durch die Entwicklung der Biologie und anderer Wissenschaften — und nicht nur, wie es bis heute seit Beginn der Renaissance der Fall war, der Physik und des Ingenieurwesens — gestellten Aufgaben stärker berücksichtigt wird [6]. Mit solchen Begriffen der Mathematik, wie Größe, Raum, Funktion u. a., lassen sich die Grundgesetze der Mechanik, der Astronomie, der Physik und der Chemie sehr gut erfassen, aber in der Biologie erfaßt man damit nicht die wesentlichsten Seiten der Lebensprozesse, die sich weit gründlicher mit Hilfe so allgemeiner Begriffe, wie Information, Algorithmus, Automat, Struktur u. ä., wiedergeben lassen. Und es ist kein Zufall, daß diese Begriffe in den letzten Jahren immer tiefer in die verschiedenen Gebiete der „reinsten", abstraktesten Mathematik eindringen — auch daran kann man den Einfluß der grundlegend neuen „rückwirkenden Verbindungen" (Rückkopplungen) erkennen, die nach unserer Auffassung bei der Wechselwirkung mit anderen Wissenschaften unserer Zeit in einem so komplizierten, so schnell voranschreitenden und sich höher entwickelnden Objekt entstehen, wie es die moderne Mathematik ist.
Zu den Ausgangsbegriffen: drei Etappen der Mathematisierung des Wissens. Große prinzipielle Bedeutung für die weitere gegenseitige Bereicherung und Befruchtung der Biologie und der Mathematik hat ein adäquater Begriffsapparat, in dessen Rahmen der Prozeß der Mathematisierung des biologischen Wissens verläuft. Bekanntlich schreitet die moderne Wissenschaft vor allem dort voran, wo völlig neue mathematisierbare Begriffe entstehen, neue, eine mathematische Charakterisierung zulassende theoretische Verallgemeinerungen. Das Beispiel der Physik ist in dieser Beziehung besonders lehrreich: Die Mechanik zum Beispiel begann sich als ernst zu nehmende theoretische Disziplin erst zu entwickeln,

nachdem GALILEI, NEWTON und andere Wissenschaftler so grundlegende mathematisierbare Begriffe, wie Inertialsystem, Beschleunigung, Massepunkt u. a., eingeführt hatten. Ein vollkommen spezifisches System exakter, eine mathematische Charakterisierung zulassender Begriffe liegt der Elektrodynamik, der Relativitätstheorie und der Quantenmechanik zugrunde. Die Quantenmechanik ist besonders bemerkenswert, weil einer ihrer Begründer, NIELS BOHR, sein ganzes Leben praktisch nur der Erarbeitung eines Begriffsapparates dieses modernen Fundaments unseres Wissens von der Natur gewidmet hat.
Streng genommen besteht die Aufgabe der Philosophie und der Methodologie darin, vor allem den Begriffsapparat einer wissenschaftlichen Theorie zu untersuchen und bei der Bildung eines solchen Apparates in neuen, sich gerade erst formenden Gebieten einer Wissenschaft zu helfen und mitzuwirken. Der Begriffsapparat stellt nicht nur die Sprache einer Wissenschaft dar. Seine hervorstechende Besonderheit in jeder ernsthaften wissenschaftlichen Theorie besteht darin, daß er auf Grund der Wechselwirkung mit einem bestimmten Kreis von Erscheinungen mit anderen herstellt, die auf den ersten Blick keine Beziehung zu ihnen zu haben scheinen. Und außerdem — und das ist die Hauptsache — gewährt uns der Begriffsapparat einer jeden Theorie Zugang zu Verbindungen und Beziehungen von Erscheinungen, so daß wir in der Lage sind, in einem System wissenschaftlicher Begriffe nicht nur das Objekt, das Gegenstand der Untersuchung unserer Theorie ist, zu rekonstruieren und zu reproduzieren, sondern auch mit genügender Genauigkeit dessen Verhalten in der Zukunft.
Das Ansehen der Mechanik, der Elektrizitätslehre, der Thermodynamik, der theoretischen Chemie und anderer mathematisierter Disziplinen der modernen Naturwissenschaft gründet sich vor allem darauf, daß der Konzeptapparat bereits an bestimmte mathematische Schemata zur Berechnung der Eigenschaften beliebiger Objekte gebunden ist, auf die sich die Grundbegriffe dieser Wissenschaften anwenden lassen.
Die Biologie begann erst in unserem Jahrhundert ihren Begriffsapparat bis zu bestimmten exakten, algorithmisches Rechnen zulassenden mathematischen Modellen auszubauen. Gegenwärtig ist das Hauptaugenmerk auf die philosophische und methodologische Analyse jener Begriffe und Konzeptionen zu richten, die den konkreten Modellen biologischer Prozesse zugrunde gelegt werden. Dabei ist vor allem eine sachkundige Analyse der Besonderheiten der Biologie und ihres Unterschiedes zur Mechanik und Physik erforderlich. Eine besondere Erschwernis für das Modellieren in der Biologie besteht darin, daß für sie eine stärkere, vielseitige Verflechtung der Organisationsebenen biologischer Objekte charakteristisch ist.
Aus diesem Grunde ist es sehr schwierig und mühevoll, die relativ stabilen und relativ unabhängigen Elemente herauszufinden, die man einem bestimmten mathematischen Modell zugrunde legen kann. Es ist vorteilhaft, wenn man sich dabei der Geschichte der antiken Philosophie zuwendet, die in der Idee der Atomistik eine klassische Lösung der dialektischen Widersprüchlichkeit der Objekte wissenschaftlicher Untersuchungen gefunden hat. Wir denken an die Widersprüchlich-

keit der Mutabilität und der Stabilität, der Variabilität und der Invariabilität — eine Widersprüchlichkeit, die in der Lehre HERAKLITS einerseits und der Eleaten anderseits so deutlich betont wird. Die Idee der Atomistik, die zweieinhalb Jahrtausende lang über die Entwicklung der gesamten Naturwissenschaften dominiert und in vielem die theoretischen und praktischen Erfolge solcher Disziplinen, wie der Festkörperphysik, der statistischen Physik, der Chemie u. a., bestimmt hat, war ein Weg zur theoretischen und konzeptionellen Lösung dieses dialektischen Widerspruchs mit Hilfe des Begriffs „Atom" als kleinstem Bestandteil der Erscheinungsform der Materie, der die strukturelle Grundlage ihrer Wandelbarkeit darstellt. Diese Wandelbarkeit ist als Möglichkeit und Unvermeidbarkeit der verschiedensten Atomkombinationen in den von der Wissenschaft zu untersuchenden Objekten zu verstehen.

Bekanntlich ist für die Biologie die dialektische Widersprüchlichkeit der Mutabilität und Stabilität der Gegenstände ihrer Untersuchungen, der Lebewesen, gleichfalls sehr charakteristisch. Die Gentheorie war der Versuch einer nur theoretischen Lösung dieses Widerspruchs, der erst in den letzten Jahren durch direkte Experimente bestätigt worden ist. Aber die Molekularbiologie hat gezeigt, daß mindestens zwei Strukturebenen der biologischen Atomistik bestehen — eine reine Informationsebene, die Stufe der Nukleinsäuren, und sozusagen eine Stufe der materiellen Verkörperung, die Stufe der Aminosäuren und der von ihnen gebildeten hochkomplizierten Eiweißmoleküle. Eben dieser Umstand ist der Ausgangspunkt für die meisten Diskussionen um das Wesen des Lebens. Daraus aber und aus analogen Problemen der Wechselwirkung verschiedener Organisationsebenen der Lebewesen ergibt sich die philosophisch-methodologische Frage nach der relativen Stabilität und relativen Unabhängigkeit jener Elemente und Strukturen, die den unserer Aufmerksamkeit empfohlenen mathematischen Modellen des Lebenden zugrunde gelegt werden.

Man muß bedenken, daß die Mathematisierung einer jeden Wissenschaft in drei großen Etappen vor sich geht. Die erste ist die mathematische, sehr häufig einfach quantitative Bearbeitung der empirischen Daten eines bestimmten Gebietes des menschlichen Wissens. Es ist die Etappe des Herausfindens und Herausstellens der rein phänomenologischen Funktionalkorrelationen, die bei den Experimenten mit uns interessierenden Objekten beobachtet werden. Diese Etappe der Mathematisierung findet in jeder Wissenschaft statt und ist gewissermaßen die Primärbearbeitung ihres empirischen Materials.

Geschichtlich gesehen ist sie zum erstenmal offenbar in den alten Zivilisationen des Orients sowie Süd- und Mittelamerikas in Erscheinung getreten, als man damals auf empirische Weise die für den Ackerbau und allgemein für die Wirtschaft wichtige Folge und Gesetzmäßigkeit der Bewegung der Himmelskörper, wie Sonne, Mond, Fixsterne und Planeten, ermittelte. Parallel zur Erforschung dieser einfachsten phänomenologischen Regelmäßigkeiten auf astronomischem Gebiet verlief die Suche nach den einfachsten Unterscheidungsmerkmalen der elementaren mathematischen Objekte — der Zahlen, der gleichschenkligen und der rechtwinkligen Dreiecke und anderem mehr.

Heute treffen wir diese Etappe der Mathematisierung am häufigsten auch in der Biologie an, zum Beispiel als Feststellung der phänomenologischen Korrelationen verschiedenartiger bioelektrischer Prozesse mit bestimmten quantitativ gekennzeichneten Zuständen der Lebenstätigkeit eines Organs oder eines Organismus. Hierher gehören z. B. auch die spezielle Analyse dieser Prozesse, das Differenzieren und Integrieren ihrer unterschiedlichsten Parameter. Ein anderes gutes Beispiel ist das phänomenologische Studium, wie sich nämlich in Verbindung mit bestimmten Ausbildungsprozessen die Zusammensetzung der Nukleinsäuren und der Eiweiße der Nervenzellen verändert. In methodologischer Hinsicht ist diese Etappe dadurch gekennzeichnet, daß sie insgesamt im Rahmen eines gewissen alten Begriffsschemas verläuft, ohne jeglichen Versuch, neue theoretische Konzeptionen zu formulieren. Schon gibt es Versuche, die einen Systeme der Objekte als grundlegende zu ermitteln und die Strukturen und Eigenschaften der anderen irgendwie zu erklären, sie aus den Strukturen und Eigenschaften der ersten, fundamentalen abzuleiten; diese Versuche stellen bereits den Übergang zur zweiten, zur Modelletappe der Mathematisierung dar.

In philosophischer Sicht ist diese Etappe ein gewisser Versuch, die dialektischen Widersprüche der Stabilität und der Mutabilität zu lösen, von denen bereits die Rede war. Das Modell ist ein Versuch, das uns interessierende Objekt mit Hilfe eines recht willkürlich gewählten Ausgangsobjekts zu reproduzieren, theoretisch zu rekonstruieren. Im Modell hat das Ausgangsobjekt nur eine relative Stabilität, Unabhängigkeit und Konstanz.

Zum Beispiel liegen fast allen Modellen der Biogeozönose Charakteristiken lebender Objekte zugrunde, die nur in der ersten Annäherung stabil und unabhängig von Faktoren sind, denen in den Modellen der gegebenen Art keine besondere Berücksichtigung geschenkt werden soll. Das gleiche läßt sich auch von den ziemlich zahlreichen Funktionsmodellen des Nervensystems höherer Tiergattungen sagen, in denen als elementares Objekt ein bestimmtes idealisiertes Neuron angenommen wird, während man die Mutabilität und die Abhängigkeit seiner Eigenschaften, zum Beispiel von der molekularen Gedächtnisstufe, vollständig vernachlässigt.

Die Modelletappe der Mathematisierung ist ein sehr schwieriger Abschnitt in der Entwicklung von Theorien. Der heutige Stand der Biologie unterscheidet sich in dieser Hinsicht fast durch nichts vom Stand der Astronomie vor Kopernikus und Newton, der Mechanik in der Epoche von Aristoteles, Archimedes oder Descartes, der Theorie der Elektrizität zur Zeit von Oersted und Faraday. Die unterschiedlichsten Objekte werden als elementare Bausteine der entsprechenden Modelle ausgewählt, angefangen von unmittelbar beobachteten, mehr oder weniger stabilen Gebilden — Zellen oder subzellularen Strukturen — bis zu den rein theoretischen Elementen eines Gentyps, die wesentlich später empirisch identifiziert werden.

Der Bruch mit den alten theoretischen Konzeptionen und die zahlreichen Versuche, neue, tiefer gehende, grundlegendere Begriffe einzuführen, sind für die zweite, die Modelletappe der Mathematisierung des Wissens, charakteristisch. Hier ist es selbstverständlich nicht notwendig, viele Beispiele anzuführen — es genügt, auf die Bedeutung des Genmodells für die gesamte biologische Wissenschaft hinzuweisen.

Früher oder später wird dieser Prozeß mit einem entscheidenden Erfolg enden — es vollzieht sich der Übergang zur dritten Etappe der Mathematisierung des Wissens, zur Etappe der relativ abgeschlossenen Theorie einer bestimmten Organisationsebene der Materie. In der Biologie hat leider noch keines der Teilgebiete diese letzte, abschließende Etappe der Mathematisierung des Wissens erreicht. Deshalb sind wir gezwungen, als Muster derartiger Theorien theoretische Grundlagen einer anderen Wissenschaft, und zwar der Physik, zu nehmen, zum Beispiel so hervorragende, für die Entwicklung der Menschheit entscheidende Fortschritte der Physik, wie die klassische Mechanik, die klassische Elektrodynamik und die Quantenmechanik.

Ein hervorragendes Merkmal jeder mathematischen Theorie, die die eine zuverlässige Grundlage für die Umgestaltung unserer Umwelt durch den Menschen darstellt, besteht darin, daß in jeder von ihr ein vollständig bestimmtes,eindeutig charakterisierbares Elementarobjekt — der einfachste Baustein der Theorie — und ebenso eindeutig bestimmbare mathematische Kalküle für die Festlegung verschiedener möglicher Zustände für die „Bewegung“ dieses Elementarobjekts existieren. In der klassischen Mechanik ist der Massepunkt das Elementarobjekt der mathematischen Theorie, und der Raum des Zustandes seiner Bewegung ist der sechsdimensionale Phasenraum, der das Produkt aus dem gewöhnlichen dreidimensionalen euklidischen Koordinatenraum und dem dreidimensionalen Raum der möglichen Geschwindigkeiten des Massepunktes darstellt.

Das Elementarobjekt der klassischen Elektrodynamik ist der elektrische Feldvektor im gegebenen Punkt, der Raum der Zustände seiner Bewegung ist das Produkt aus dem dreidimensionalen Koordinatenraum und dem dreidimensionalen Raum der Faldvektoren sowie dem gleichen Raum der magnetischen Feldvektoren. In der Quantenmechanik ist der Zustand des jeweiligen Quantensystems, der mathematisch durch einen Strahl in dem unendlichdimensionalen HILBERT-Raum gekennzeichnet wird, das Elementarobjekt.

Die Physik der Elementarteilchen befindet sich in methodologischer Hinsicht in einer Situation, die jener der meisten Gebiete der Biologie völlig analog ist: Sie durchläuft noch die Modelletappe der Mathematisierung. Als elementare Objekte der Modelle wurden in ihr bereits auch einige empirisch beobachtete, mehr oder weniger stabile Korpuskeln, das Proton, das Neutron und das λ-Hyperon des japanischen Physikers SAKATA und mehr empirisch mit dem Experiment verbundene Erscheinungen ausgewählt wie das nichtlineare Spinorfeld HEISENBERGS.

Natürlich stellt sich die reale Situation in jeder Wissenschaft immer als eine Mischung, eine Kombination der verschiedenen Etappen der Mathematisierung des Wissens dar, wobei mitunter die eine oder die andere überwiegen kann. In der Biologie sind gegenwärtig am weitesten Arbeiten verbreitet, die zu den beiden ersten Etappen gehören. Doch früher oder später wird auch die Biologie vor das Problem der dritten Etappe gestellt sein — der Etappe, in der eine vollständige mathematische Theorie der Lebensprozesse geschaffen wird. Die mathematischen Mittel der künftigen Theorie werden offensichtlich sehr viele qualitativ eigentümliche Merkmale biologischer Erscheinungen adsorbieren müssen. Der folgende Abschnitt dieser Arbeit befaßt sich mit dem Versuch, die qualitative Eigenart der zukünftigen mathematischen Theorien des Lebenden zu analysieren.

2. Die qualitative Spezifik des mathematischen Apparates der Biologie

Die Strukturstufen der biologischen Systeme und die Theorie der Kategorien und Funktionen[1]. Die Tatsache, daß jedes biologische System immer eine große Zahl qualitativ eigentümlicher Organisationsebenen hat, ist ohne Zweifel eine so hervorstechende Besonderheit des Systems, daß sie in den allersten fundamentalsten Begriffen jeder mathematischen Theorie der Lebensprozesse wiedergegeben werden muß. Deshalb muß das Gesamtschema der Mathematisierung des biologischen Wissens, in das alle in der letzten Zeit entwickelten konkreten Modelle einbegriffen werden können, diesen entscheidenden Umstand beachten.
Die Berücksichtigung der Spezifik, der Besonderheit der Lebensprozesse ist notwendig; sie soll den weiteren Fortschritt der Biologie fördern. Uns scheint, daß in dieser Hinsicht auch andere sehr charakteristische Merkmale biologischer Objekte erörtert werden müssen: der nichtmetrische Charakter der Eigenschaften, die Nichttrivialität der Topologie der entsprechenden materiellen Träger, die Existenz biologischer Objekte als sich selbst reproduzierender und sich selbst optimierender Systeme besonderer Art und anderes mehr. Die künftige mathematische Theorie der Lebensprozesse wird in ihren Grundbegriffen diese qualitativen eigentümlichen Besonderheiten des Lebenden unbedingt zum Ausdruck bringen müssen.
Es ist offensichtlich jetzt schon sinnvoll, das sehr allgemeine mathematische Schema zu umreißen, das in genügend adäquater Weise fähig ist, die spezifischen Kennzeichen des Lebenden zu berücksichtigen und das deshalb vielleicht die Ausgangsbasis für den Inhalt der künftigen mathematischen Theorien der lebenden Materie sein wird.
Die Grundbegriffe dieses Systems — Kategorien und Funktoren — sind abzuleiten aus der jüngsten, nach dem Kriege vor sich gegangenen Entwicklung der „Königin der Wissenschaften“. Sie sind eine moderne verallgemeinernde Übertragung ihrer Begriffe, wie Menge und Funktion, auf Objekte, deren wesentlichste Eigenschaften von ausgesprochen nichtquantitativer, nichtmetrischer Art sind. Eine Kategorie ist ein Satz von Objekten, die in gewissem Sinne ein gemeinsames Wesen haben („der Satz kann keineswegs eine Menge in der strengen mathe-

---

[1]) N. Rashevsky hat vor kurzem in einem persönlichem Gespräch einem der Autoren liebenswürdigerweise erklärt, daß die Behandlung dieser Gedanken in der Arbeit [14] als gelungen gelten kann.

matischen Bedeutung dieses Wortes sein" [7]). In dem Satz ist für jedes Paar von Objekten die Menge ihrer Abbildungen ineinander bestimmt — der Homöomorphismen oder einfach Morphismen —, und für jede Dreiergruppe von Objekten — Abbildung des Produktes der Morphismen, des ersten Objekts in das zweite, des zweiten in das dritte, in die Menge der Abbildungen des ersten Objektes sofort in das dritte — ist es eine Zusammensetzung von Morphismen. Dabei müssen die Morphismen zwei Axiomen genügen; das erste Axiom: die Zusammensetzung der Morphismen ist assoziativ, d. h. das Produkt einer gewissen Abbildung auf die Zusammensetzung zweier anderer Morphismen ist dem Produkt der Zusammensetzung des ersten und zweiten Morphismus auf den dritten identisch; das zweite Axiom: für jedes Objekt besteht immer eine identische Abbildung, die auch für die Zusammensetzung der Morphismen die einzige ist [7—9].
Somit ist eine Kategorie die Gesamtheit bestimmter in ihrem Wesen einander verwandter Objekte, zu denen eine Menge ihrer Abbildungen ineinander gehört. Die Abbildungen müssen über bestimmte axiomatisch festgelegte Eigenschaften verfügen, damit dem Raum aller möglichen Objektabbildungen ineinander eine bestimmte algebraische Struktur zugeordnet werden kann und damit auf diese Weise seine Eigenschaften mit Hilfe mathematischer Methoden untersucht werden können.
Es ist offensichtlich, daß bei der Definition des Begriffs der Kategorie der Begriff der Abbildung (Morphismus) eine wesentliche Rolle spielt, der außerdem für jede Theorie biologischer Prozesse sehr große Bedeutung hat. Bisher ist er in der Biologie rein qualitativ behandelt worden; man hat ihn sich intuitiv als Fähigkeit gedacht, Eigenschaften des einen Objektes durch Eigenschaften eines bestimmten anderen Objekts darzustellen oder auszudrücken.
Gegenwärtig hat die Mathematik begonnen, auf abstraktem Wege Strukturen zu untersuchen, die mit dem allgemeinen Begriff der Abbildung durch axiomatische, vom konkreten Charakter der zu untersuchenden Objekte abstrahierte Mittel verbunden sind. Der Begriff der Abbildung gilt als vollständig gekennzeichnet durch bestimmte, genau festgelegte Axiome, weiterhin werden nur jene Eigenschaften der zu untersuchenden Strukturen betrachtet, die logische Folgen der Ausgangsaxiome sind. Jede ihnen genügende Abbildung muß unbedingt auch über alle jene Eigenschaften verfügen, die in bezug auf die Morphismen in der allgemeinen Theorie der Kategorien und Funktoren aufgefunden werden [10].
Wir möchten an dieser Stelle noch einmal betonen, daß die moderne Mathematik die klassischen Begriffe der Menge und der Funktion der Objekte und Strukturen mit quantitativem, metrischem Charakter verallgemeinernd auf in der modernen Naturwissenschaft viel häufiger auftretende Objekte und Strukturen mit ausgesprochen nichtquantitativem und nichtmetrischem Charakter überträgt. In dieser Hinsicht ist der Begriff des Funktors eine Verallgemeinerung des Begriffs der Funktion. Ein Funktor ist die Abbildung einer Kategorie in eine andere Kategorie, die Funktion der Gesamtheit von Objekten einer Art, die ihre Werte in der Gesamtheit von Objekten völlig anderer Art erhält. Zusätzliche Axiome: Der Funktor einer eindeutigen Abbildung in einer Kategorie stellt eine eindeutige

Abbildung auch in einer anderen Kategorie dar sowie auch eine bestimmte Eigenschaft der Ko- oder Kontravarianz: Der Funktor des Produktes zweier Morphismen, d. h. der Funktor von zwei nacheinander auszuführenden aufeinander folgenden Abbildungen, muß gleich dem Produkt der Funktoren eines jeden dieser Morphismen sein.

Der beschränkte Raum gestattet nicht, im Rahmen diese Arbeit auf weitere Einzelheiten der allgemeinen Theorie der Kategorien und Funktoren einzugehen. Aber schon aus den obigen Ausführungen ist ersichtlich, daß sich die mathematische Theorie der Systeme mit vielen wechselseitig abhängigen Organisationsebenen von ausgesprochen nichtquantitativer und nichtmetrischer Art auf dieses jüngste Gebiet der Mathematik stützen muß. Die für eine streng mathematische Definition so schwierigen Begriffe, wie der Begriff der spezifischen inneren Aktivität von Lebewesen — zum Unterschied der Aktivität beispielsweise eines durch einen Windstoß vom Dach geworfenen Dachziegels — wird man offensichtlich nur unter Verwendung des Unterschiedes der ko- und der kontravarianten Funktoren exakt definieren können.

Man darf aber nicht glauben, daß all diese ziemlich abstrakten Belange der modernen Mathematik allzuweit von den Anliegen der Biologie und der Naturwissenschaft unserer Zeit entfernt sind. Einst war der unendlichdimensionale — HILBERT-Raum für wenige Fachleute interessant, und nur ein ganz kleiner Kreis von ihnen kannte die aus der Axiomatik folgenden Eigenschaften des HILBERT-Raumes, wie Vollständigkeit eines bestimmten Systems eigener Funktionen oder Existenz nicht miteinander vertauschbarer Operatoren.

Doch nach der Entwicklung der Quantenmechnik ist die Axiomatik des HILBERT-Raumes zur konzeptionellen Basis unseres modernen physikalischen Weltbildes geworden. Heute weiß jeder Physiker, daß man nur mit Hilfe der obenerwähnten beiden Eigenschaften — der Theoreme der Geometrie der HILBERT-Räume — so bedeutende qualitative Charakteristika der Materie verstehen kann, wie die Existenz der Antiteilchen und die prinzipielle Unmöglicheit, gleichzeitig die Koordinaten und den Impuls irgendeines Teilchens zu bestimmen, die phänomenologisch durch die bekannte HEISENBERGsche Unbestimmtheitsrelation dargestellt wird.

Wir meinen, daß die Arbeiten von ROSEN [14] und LJAPUNOW [11] dazu beitragen, einen wesentlichen Fortschritt zur Feststellung der Verbindung der allgemeinen Theorie der Kategorien und der Funktoren mit der konzeptionellen Basis der modernen Biologie zu erzielen.

Die Nichtmetrisierbarkeit der Eigenschaften biologischer Objekte. In Verbindung mit der algorithmischen Darstellbarkeit offenbar fast aller Funktionen lebender Organismen gelangen wir zu einem weiteren sehr charakteristischen Merkmal der Organismen, nämlich dazu, daß ihre wesentlichsten Eigenschaften nur sehr indirekt durch die den Vertretern der exakten Wissenschaften vertrauten Begriffe, Quantität, Entfernung, Länge u. a., ausgedrückt werden. Wir sprechen von diesem sehr wichtigen Umstand wiederum in bezug auf die Notwendigkeit, im mathematischen Apparat der zukünftigen Theorie die ganze Vollständigkeit der qualitativen Eigenart der durch die Biologie zu untersuchenden Erscheinungen widerzuspiegeln.

Hier hat es die Naturwissenschaft mit Objekten von ziemlich ungewöhnlicher Art zu tun — mit nichtmetrisierbaren Strukturen, die nur sehr mittelbar eine adäquate quantitative Beschreibung gestatten. Messen wir mit beliebiger Genauigkeit bestimmte quantitative Merkmale eines Lebewesens, seine Länge, Temperatur, seine elektrischen Potentiale u. a., so ist das Meßergebnis wenig aussagekräftig. Darin besteht der wesentliche Unterschied zwischen Biologie und Physik, in der mitunter eine einzige Messung genügt, um den Zustand des uns interessierenden Objektes zu definieren.

Man muß die verschiedensten Merkmale eines Lebewesens auf unterschiedliche Weise vielfach messen und nach der Korrelation zwischen den Merkmalen suchen. Dabei hat die Wahrscheinlichkeitstheorie entscheidende Bedeutung. Besonders die Wahrscheinlichkeitstheorie in ihrer modernen Form nimmt unter den Gebieten der Mathematik, die man mit Recht als Mathematik nichtmetrisierbarer Objekte bezeichnen kann eine Vorrangstellung ein[1]). Die moderne Mathematik, der von vielen Wissenschaftlern eine neue Blütezeit unter dem Einfluß der unmittelbaren Belange der Biologie prophezeit wird, kann sogar jetzt schon mehrere Möglichkeiten anbieten, die besonders für die Untersuchung von Objekten ausgesprochen nichtmetrischer Art geeignet sind. Steht die Wahrscheinlichkeitstheorie in diesem Falle an erster Stelle, so nimmt die Theorie der Algorithmen gleich den zweiten Platz ein. Beide Disziplinen verfügen über die Besonderheit, daß Begriffe wie Quantität und Entfernung in ihnen fast nicht vorkommen, und das ist kein Zufall. Geschichtlich sind die Wahrscheinlichkeitstheorie und vor allem die Theorie der Algorithmen gerade aus den einfachsten Aufgaben entstanden, die mit der Untersuchung ausgesprochen nichtmetrisierbarer Objekte mit Hilfe der Mathematik verbunden sind.

Oppenheimer hat auf einer Konferenz in den USA unseres Erachtens sehr treffend den Ausspruch von Gödel zitiert, wonach die hauptsächliche Entwicklung der bis jetzt metrischen, quantitativen Mathematik bis zu einem gewissen Grade zufällig ist und sich nur dadurch erklären läßt, daß sie in ihrer Entwicklung die Hauptimpulse durch so quantitative Wissenschaftsgebiete, wie Mechanik, Theorie der Wärme und der Elektrizität usw., erhalten hat. Jetzt jedoch hat sich die Lage

[1]) Die Anwendung der Wahrscheinlichkeitstheorie in der modernen Biologie läßt sich streng genommen nicht ausschließlich damit begründen, daß sich in den meisten biologischen Fällen die Bedingungen der Unabhängigkeit und des Massencharakters der zu untersuchenden Erscheinungen nicht erfüllen lassen. Aus diesem Grunde haben für diesen gesamten Fragenkomplex die letzten Arbeiten von Kolmogorow (s. z. B. [12]) außerordentliche Bedeutung, in denen der Begriff der Wahrscheinlichkeit durch ein mehr der Situation in biologischen Systemen entsprechendes Begriffsschema definiert wird, und zwar durch die Länge eines Programms, nach dem ein bestimmter Automat das jeweilige Element aus der Gesamtheit ähnlicher Elemente herausholen kann. Wir meinen, daß mit diesen Arbeiten ein sehr wesentlicher Fortschritt zur Lösung der aktuellen Probleme in der Methodologie der Mathematisierung der Wissenschaft über die Lebensprozesse erzielt werden kann.

wesentlich geändert; die theoretische Entwicklung, selbst der Physik der Gegenwart — auf Gebieten, wie der Theorie des physikalischen Vakuums oder der Theorie der Prozesse bei extrem großen Dichten — wurde ernsthaft gehemmt, weil eben eine allgemeine methodologische Methode fehlte, die sich auf diese eigentümlichen Objekte von prinzipiell nichtmetrisierbarer Art hätte anwenden lassen.
Nach der Wahrscheinlichkeitstheorie und der Algorithmentheorie sind als Gebiete der nichtmetrischen Mathematik, mit denen sich die Gesetzmäßigkeiten der biologischen Form der Bewegung der Materie ausdrücken lassen, die Automatentheorie, die Spieltheorie und die Graphentheorie. zu nennen Die Grundbegriffe dieser mathematischen Disziplinen sind heute für jeden Wissenschaftler, der sich mit der Mathematisierung der Biologie befaßt, ein unentbehrliches methodologisches Rüstzeug.
Wir wollen damit natürlich nicht sagen, daß nur die aufgezählten Gebiete der Mathematik dem Wissenschaftler die konkrete Lösung eines bestimmten wissenschaftlichen Problems eingeben, obwohl es doch recht häufig zutrifft. Aber mit aller Deutlichkeit muß ein weit tiefer reichendes methodologisches Problem in Betracht gezogen werden: Die Grundbegriffe der modernen nichtmetrischen Mathematik dienen der modernen Biologie vor allem als allgemeines konzeptionelles Schema, als Schema der „Erscheinung" der Welt, als Methodologie der Untersuchung konkreter Fakten der Biologie. Ohne Formulierung der biologischen Gesetzmäßigkeiten durch exakte, mathematisierbare Begriffe ist es in unserer Zeit unmöglich, einen Fortschritt in der Biologie zu erreichen. Ohne die Mathematik nichtmetrisierbarer Objekte löst der Biologe seine Aufgaben nur teilweise, und dabei kann die auf die Praxis ausgedehnte Anwendung derartiger nur teilweise gelöster Aufgaben ganz beträchtlichen Schaden anrichten.
Man darf nicht denken, daß die nichtmetrische Mathematik etwas Hochkompliziertes und ein für das Verständnis einfacher, mit der höheren Mathematik nicht vertrauter Sterblicher unzugängliches Gebiet ist. Im Prinzip lassen sich die nichtmetrischen Teilgebiete der Mathematik bereits auf der Oberschule unterrichten, sie sind wesentlich einfacher als zum Beispiel die gewöhnliche ebene Trigonometrie. Jeder kann sich davon überzeugen, wenn er das Buch von Malzew [13] liest.
In Gestalt der Wahrscheinlichkeitstheorie, der Informationstheorie, der Algorithmentheorie, der Automatentheorie, der Graphentheorie, der Spieltheorie u. a. kann man mit der Mathematik nichtmetrischer Objekte gegenwärtig offenbar den für die Biologie so wichtigen Begriffen, wie Komplexität, Organisation, Organismus, einen exakten Sinn geben. Diese Begriffe wurden bisher rein qualitativ definiert, ohne „Weiterführung" zu genauen und eindeutigen mathematischen Modellen. Das führte sehr häufig dazu, daß viele Diskussionen, zum Beispiel die Diskussion über das Wesen des Lebens, zu einem Meinungsaustausch mit sehr unklar definierten Begriffen wurden, die verschiedene Fachleute in unterschiedlichem Sinne verstanden. Diese Situation war natürlich für einen wirklichen Fortschritt in der Biologie und auch in der Mathematik nicht sehr förderlich.
Jetzt ändert sich die Lage der Dinge auf diesem Gebiet allmählich. Das bedeutet aber nicht, daß die oben aufgeführten Disziplinen sich nun einfach auf die unter-

schiedlichsten Gebiete der Biologie anwenden ließen. Bis auf den heutigen Tag sind noch viele sehr wichtige methodologische Probleme nicht gelöst, die sich aus der Mathematisierung der Biologie ergeben, zum Beispiel die Frage der Anwendbarkeit eines mathematischen konzeptionellen Schemas in der Biologie überhaupt.

Die Nichttrivialität der Topologie lebender Körper[1]). Noch ein weiteres Teilgebiet der nichtmetrischen, nichtquantitativen Mathematik wird bisher kaum in der Biologie angewendet, obgleich auf diesem Teilgebiet die, sagen wir, geometrischen Eigenschaften des Lebenden von den Eigenschaften des Unbelebten wohl am schärfsten unterschieden werden. Wir meinen die Topologie und die Tatsache, daß für ausnahmslos alle materiellen Träger des Lebens die augenfällige Nichttrivialität ihrer Topologie charakteristisch ist und ihnen räumlich-zeitliche Konfigurationen eigen sind, die sich von allen Objekten der unbelebten Natur unterscheiden. Betrachten wir die von der Wissenschaft unlängst geschaffenen Bilder der lebenden Eiweißmoleküle — sie alle sind eine (höchst absonderliche) Verknüpfung von geknäuelten, schraubig angeordneten Aminosäureketten. Das Eiweiß bildet die Grundlage des Lebens, und der Zustand der beispiellos komplizierten „Verknäuelung“ ist besonders für die Eiweißmoleküle in lebenden Organismen kennzeichnend. Sterben die Organismen ab, so verschwinden gerade die komplizierten topologischen Verknüpfungen der Aminosäurenketten als erste.

Nach der sehr interessanten Hypothese W. L. Ryshkows sind die Prozesse des Langzeitgedächtnisses in den Nervenzellen eben durch die Veränderung der Topologie, des Grades der Verdrehung und Verknäuelung der in den Neuronen enthaltenen Nukleinsäuremoleküle bedingt. Die verschiedenen Informationen über die Außenwelt werden sozusagen durch unterschiedliche Topologie der vielfach verdrehten Nukleinsäureketten kodiert.

Auf Grund dieser Hypothese und anderer in jüngster Zeit erzielter Erkenntnisse über die Eigenschaften nativer Eiweiße kann man annehmen, daß das Leben mit einer ununterbrochenen dynamischen Umgestaltung des topologischen spiraligen Aufbaus komplizierter organischer Polymere verbunden ist. Auf jeden Fall hat jede Art des biologischen Gedächtnisses, vor allem wenn sie mit dem Stoffwechsel und insbesondere mit dem Funktionieren der überaus zahlreichen Gruppen der Enzyme und anderer Katalysatoren biologischer Prozesse verbunden ist, offensichtlich die dynamischen Veränderungen der topologischen Struktur der entsprechenden Moleküle zur Grundlage. Kurz gesagt, besteht dieser Mechanismus darin, daß die Polymerketten sich so in Spiralen drehen oder sich so winden, daß jene Abschnitte, und nur jene, für äußere Agenzien zugänglich werden, die der Umgestaltung unterliegen oder von denen ein Stück des neuen Moleküls kopiert werden soll.

Es ist durchaus möglich, daß die noch nicht erforschten Mechanismen der Eiweißsynthese über die in den Nukleinsäuren enthaltene Information gerade mit dem ähnlichen, sozusagen „topologischen Lesen“ des für alles Lebende universellen genetischen Kodes verbunden sind. Es ist sogar möglich, daß jedesmal die eigene,

[1]) Die ersten Arbeiten über Biotopologie hat N. Rashevsky verfaßt (s. z. B. [15]).

sich nicht wiederholende Topologie der entsprechenden Molekularmatrizen die Fragmente eines neuen oder erneuerten Moleküls an jenen Stellen, wo es notwendig ist, fixiert. In diesem Fall ergibt sich für die Molekularbiologie sehr bald in vollem Umfang das Problem, die topologische Sprache zu entziffern, mit deren Hilfe die lebenden Moleküle die genetische Information „lesen".

Es liegt auf der Hand, daß hier die einfachen, anschaulichen und rein quantitativen Vorstellungen über den spiraligen Aufbau, die Verknäuelung und ähnliche Eigenschaften der lebenden Moleküle völlig unzulänglich sind, und daß es unbedingt erforderlich ist, strenge und exakte Begriffe der Topologie einzuführen, jenes Teilgebietes der Mathematik, das sich mit der Untersuchung derartiger Objekte befaßt. Die Topologie gewinnt in der modernen Wissenschaft immer mehr an grundlegender Bedeutung: Nach der Meinung Bourbakis ist die Topologie eine der drei Säulen, auf denen die gesamte moderne Mathematik ruht und folglich auch die gesamte moderne exakte Naturwissenschaft. Leider gibt es aber gegenwärtig keine zusammenfassende Darstellung über den derzeitigen Stand dieser Wissenschaft, die für Nichtfachleute zugängig ist. Deshalb kann der folgende Versuch, die topologischen Grundbegriffe kurz zu kennzeichnen, nur als Übergangslösung gelten, und folgt im wesentlichen den bekannten Arbeiten von Mathematikern, wie Eilenberg, Steenrod, Lefschetz, Cartan, Schwarz u. a.

Die Topologie stellt sozusagen die gegenwärtige Etappe der Entwicklung der Geometrie dar; sie befaßt sich mit der Erforschung tiefgründiger Eigenschaften mathematischer Objekte, auf die sich Begriffe, wie Ähnlichkeit, Grenzübergang u. a., anwenden lassen. Im weitesten Sinne des Wortes befaßt sich die Topologie mit den Eigenschaften der unterschiedlichsten Teilmengen einer bestimmten Menge. Betrachten wir einen der einfachsten, topologisch nichttrivialen Körper, den Torus (Ringfläche, Kreiswulst). Auf ihm lassen sich mehrere topologisch verschiedene Klassen von Teilmengen seiner Punkte unterscheiden. Als solche Punkte nehmen wir Kreise und Kurven, die sich durch eine bestimmte stetige Verzerrung aus ihnen ergeben. Wir sehen, daß in bezug auf derartige Teilmengen die Dinge auf dem Torus ganz anders liegen als zum Beispiel auf einer Fläche. Auf einer Fläche lassen sich alle von uns gewählten Teilmengen — stetige Bilder des Kreises — durch stetige Verzerrung auf einen Punkt zusammenziehen. Auf dem Torus aber gibt es außer dieser topologisch trivialen Teilmengenklasse noch eine andere, besondere Klasse, die dieses Zusammenziehen auf einen Punkt nicht zuläßt. Schlagen wir einen Kreis in einer Fläche, senkrecht oder parallel zur Ringachse eines Torus, so müssen wir feststellen, daß es völlig unmöglich ist, ihn auf einen Punkt zusammenzuziehen: Dazu müßten wir die Grenzen der Oberfläche unseres Torus überschreiten.

Bringen wir an unserem Torus einen „Henkel" an, so erhalten wir ein in topologischer Hinsicht noch komplizierteres Objekt. In ihm kann man bereits mehrere verschiedene, einander nicht äquivalente Klassen von Teilmengen bestimmen — geschlossene Linien, die sich durch stetige Verzerrung nicht auf einen Punkt zusammenziehen lassen. Fügen wir dem „Henkel" einen weiteren „Henkel" hinzu, so erhalten wir ein topologisch noch komplizierteres Objekt, und setzen wir diese

Operation mehrmals fort und ziehen wir dann zwischen den verschiedenen Henkeln auch noch „Brücken", so entsteht ein Gebilde, das äußerlich an ein lebendes Eiweißmolekül erinnert. Die Klassen der verschiedenen, einander nicht äquivalenten und bei stetigen Verzerrungen nicht ineinander übergehenden Teilmengen — der geschlossenen Linien auf solchen Objekten — bilden das wichtigste Kennzeichen der Topologie derartiger ungewöhnlicher Objekte. Man nennt sie *Homologieklassen*, und besonders das Studium dieser Klassen ist die Grundlage der Aufgaben der algebraischen Topologie, eines der bedeutendsten Gebiete der modernen Mathematik.

Suchen wir in der Geschichte nach analogen Fällen, so können wir sagen: Wenn zur Zeit DESCARTES' die analytische Geometrie die Möglichkeit schaffte, geometrischen Punkten und Linien algebraische Gleichungen gegenüberzustellen, so vergleicht man in der algebraischen Topologie kompliziertere Besonderheiten im Aufbau geometrischer Objekte vom Typ des Torus oder des lebenden Eiweißmoleküls mit bestimmten komplizierteren Objekten der modernen Algebra, den Gruppen und Ringen. Bekanntlich ermöglichte seinerzeit nur die DESCARTESsche Algebraisierung der Geometrie die Untersuchung der seltsamsten und ungewöhnlichsten Kurven. Genauso werden wir heute die außergewöhnlichsten räumlich-zeitlichen Konfigurationen der lebenden Biopolymere nur unter der Bedingung erforschen können, daß sich die Biologie die moderne analytische Geometrie, die algebraische Topologie, zu eigen macht. Die Analogie mit der Entwicklung der Mechanik zur Zeit DESCARTES' und NEWTONS liegt hier deutlich auf der Hand: Ohne das kartesische Koordinatensystem kann man sich die Entstehung einer adäquaten mathematischen Theorie der mechanischen Prozesse nicht einmal vorstellen.

Der amerikanische Mathematiker S. LEFSCHETZ hat die algebraische Topologie mit „Sechs Personen suchen einen Autor" nach dem gleichnamigen Stück von PIRANDELLO verglichen, da in ihr zahlreiche selbständige Elemente vertreten seien: die Homologie-, Kohomologie-, Homotopietheorie u. a. In den letzten Jahrzehnten haben diese „sechs Personen" in Gestalt des Kollektivs von BOURBAKI und durch junge amerikanische und englische Wissenschaftler wohl eine ganze Gruppe von Autoren gefunden. Gegenwärtig vollzieht sich, durch ihre gemeinsamen Anstregungen ausgelöst, in der Mathematik die zweite Revolution in diesem Jahrhundert, die topologisch-algebraische Revolution zum Unterschied von der ersten, der kombinierten theoretischen Mengen- und Gruppenrevolution. Viele Gebiete der modernen Mathematik, zum Beispiel die algebraische Geometrie, die LIEschen Gruppen und die LIEsche Algebra, die Theorie der komplexen oder der differenzierbaren Mannigfaltigkeiten und sogar die Theorie der Differential- und Integraloperatoren, können wir uns heute überhaupt nicht mehr ohne die außerordentlich effektiven topologisch-algebraischen Methoden denken.

Was aber die Perspektiven für die Anwendung der Topologie bei der Untersuchung biologischer Erscheinungen betrifft, so läßt sich die Situation mit der Geschichte der Anwendung der Wahrscheinlichkeitstheorie in den exakten Wissenschaften vor der Begründung der Quantentheorie zu Beginn unseres Jahrhunderts vergleichen. Damals bestand eine grundlegende, vielseitig entwickelte mathematische Disziplin, aber ihre Grundbegriffe hatten noch nicht in die Konzeption einer naturwissenschaftlichen Methode Eingang gefunden. Aus diesem Grunde liefen ihre Bestrebungen nur auf rein rechnerische, praktische Prozeduren hinaus, sie wurde nicht als Denksystem, als Verfahren zum Erkennen der Welt, benutzt.

Nachdem die Quantentheorie aufgekommen war, hatte sich die Sachlage geändert. Jetzt hatte bereits der Begriff der Wahrscheinlichkeit unmittelbar in die Grundlage unserer Weltanschauung Eingang gefunden, war seine grundlegende Bedeutung in der Erkenntnis der Welt, besonders der Mikrowelt, philosophisch erfaßt worden. Auf der Basis dieser erweiterten und vervollkommneten Wahrnehmung der Welt wurde die Bedeutung des Begriffs der Wahrscheinlichkeit für die Steuerung, die Informationstheorie und die Kybernetik überhaupt, und für das Funktionieren biologischer Systeme entdeckt. Das ließ sich aber nur um den Preis einer revolutionären Umgestaltung der gesamten Grundlage der Naturwissenschaften unter Berücksichtigung der theoretischen Erkenntnisse der Wahrscheinlichkeit erreichen.

Offensichtlich steht der Gnoseologie der Naturwissenschaften, ihrem gesamten System von Grundbegriffen und Kategorien in allernächster Zeit eine ähnliche, diesmal aber topologische Revolution bevor. Davon zeugen auch die neuesten Entdeckungen der Astronomie die Quasare und der Gravitationskollaps, alte Probleme der Physik — die Schwierigkeiten in der Theorie des physikalischen Vakuums — und schließlich die hier kurz gestreiften Probleme der Biologie.

Die „Geometrie" sich selbst optimierender Systeme und die „Analyse" gut organisierter Funktionen. Biologische Prozesse haben noch eine weitere sehr wesentliche qualitative Eigentümlichkeit. Sie vollziehen sich in Systemen, die zur ständigen Selbstproduktion und Selbstoptimierung fähig sind. Weder die Mechanik, die Astronomie, die Physik noch die Chemie kennen Objekte mit einer derartigen erstaunlichen Verhaltensweise. Vielleicht ist es gerade diese Besonderheit, die als kennzeichnendes Merkmal das Lebende vom Unbelebten, die organischen Systeme von anorganischen unterscheidet.

Wir meinen die einflußreiche methodologische und philosophische Interpretation der Ergebnisse v. Neumanns und Kolmogorows zu jenem Gebiet der höheren Automatentheorie, das sich mit den zur Selbstreproduktion und Selbstoptimierung fähigen Systemen befaßt und von dem in einem der vorhergehenden Abschnitte bereits die Rede war. Offensichtlich verläuft hier eine sehr deutliche Grenze auch in der Methodologie der modernen wissenschaftlichen Forschung.

Bisher wurden für die Biologie so bedeutende Kategorien, wie Organisation, Organismus, Entwicklung vom Niederen zum Höheren u. a., nur rein qualitativ definiert, ohne Bezug auf exakte und eindeutige mathematische Modelle. Zugleich sind aber die großen praktischen Erfolge solcher Wissenschaften, wie der Mechanik, der Astronomie, der Physik, und der Chemie, wesentlich durch den Umstand bedingt, daß die Lösung konzeptioneller Probleme dieser Wissenschaften, z. B. der gleiche Gedanke von der Atomistik oder die Entdeckung der Ursachen der mechanischen Bewegung durch Galilei oder Newton, bis zu bestimmten, durch das

Experiment oder die Praxis nachprüfbaren mathematischen Gleichungen weitergeführt werden konnten. Das ist darauf zurückzuführen, daß die den exakten Wissenschaften zugrunde liegenden philosophischen Kategorien des Raumes und der Zeit, der Quantität und des Maßes schon ziemlich lange mit bestimmten genauen und eindeutigen mathematischen Modellen in Gestalt der bereits in der Antike gründlich untersuchten Strukturen der euklidischen Geometrie oder der etwas später erforschten Strukturen der reellen und komplexen Zahlen u. a. verbunden sind.

Unseres Erachtens muß sich die Erforschung der Formen der materiellen Bewegung, die komplizierter sind als die Bewegungsform in der Chemie, unbedingt auf bestimmte genaue und eindeutige mathematische Modelle vom Typ des von v. NEUMANN und N. KOLMOGOROW entwickelten Modells sich selbst reproduzierender und sich selbst optimierender Systeme stützen. An dieser Stelle sei noch einmal betont, daß diese Modelle die biologische Form der Bewegung der Materie nicht ersetzen und nicht auf sich zurückführen können. Sie werden offenbar eine ganz ähnliche Rolle spielen wie die mathematischen Strukturen der euklidischen Geometrie bei der Mathematisierung der Mechanik, der Astronomie und der Physik — sie werden eine exaktere und adäquatere Beschreibung des Raumes vermitteln, in dem tatsächlich die mannigfaltigsten biologischen Vorgänge verlaufen. Bekanntlich hat schon WERNADSKI zu seiner Zeit die Frage nach Präzisierung und Konkretisierung des Raumbegriffs angeschnitten, der bei der Analyse biologischer Strukturen jeglicher Art verwendet wird. Er unterscheidet sich zum Beispiel kraß vom gewöhnlichen euklidischen Raum durch das rechts- und linksorientierte Koordinatensystem. Alle organischen Moleküle gehören zu ihren sogenannten rechts- oder linksdrehenden Isomeren; gelangen Isomere von entgegengesetzter Orientierung in einen lebenden Organismus, so kann das für diesen geradezu katastrophale Folgen haben. Ebenso sind für biologische Räume zahlreiche zyklische Strukturen kennzeichnend, in denen Stoff- und Informationsströme stetig zirkulieren, angefangen mit den einfachsten Informationszyklen bei der Selbstreproduktion von Eiweiß- oder Nukleinsäuremolekülen und endend mit den gigantischen Kreisläufen des Sauerstoffs und organischer Verbindungen sowie von Stoffen, die eigenartige chemische Akkumulatoren der Sonnenenergie sind, Kreisläufen, die die gesamte Biosphäre der Erde als kosmischen Körper berühren.

Offensichtlich können besonders diese neuen Räume der sich selbst reproduzierenden und sich optimierenden Systeme zu einer adäquaten und exakten Formulierung der Gesetzmäßigkeiten verhelfen, die eben die quantitativen spezifischen Eigenschaften biologischer Erscheinungen widerspiegeln. Und nur mit ihrer mathematischen Formulierung wird die Biologie einen in praktischer Beziehung ebenso exakten und ebenso zuverlässigen Charakter annehmen, wie ihn heute bereits Wissenschaften wie die Mechanik, die Astronomie und die Physik haben.

Die Tatsache, daß mit den sich optimierenden Räumen v. NEUMANNS und KOLMOGOROWS ganz spezifische mathematische Gesetzmäßigkeiten verbunden sind, wird auch durch die größte Entdeckung der modernen Biologie belegt, durch die Entschlüsselung des für alles Lebende einheitlichen genetischen Kodes. In einem sich selbst reproduzierenden Raum unterliegt auch, wie sich herausstellt, die Bewegung bestimmten genauen Gesetzmäßigkeiten, die sich jedoch von den gewöhnlichen, quantitativen und geometrischen, stark unterscheiden und nur durch mathematisch vollkommen neue theoretische Informationsstrukturen ausgedrückt werden.

Wir meinen, daß die Systeme v. NEUMANNS und KOLMOGOROWS in allen Wissenschaften über der Chemie (falls man die Wissenschaften nach dem Grad der Komplexität ihrer Untersuchungsobjekte anordnet — Physik, Chemie, Biologie, Gesellschaftswissenschaft — d. Red.) den Platz der räumlichen Strukturen der gewöhnlichen euklidischen Geometrie einnehmen werden. Man kann mit einiger Sicherheit annehmen, daß die Fähigkeit zur Selbstreproduktion oder zur Selbstoptimierung die mathematische Struktur der Systeme v. NEUMANNS und KOLMOGOROWS ziemlich eindeutig definiert. In dieser Hinsicht kann die Situation vollkommen der durch das bekannte Theorem PONTRJAGINS bedingten Situation analog sein. Hierbei werden durch so einfache Forderungen, wie lokale Kompaktheit, Kommutation und Kohärenz, die einen bestimmten algebraischen System mit den beiden Gesetzen der Komposition, der Addition und der Multiplikation, auferlegt werden, die ihrerseits den Gesetzen der Distribution und der Stetigkeit der Kompositionen unterworfen sind, aus der gesamten unzähligen Menge abstrakter mathematischer Systeme die Mengen reeller und komplexer Zahlen ausgewählt. Das sind die Hauptobjekte der Mathematik, die sich aus den Anforderungen der quantitativen und metrischen Gebiete der Naturwissenschaften weiter entwickelt hat.

Wenn diese Forderungen nach Kommutation, Stetigkeit und Kohärenz der zu messenden Größen innerhalb der lebenden Objekte eindeutig nicht erfüllt werden, dann ist es sogar möglich, daß, kurzgesagt, eben dieser Umstand die Ursache für den Austausch der euklidischen räumlichen Strukturen in ihnen gegen die grundsätzlich neuen Strukturen v. NEUMANNS und KOLOMOGOROWS sein kann, die sich gleichsam als Überbau über den gewöhnlichen euklidischen Strukturen erheben, deren Gültigkeit nur für rein physikalische und chemische Mikroprozesse erhalten bleibt. Es läßt sich aber auch die noch verlockendere Hypothese aufstellen, daß wir Zeugen der Entstehung nicht nur der Geometrie dieser völlig neuen mathematischen Strukturen, sondern sozusagen auch der Analyse über diese ganz neuen mathematischen Räume sind. Wir meinen die Entwicklung der Theorie der sogenannten gut organisierten Funktionen GELFANDS und ZETLINS. Unseres Erachtens wird der nichtmetrische und nichtquantitative Charakter der Eigenschaften der meisten entscheidenden Merkmale lebender Objekte durch diese halbquantitativ-halbqualitativen Objekte sehr gut erfaßt. Letztere sind zugleich auch ein sehr interessantes Beispiel aus dem neuen Gebiet der Mathematik, das unmittelbar aus den Forderungen der Praxis, mit mathematisch völlig ungebräuchlichen Strukturen zu operieren, entstanden ist.

Die ursprünglich gut organisierten Funktionen wurden in Verbindung mit der

Untersuchung bestimmter komplizierter Systeme der modernen Kernphysik eingeführt, aber allmählich hat sich der Schwerpunkt in ihrer Entwicklung auf das Gebiet der Mathematisierung der Biologie verschoben. Anscheinend läßt sich die Tätigkeit fast jedes Organs eines lebenden Organismus genügend adäquat in den Termini dieses neuen Gebietes der Mathematik beschreiben — von der Tätigkeit des Heizens und der Lungen bis zu den Bewegungsreaktionen zur Steuerung eines Kraftfahrzeugs oder Flugzeugs oder zum Niederschreiben oder Lesen eines beliebigen gedruckten oder handschriftlichen Textes.
Mit diesen rein hypothetischen Erwägungen möchten wir auch unsere kurze Behandlung der wichtigsten methodologischen Probleme schließen, die in Verbindung mit den in der ganzen Welt auf breiter Basis sich entwickelnden Arbeiten über die mathematische Modellierung der Erscheinungen des Lebens in der Biologie und der Mathematik immer offensichtlicher in den Vordergrund treten.

Literatur

1. Schtoff, W. A., Modellierung und Philosophie, Moskau—Leningrad, 1966, S. 19.
2. Bourbaki, N., Architektur der Mathematik: In: N. Bourbaki; Abriß der historischen Mathematik, Moskau, 1963, S. 245—251.
3. Courant, R., Mathematik im modernen Leben. „UFN", 1965, Bd. 85, 2. Ausg., S. 335 bis 349.
4. Wentzel, J. S., Wahrscheinlichkeitstheorie, Moskau, 1964, S. 17—18.
5. Neumann, J. v., The General and Logical Theory of Automats. New York: John Wiley. — In: L. Turing, Can a Machine think? Moskau, 1960.
6. Gnedenko, B. W., Zur Rolle mathematischer Methoden bei biologischen Untersuchungen. — „Fragen der Philosophie", 1959, Nr. 1.
7. Godemann, R., Algebraische Topologie und Theorie der Bündel Moskau, 1961, S. 24.
8. Grotendik, A., Über einige Fragen der homologen Algebra. Moskau, 1961, S. 9.
9. Steenrod, N. und S. Eilenberg, Foundations of Algebraic Topology. Princeton University Press. Moskau 1958, S. 142—143.
10. Freyd, P., Abeilian categories. New York 1964.
11. Ljapunow, A. A., Zur algebraischen Behandlung der Programmierung. — „Probleme der Kybernetik", Bd. 8, Berlin: Akademie-Verlag, 1965, S. 233. Moskau, 1962, S. 235.
12. Kolmogorow, A. N., Probleme der Informationsübertragung, 1965, Bd. 1, 1. Ausg.
13. Malzew, A. I., Algorithmen und rekursive Funktionen, Moskau, 2965.
14. Rosen, R., „Bulletin of Mathematical Biophysics.", 1958, vol. 20, p. 317—341.
15. Rashevsky, N., „Bulletin of Mathematical Biophysics", 1954, vol. 16, p. 317—348.

L. B. Bashenow, B. W. Birjukow

EINIGE PHILOSOPHISCHE PROBLEME DER MODELLIERUNG BIOLOGISCHER OBJEKTE

In diesem Beitrag wollen wir einige Fragen erörtern, die für die Bewertung der mathematischen Modellierung als Methode der Erkenntnis überhaupt und als Methode zur Beschreibung komplizierter Objekte, besonders der Objekte der lebenden Natur, grundsätzliche Bedeutung haben. Vor allem wollen wir die Möglichkeiten der mathematischen Modellierung betrachten. Darüber berichtete Ljapunow ausführlich in seinem Beitrag und nannte als eine der Ursachen für die ungenügende Verbreitung der mathematischen Modellierung in der Biologie „die fehlerhaften philosophischen Konzeptionen“ —, die darauf hinauslaufen, daß sich die lebende Natur infolge ihrer besonderen Eigenheiten nicht mit exakten Methoden erforschen läßt. Diese philosophischen Konzeptionen haben deutlich vitalistischen Charakter, obwohl sie sich nicht selten als dialektischer Materialismus ausgeben“[1]).

Wir hatten bereits Gelegenheit, auf dieses Problem einzugehen, [1] und wollen an dieser Stelle nur bemerken, daß die häufig geäußerte Meinung, die Komplexität der biologischen Erscheinungen mache sie für eine mathematische Darstellung unzugänglich, nicht nur einfach unzutreffend ist, sondern ein typisches Beispiel für einen logischen Fehler (non sequitur) darstellt. Die außerordentliche Kompliziertheit der biologischen Erscheinungen führt tatsächlich gerade zu einem entgegengesetzten Schluß: Sie sind zu kompliziert, als daß man sie ohne Hilfe mathematischer Mittel gründlich erforschen könnte. „Das Argument, dieser oder jener Sachverhalt könne nicht mathematisch behandelt werden, weil er zu kompliziert sei, leuchtet scheinbar ein, ist aber falsch“, schreibt Klaus. „Die wirkliche Praxis der Wissenschaften, der tatsächliche Gang der Geschichte der Wissenschaften von der Behandlung der Theorie der Planetenbahnen durch Kepler bis zur Entzifferung der Majasprache durch sowjetische Wissenschaftler sprechen dafür, daß vielmehr gilt: Dieses oder jenes Problem ist zu kompliziert, als daß man es ohne Mathematik behandeln könnte“ [2]. Natürlich bedeutet das nicht, daß die mathematische Untersuchung von Lebensvorgängen durch einfache Anwendung eines fertigen mathematischen Apparates — der bekanntlich in seinen wesentlichen Teilen auf der Grundlage der von den Disziplinen des physischen Zyklus ausgehen-

---

1) „Математическое моделирование жизненных процессов“. Материалы к конференции. (Mathematische Modellierung von Lebensprozessen. Konferenzmaterialien), Moskau, 1966, S. 6—7.

den Bedürfnissen entstanden ist — vor sich geht. Das Eindringen der Wissenschaft in das komplizierte Wesen der biologischen Erscheinungen und die gleichzeitige Bildung einer neuen, dem Untersuchungsgegenstand adäquaten mathematischen Sprache ist unbestritten ein komplizierter Prozeß. Diesen Weg beschreitet die Wissenschaft auch, und aus diesem Grunde wird in der Literatur jetzt viel weniger über das Problem geschrieben, ob es gerechtfertigt oder ungerechtfertigt ist, Lebensvorgänge mathematisch zu modellieren, das Hauptaugenmerk ist vielmehr darauf gerichtet, auf welche Weise eine solche Modellierung am effektivsten gestaltet werden kann. Allerdings erheben sich unter den Biologen mitunter noch Stimmen, die vor einer übermäßigen Einbeziehung der mathematischen Modellierung warnen und dafür eintreten, der experimentellen Forschung, der Anwendung physikochemischer Methoden u. a. den Vorzug zu lassen[1]). Doch das ist gewöhnlich auf Mißverständnisse zurückzuführen — genauer gesagt, auf ungenügend klare Vorstellungen vom Wesen der mathematischen Modellierung —. Zwischen der mathematischen Modellierung und der experimentellen Forschung gibt es und kann es keinen Konflikt geben, denn kein Modell kann ohne Fundament aufgebaut werden. Zum Aufbau eines Modells, insbesondere eines mathematischen Modells, und zur mathematischen Darstellung eines Prozesses braucht man Fakten und entsprechende Daten. Das Modell wird ja zu dem Zweck geschaffen, die Vollständigkeit der entsprechenden Faktendarstellung und der auf dieser Basis entwickelten Hypothesen prüfen zu können.

Haben wir das in der Hypothese enthaltene Wissen in ein „arbeitendes", d. h. materielles oder theoretisches Modell verwandelt, so untersuchen wir das Verhalten dieses Modells. Das Verhalten des Modells wird mit dem Verhalten des zu modellierenden Systems verglichen, wobei die Hypothesen über dieses System die Grundlage für den Aufbau des Modells selbst bilden. Das gibt dem Forscher eine ausgezeichnete Handhabe zur Präzisierung, Ausarbeitung und Bestätigung der Hypothesen. Das Wesen dieses Prozesses hat ROSENBLATT treffend erläutert: „... weil unser Ziel darin besteht, den wirklichen Mechanismus der Arbeit des Gehirns zu begreifen und nicht nur einfach einen neuen Typ einer Rechenanlage zu konstruieren, haben wir die Modelle der Perzeptronen ... in Übereinstimmung mit den Angaben (d. h. mit den uns vorliegenden Hypothesen — die Autoren) beschränkt, die uns in bezug auf die biologischen Nervensysteme bekannt sind. Wir ... haben mit einem hypothetischen Netz idealisierter Neuronen begonnen ..., das in seiner allgemeinen Struktur dem Gehirn gleicht, und danach haben wir eine mathematische Analyse eines derartigen Systems vorgenommen, um zu ermitteln, ob es über die uns interessierenden psychologischen Eigenschaften verfügt. Wenn sich dabei herausstellte, daß bei einem solchen Modell deutliche Abweichungen vom Verhalten der biologischen Systeme auftraten, wurden bestimmte Veränderungen vorgenommen, und das so erhaltene neue Modell wurde dann einer analogen Analyse unterzogen" [3].

---

[1]) Auf der Konferenz über die mathematische Modellierung von Lebensprozessen sprach in diesem Sinne G. V. GERSUNI.

Aus der umfangreichen Entwicklung der mathematischen Modellierung von Lebenserscheinungen und -prozessen ergibt sich die wichtige methodologische Frage nach der Wechselbeziehung der Untersuchung der Objekte auf der Stufe ihres Verhaltens (Funktionierens), ihrer Struktur (ihres Aufbaus) und des Materials (Substrats), aus denen sie gebaut sind. Bekanntlich unterscheidet man oft in der wissenschaftlichen Forschung die Untersuchung, und insbesondere die Modellierung von Objekten auf den drei genannten Ebenen. Das betrifft sowohl die kybernetischen Arbeiten — bei der Anwendung auf Objekte, wie Steuerungs- oder Informationssysteme — als auch besonders die Arbeiten der Biologen, Neurophysiologen und Mediziner. Auch die Philosophen stützen sich darauf. Zum Beispiel wird diese Unterscheidung ganz konsequnet in dem Buch von KLAUS „Kybernetik in philosophischer Sicht" [4] vorgenommen; auch NOWIK und andere sowjetische Autoren machen sie sich in ihren Arbeiten zu eigen.

Untersuchen wir die Dialektik der Abbildung des Verhaltens (Funktionierens)[1]), der Struktur und des Materials bei der Modellierung etwas eingehender. Wir haben das zwar schon getan [6], aber die nicht endenden Unklarheiten in dieser Frage zwingen uns, noch einmal darauf zurückzukommen. Bei der Untersuchung von Objekten — besonders, wenn es sich um biologische Objekte handelt — werden gewöhnlich die funktionelle und die strukturelle Verfahrensweise einander gegenübergestellt. Mitunter stellt man es so dar, als gebe es eine besondere Methode der funktionellen Untersuchung, die von der Analyse des Verhaltens ausgeht, und als existiere unabhängig davon die Methode der strukturellen Erkenntnis, die die Analyse der Struktur zum Ausgangspunkt hat.

In der Geschichte des menschlichen Denkens kann man feststellen, daß in den Naturwissenschaften des 17., 18. und sogar des 19. Jahrhunderts die Tendenz vorherrschte, von der Struktur zum Verhalten überzugehen. Die Struktur eines Systems wurde oftmals als etwas aufgefaßt, das für sich allein, unabhängig vom Verhalten des Systems erkannt werden kann, und man glaubte, daß allein schon die Kenntnis der Struktur und ihrer Elemente eine zuverlässige Grundlage sei, um die Aufgabe stellen zu können, das Verhalten des Systems im ganzen zu erklären[2]). Natürlich rief das eine Extrem das andere hervor. Zu Beginn des 20. Jahrhunderts kam der Behaviorismus auf, der sich die Aufgabe stellte, ins-

---

[1]) Wir setzen hier Verhalten und Funktionieren einander gleich, denn wir gehen davon aus, daß die mitunter vorgenommene Unterscheidung dieser Termini nur in gewissen konkreten Aufgabenstellungen, in speziellen Theorien usw. Sinn hat, nicht aber in methodologischen Untersuchungen oder mathematischen Darstellungen von Erscheinungen und Prozessen des Lebenden mit genügend allgemeinem Charakter (s. z. B. [5], wo diese Fachausdrücke als Synonyme verwendet werden). Im übrigen müssen wir feststellen, daß uns die in einigen biologischen und psychologischen Arbeiten vorgenommene Unterscheidung dieser Begriffe unverständlich ist.

[2]) Das bedeutet natürlich nicht, daß die Struktur völlig unabhängig von der Funktion betrachtet wurde (vgl. die Geschichte der Erforschung des Blutkreislaufs), aber dennoch war offensichtlich, daß die Tendenz vorherrschte, sich von der Struktur weg- und der Funktion, dem Verhalten, zuzuwenden.

besondere das Verhalten zu erforschen. Dabei behandelten die extremen Anhänger des Behaviorismus die mit der Untersuchung der Struktur zusammenhängenden Fragen häufig nur am Rande.
Doch in der Polemik mit dem Behavoirismus werden oft unnötige Vereinfachungen zugelassen; es entsteht, wenn man so sagen darf, ein eigentümlicher verdrehter Behaviorismus. In seinen extremen Formen verabsolutiert der Behaviorismus den Verhaltensbegriff, aber es ist falsch, damit die Struktur zu verabsolutieren und es als möglich zu erklären, sie außerhalb der Untersuchung der Verhaltensbesonderheiten zu erkennen.
Die Hauptthese, die wir hier verteidigen, fußt auf der Behauptung, daß es *nicht gerechtfertigt ist, die Modellierung auf den Stufen des Verhaltens, der Struktur und des Materials jeweils einander gegenüberzustellen.* Eine Unterscheidung der Modellierung auf diesen drei Stufen läßt sich nur im Rahmen einer konkreten Untersuchung rechtfertigen, aber in allgemeiner gnoseologischer Hinsicht muß vor allem die Relativität dieser Unterscheidung, die tiefe Wechselbeziehung in der Erkenntnis dieser Stufen der Modellierung berücksichtigt werden. Dennoch ist der ungerechtfertigte Vergleich dieser Stufen auch in der Literatur anzutreffen; zum Beispiel kommt er in einem gewissen Maße auch in dem bereits erwähnten Buch von KLAUS zum Ausdruck, was den Autor letztlich zu einigen nicht überzeugenden Schlüssen verleitet.
Als weiteres Beispiel kann der Beitrag von LEWI „Die Modellierung von Nervennetzen" dienen [7]. Der Verfasser dieses, im allgemeinen guten und interessanten Artikels zollt in der Einführung der faktisch aus der Zeit der Ablehnung der Kybernetik herrührenden Gegenüberstellung des Verhaltens, der Struktur und des Materials bei der Modellierung — dabei insbesondere in gnoseologischer Hinsicht — Anerkennung. Er behauptet, daß wir, soviel mathematische Modelle der Funktionstätigkeit des Nervensystems wir auch schaffen mögen, „aus dem Gebiet der Erscheinungen nicht herauskommen und nicht zum Kern der Sache gelangen können, bevor wir nicht die Struktur untersuchen, die in Wechselwirkung mit der Außenwelt die Funktionstätigkeit ausübt" [8]. Nach dem Standpunkt LEWIS müssen wir zur (teilweisen!) Reproduktion, d. h. Modellierung, der Tätigkeit des Nervensystems „mit Mitteln der Kybernetik, soweit es möglich ist, die physiologische Grundlage selbst dieser Tätigkeit reproduzieren" [9] —, eine Schlußfolgerung, die sich in offensichtlichem Widerspruch zu vielen Richtungen in der kybernetischen Modellierung von Lebensprozessen befindet.
Die Gegenüberstellung der Modellierung auf der Stufe des Verhaltens, der Struktur und der Funktion dient mitunter als Argument bei den Versuchen, die Möglichkeiten der mathematischen Modellierung von Objekten, insbesondere von Systemen und Erscheinungen des Lebenden, unbegründet einzuschränken. In dieser Hinsicht ist der Beitrag von ARSENJEW, ILJENKOW und DAWYDOW [10] aufschlußreich. Die Verfasser gelangen zu der seltsamen Ansicht, das Denken lasse sich mit Mitteln exakter Wissenschaften, die mathematische, mathematisch-logische u. ä. Methoden anwenden, nicht erkennen; es kann nicht wundernehmen, daß die Autoren des Beitrages sich auf eigenartige Weise in logischer Widersprüchlichkeit

verstrickt haben[1]). Es lohnt sich kaum, die klare These zu begründen, daß die Wissenschaft in der Erforschung, und vor allem in der Modellierung des Denkens unberirrt gerade den Weg der Anwendung exakter Methoden geht.
Die modernen wissenschaftlichen Erkenntnisse — sowohl der Kybernetik als auch der Physik, besonders der Physik der Elementarteilchen — zeigen eindeutig, daß gerade die Analyse der Verhaltensweisen die Möglichkeit gibt, tief in die Struktur einzudringen. Hier gibt es keine chinesische Mauer. *Außerhalb der Verhaltensweisen gibt es keine Struktur, und es gibt keine Struktur, die sich nicht im Verhalten enthüllt.*
Ausgangspunkt in der modernen Anwendung der Modellierung, der Makro- und der Mikromethode, ist die Modellierung auf der Ebene des Systemverhaltens. Im Verlauf der mathematischen Modellierung, der Modellierung in der Kybernetik, Bionik u. a., werden durch die an den Modellen vorgenommene Reproduktion des Funktionierens der Systeme — in bestimmten von den angewendeten Forschungsmitteln abhängigen Grenzen — sowohl die Struktur als auch das Material des Systems aufgeklärt; das Funktionieren wird stets auf einer bestimmten Stufe der Abstraktion und der Idealisierung untersucht.
Wir möchten die methodologische Bedeutung der an dieser Stelle gemachten Ausführungen unterstreichen. Im wesentlichen handelt es sich darum, daß es schon deshalb nicht gerechtfertigt ist, das Funktionieren eines Systems seinem Aufbau oder Material gegenüberzustellen, weil der Begriff des Funktionierens selbst in jedem gegebenen Falle von den verwendeten Abstraktionen, Idealisierungen und Hypothesen abhängig ist und weil die Realisierung des Übergangs selbst von der Untersuchung des Verhaltens zur Analyse der Struktur oder des Materials des Systems von der gewählten Art der Modelle und von den verwendeten theoretischen und technischen Erkenntnismitteln abhängt. Werden diese Seiten der Modellierung nicht verstanden, so kommt es häufig zu unbegründeten methodologischen Bewertungen bestimmter wissenschaftlicher Untersuchungen. In dem oben zitierten Beitrag kritisiert Lewi zum Beispiel die Auffassung von der sogenannten relationalen Biologie, weil sie die Aufgabe stellt, reale biologische Systeme als „Realisation“ bestimmter abstrakter, rein mathematisch fixierter funktionaler Systeme darzustellen [12]; tatsächlich aber ist die Modellierung — und sogar mit Nutzen ! — auf verschiedenen Stufen der Abstraktion möglich und kann mit verschiedenen Mitteln realisiert werden; je nachdem ändern sich auch die Aufgaben, die durch die Modellierung gelöst werden. In verschiedenen Modellen können auch die Begriffe der Funktion (des Funktionierens, des Verhaltens) und der Struktur unterschiedlich sein. Die aus dem Standpunkt des Autors herrührenden einschränkenden Bemerkungen können der mathematischen Modellierung von Lebensprozessen wohl kaum förderlich sein.

---

[1]) Sie schreiben: „Wenn es auch gelänge, einen künstlichen Intellekt zu schaffen, der, sobald in ihm ein logischer Widerspruch auftaucht, nicht in den Zustand hysterischer, sein gesamtes Arbeitsschema zerstörender Selbsterregung verfiele, sondern im Gegenteil sofort begänne, seine spezielle „Funktion“ zu realisieren, so tätet ihr den ersten Schritt auf dem Wege der Modellierung des realen menschlichen Denkens“ [11].

Aus diesen Ausführungen ergibt sich, daß die Unterscheidung der Untersuchung von Objekten auf den drei genannten Stufen relativ ist, denn sie ist von den angewandten Abstraktionen, Idealisierungen, Postulaten, Hypothesen, dem erreichten Stand der Erkenntnis und von den verwendeten Untersuchungsmitteln abhängig. Sie ist auch in dem Sinne relativ, daß im Verlauf der Erkenntnis und Praxis eine Zustandsänderung der Begriffe „Verhalten“, „Struktur“ und „Material“ — bei der Anwendung auf das zu untersuchende Teilgebiet der Wirklichkeit — vor sich geht. Zum Beispiel wird das, was früher die Wissenschaft zur Struktur oder zum Material rechnete, später als Element des Verhaltens untersucht. Beispiele dafür bietet in Hülle und Fülle die Kernphysik, aber auch die Biologie. Davon sei hier nur ein einzelnes angeführt. Während vor fünfzehn Jahren das bewegliche Protoplasma der Zellen als nahezu homogenes Kolloid dargestellt wurde, „füllte“ sich nach der Anwendung der optischen Interferenzmethode durch FRANK (1962) dieser Teil der Zelle mit einer Menge überaus feiner und beweglicher „Strukturelemente“ [13].
Die beschriebene Betrachtung der Kybernetik — auf jeden Fall in den mit der Kybernetik, der Mathematik und der Logik verbundenen entwickelten Formen der Modellierung — entspricht der These der dialektisch-materialistischen Gnoseologie, wonach die Untersuchung des Inneren, des Wesens und der Gesetzmäßigkeiten in den Dingen, Prozessen und Erscheinungen der Wirklichkeit durch die Untersuchung ihrer Wechselwirkungen, die Analyse der ihnen eigenen Bewegungsarten und durch praktisches Arbeiten mit ihnen realisiert wird. Wie FRIEDRICH ENGELS schrieb, können wir über die Dinge außerhalb der Bewegung überhaupt nichts sagen; alles, was man über einen Körper wissen kann, ist darauf beschränkt, was man über die für ihn charakteristischen Bewegungsformen, d. h. über die ihm eigenen Verhaltensweisen, wissen kann [14].
Aus diesem Grunde erscheint uns der Versuch, die Untersuchung der Struktur von der Untersuchung des Verhaltens zu trennen, nicht hinreichend begründet. Der reale Verlauf der wissenschaftlichen Erkenntnis besteht darin, zunächst von der allgemeinen Vorstellung über ein System und dessen Verhalten und danach von der möglichst vollständigen Untersuchung dieses Verhaltens zur Auffindung der Struktur überzugehen. In der Physik der Elementarteilchen wird das am deutlichsten ausgedrückt, da der eigentliche Begriff der Struktur der Elementarteilchen hier einen anderen Sinn hat. Die Struktur hört auf, als etwas aus Teilen zusammengesetztes Ganzes verstanden zu werden, und begegnet uns eher als ein Satz von möglichen Verhaltensweisen. Analog wird in den Wissenschaften vom Leben und der Technik die Struktur immer mehr nicht als etwas Statisches, sonders als ein dynamisches Phänomen verstanden, nicht einfach als Struktur aus Elementen oder Teilen eines Originals, die in Abstraktion von ihrer Bewegung, Arbeit und Entwicklung betrachtet werden, sondern als Struktur eines Prozesses, als Struktur des Funktionierens, des Verhaltens[1]).

---

[1]) Diese These wird zum Beispiel durch die Arbeiten über die Analyse der Bewegungen und der Körperhaltung des Menschen gut veranschaulicht. Untersuchungen haben gezeigt, daß die

Es sei besonders darauf hingewiesen, daß die Betrachtung der Modellierung vor allem als Untersuchung des Verhaltens unbedingt die Berücksichtigung eines wichtigen methodologischen Prinzips voraussetzt, des *Prinzips der Konkretheit der Wahrheit*. Das bedeutet vor allem, daß man die Modellierung immer unter dem Aspekt der vor der Forschung stehenden Aufgaben sehen muß, unter dem Aspekt der darin angewandten Postulate, Abstraktionen und Idealisierungen und schließlich auch unter Berücksichtigung der Sprache der Modellierung. Das Verständnis dafür, was gerade im konkreten Falle modelliert wird, hängt wesentlich vom System der angewandten Begriffe, dem Stand der Formalisierung, Schematisierung, Konstruktivisierung, Algorithmisierung, der dem Forscher zur Verfügung stehenden technischen Modellierungsmittel u. a. ab.

Die mathematische Modellierung, im weitesten Sinne als Modellierung betrachtet, die mit der Verwendung eines Begriffs- und Symbolapparates der Mathematik und der mathematischen Logik sowie der Mittel der Rechentechnik verbunden ist, ist vor allem auf die Untersuchung des Verhaltens, des Funktionierens der zu untersuchenden Systeme orientiert; doch in der Untersuchung des Verhaltens — einer Untersuchung, die eine Bewegung des Wissens darstellt, in deren Verlauf die Dialektik des Verhaltens, der Struktur und des Materials zutage tritt — deckt die mathematische Modellierung dasjenige auf, oder leistet dafür einen wesentlichen Beitrag, was in der jeweiligen Etappe der Erkenntnis, im Rahmen des jeweiligen Systems der Abstraktionen als zur Struktur oder zum Material gehörig, untersucht wird.

Es wird darauf hingewiesen, daß in konkreten Untersuchungen die strukturelle Methode, die von der bereits bekannten Struktur ausgeht und auf deren Grundlage das Verhalten prognostiziert — in der Kybernetik nennt man das die *Mikromethode* —, als etwas Selbständiges existiert und existieren wird. Ist über die Struktur vorher aber nichts bekannt oder ist das Wissen unzureichend, so ist der einzig mögliche Weg zum Erkennen des Objekts die Untersuchung seines Verhaltens; in der Kybernetik nennt man diese Methode die *Makromethode*. Es ist verständlich, daß in allgemeingnoseologischer Hinsicht die Untersuchung des Verhaltens und das Auffinden der Struktur, indem man eben das Verhalten studiert, primäre Bedeutung haben, denn an jedes neue Objekt geht man ohne vorherige Kenntnis seiner Struktur heran.

Die Modellierung des Verhaltens hat besonders große methodologische Bedeutung, wenn es sich um komplexe oder „große" Systeme handelt. „Die spezifischen Eigenschaften großer Systeme, wie große Abmessungen, Kompliziertheit der Struktur, Vielzahl nichtlinearer Abhängigkeiten zwischen den Variablen, der Wahrscheinlichkeitscharakter der Veränderung der Parameter und der Wechselwirkungen sowie die häufig nur stochastische Verknüpfung zwischen den Variablen erschweren die analytische Untersuchung und die Beschreibung der Prozesse in diesen Systemen außerordentlich" [16]. Für die experimentelle Reproduktion solcher Systeme

---

Wahrung der senkrechten Haltung des Menschen mit einer systematischen Wechselwirkung zahlreicher Muskelgruppen und Bewegungen in vielen Gelenken verbunden ist [15].

oder die Durchführung ziemlich radikaler Experimente sind nicht nur der große Arbeitsaufwand oder die hohen Kosten ein Hindernis, sondern auch die Spezifik der großen Systeme selbst, und das Eindringen in diese Systeme kann, besonders wenn ihre Natur nicht genügend bekannt ist, dazu führen, daß sie beschädigt werden, Störungen in ihrer Arbeit auftreten, u. a. m. Daraus ergibt sich auch die Bedeutung der Entwicklung von Methoden zur Modellierung komplexer Systeme, mit denen sich diese Systeme abbildende Modellobjekte bauen und daran das Verhalten der Systeme sowie die in ihnen vor sich gehenden Prozesse der Steuerung und der Informationsverarbeitung untersuchen lassen. Für große Systeme ist die „Bewältigung der Komplexität" außerhalb der Verhaltensanalyse unmöglich.

In Zusammenhang damit möchten wir auf einige philosophische Fragen eingehen, die sich auf den Begriff der Komplexität und die Methoden ihrer Darstellung in der Wissenschaft beziehen[1]).

Die Erörterung der bekannten Probleme von Übereinstimmung und Unterschied zwischen kybernetischen Anlagen und dem Gehirn, zwischen einem Automaten und einem lebenden Organismus ist eng mit der Klärung der Begriffe über das Einfache und Komplexe, mehr oder weniger Komplexe, und mit der Untersuchung der Begriffe über das komplexe System, die Stufen und Kriterien der Komplexität verbunden [17]. Die Behandlung dieser Fragen wird dadurch erschwert, daß auf dem zu untersuchenden Gebiet — es handelt sich vor allem um bestimmte Aspekte der theoretischen und technischen Kybernetik sowie der Erkenntnistheorie — noch wenig präzisierte Begriffe und exakte Ausdrucksmöglichkeiten bestehen. Deshalb muß die Diskussion, besonders in philosophischer Sicht, auf intuitiv-intensionaler Ebene geführt werden, hinter der noch nicht immer exakte Begriffe und Ergebnisse stehen.

Eine der gnoseologischen Situationen, in der in der Wissenschaft der Begriff der Komplexität benutzt werden muß, entsteht dann, wenn der Forscher von einem bestimmten System, — zu einem Schema, einer Struktur, einem System u. ä. übergeht, auf das sich frühere Erkenntnismethoden und -mittel als ungeeignet oder nur wenig geeignet anwenden lassen; dabei unterscheidet sich das komplexe oder mehr komplexe System vom früheren in folgenden Punkten: in der wesentlich größeren Anzahl von Elementen bzw. Teilsystemen und der größeren Anzahl von Kopplungen zwischen den Elementen, d. h. den Teilsystemen, in der unterschiedlichen Art dieser Kopplungen, in der Mannigfaltigkeit der Aufgaben, die das System zu lösen vermag, und in einigen anderen Punkten.

Die Vorstellung vom Komplexen oder mehr Komplexen, die man auf diese Weise erhält, ist scheinbar direkt, intuitiv einleuchtend. Wenn wir jedoch versuchen, uns näher mit dieser Vorstellung zu befassen, müssen wir gewöhnlich eine andere Vorstellung mit heranziehen — die Vorstellung von der *Organisiertheit*, *Geordnetheit*, von der *Struktur* als Gegensatz zur *Desorganisation* und zum Chaos. Das ist verständlich, wenn man bedenkt, daß die konkreten Bedingungen für die Existenz des Systems und der Charakter der Elemente, aus denen es zusammengesetzt ist,

---

[1]) Einzelne Fragen dieses Teiles des Beitrages wurden von ZETLIN bearbeitet.

der Zahl der Elemente wie der Menge und der Mannigfaltigkeit der Kopplungen zwischen ihnen, den Veränderungen der Zustände der Elemente und den möglichen Evolutionen der Kopplungen der Elemente Grenzen setzen. Dieses Begrenzen, das die Komplexität eines bestimmten Systems bestimmt, ist ein wesentliches Merkmal der Organisation des Systems.

In der Literatur werden verschiedene Kriterien für die Komplexität angeführt. Diese Kriterien stehen in bestimmten (mitunter widersprüchlichen) Wechselbeziehungen zueinander, und ihre isolierte Anwendung gibt noch keine überzeugende Antwort auf die Frage, warum wir das eine System mehr komplex als das andere betrachten, kann doch zum Beispiel eine große Zahl von Elementen eines Systems mit einer kleinen Zahl möglicher Änderungen ihrer Zustände oder mit einer kleinen Zahl von Kopplungen verknüpft sein. Die Veränderungen in den Zuständen dieser Elemente und ihre wechselseitigen Beziehungen können zu Wiederholungen von Situationen führen. Ist eine große Zahl von Elementen vorhanden, so können zufällige Kopplungen vorherrschen u. ä., und es ist nicht ganz geklärt, ob es sinnvoll ist, in einem solchen Falle von einer Zunahme oder Verringerung der Komplexität zu sprechen. Es liegt jedoch auf der Hand, daß einige der beschriebenen Aspekte für Systeme, die wir mit Sicherheit als komplexe Systeme bezeichnen können, außerordentlich wesentlich sind. Wenn die Relationen der Elemente eines bestimmten Musters sich einförmig und ständig wiederholen und der Typ der Symmetrie des Musters sich optisch leicht wahrnehmen läßt, werden wir es kaum als komplex bezeichnen. Aber die Wiederholung hat für solche ohne Zweifel komplexe Systeme, wie das Gehirn des Menschen oder ein ultrastabiles Automatensystem, große Bedeutung: Die Komplexität verlangt in diesem Falle unbedingt Redundanz, und diese setzt, wie McCulloch, v. Neumann und andere Forscher erklärt haben, die Wiederholung einer Operation bzw. eine Verdopplung der Kopplungen voraus.

Wir haben weiter oben gesagt, daß die Vorstellung von der Komplexität infolge des Übergangs von einer relativ einfachen Schaltung zu einer Schaltung entsteht, auf die sich die früheren Mittel zur Untersuchung der Systeme oder deren Modellierung oder Konstruktion nicht mehr anwenden lassen und daher dem Forscher oder Konstrukteur nicht helfen, die vor ihnen stehenden Aufgaben zu lösen. Es sind neue Methoden und Mittel erforderlich. Daher rührt die Notwendigkeit, einen Apparat zu konstruieren, mit dem sich — natürlich mit einer bestimmten Annäherung — Systeme eines Apparates beschreiben lassen, der extreme Charakteristiken von Systemen enthält, die sich auf statistisches Gleichgewicht, dynamische Stabilität, Zuverlässigkeit, schnelle Aktion u. ä. beziehen. Alles in allem ist der Begriff der Komplexität mit dem Begriff der Organisation (Organisiertheit) eines Systems unter Berücksichtigung aller damit verbundenen Fragen, inbegriffen insbesondere auch der Hierarchie der Struktur der Systeme, eng verknüpft.

Somit muß man bei der Untersuchung des Begriffs der Komplexität die Vorstellung von der Organisation als von etwas Geordnetem mit berücksichtigen. Gegensätze zu dieser Vorstellung sind die Desorganisation, die Unordnung und das Chaos. In Verbindung damit läßt sich folgender Gedanke formulieren. Vielleicht sollte man die größere oder kleinere Komplexität als eine bestimmte Systemeigenschaft darstellen, die durch solche Kriterien, wie eine große Zahl von Elementen, eine riesige Zahl möglicher Kopplungen untereinander (wir erinnern an die „großen Zahlen“, von denen Kolmogorow [18] sprach) und eine Vielfalt von Kopplungstypen gekennzeichnet sind. Die Organisation sollte man als eine von der Natur benutzte Methode betrachten, mit der Komplexität „fertigzuwerden“, als deren extreme Form das Chaos gilt, das sich z. B. in den zufälligen Zusammenstößen der Gasmoleküle, in den Mutationen der organischen Welt, in dem Aufeinanderprallen der menschlichen Willensäußerungen in der Gesellschaft und anderen Vorgängen zeigt. Dann erscheinen uns die verschiedenen Typen der Organisation in gewissem Sinne als Folgen, Ausdrucksformen oder Merkmale jener Komplexität die in dem jeweiligen Organisationssystem inbegriffen ist; dabei umfassen die verschiedenen Typen die Organisation des Lebenden auf unterschiedlichen Stufen, von der molekularen bis zur biogeozönologischen, die Organisation in Gestalt dynamischer Steuerungssysteme, die in der Kybernetik untersucht werden und andere Organisationsformen sowie verschiedene Organisationsprinzipien — die Anwendung der hierarchischen Struktur der Steuerung, der verschiedenen Formen der Selbstorganisation und der Adaption, der Selbstreproduktion und der Selbstoptimierung. Es leuchtet auch ohne weiteres ein, daß die Organisiertheit in einem System zugleich auch eine Vereinfachung dieses Systems bedeutet, daß die Komplexität mit der ansteigenden Zahl der Parameter des Systems verbunden ist und daß sich durch die Organisation die Zahl der Parameter verringern läßt; ähnlich, wie eine regelmäßige geometrische Figur einfacher ist als eine unregelmäßige, weil man sie zum Unterschied von einer unregelmäßigen mit einem Parameter beschreiben kann, nämlich mit der Zahl der Seiten. Betrachten wir das Problem auf diese Weise, so läßt sich der Begriff der Komplexität — wenn auch nur bei bestimmten Aufgabenstellungen, durch die Vorstellung von der Organisiertheit und den Stufen der Organisiertheit ersetzen, für die sich in Zukunft, wie man mit einiger Zuversicht hoffen kann, exakte Bewertungsmaßstäbe einführen lassen werden. Diese Betrachtungsweise wird, wie uns scheint, in dem originellen Standpunkt, den Beer in seiner interessanten Arbeit [19] dargelegt, noch untermauert. Das Chaos, die Unordnung, so heißt es, sei natürlicher als die Ordnung, die Organisiertheit. Aber ist es wirklich so? Welche Anstrengungen kostet es uns, ein Chaos zu schaffen: Wir stellen Tabellen von Zufallszahlen auf, Programme zur Gewinnung von Pseudozufallszahlen auf einem Rechenautomaten, elektronische Rauschgeneratoren u. a. „Man bedenke nur, wieviel Zeit wir verwenden, indem wir zu erreichen suchen, daß alle diese ausgeklügelten Vorrichtungen, wirklich zufällige Resultate liefern, was es auch immer für Bedeutung haben mag“ [20].

Uns deucht, daß diese Ideen Beers bestimmten Gedanken und Ergebnissen Kolmogorows ähneln, der darauf hingewiesen hat[1]), daß der Ablauf, der unter

[1]) In dem Referat „Die Informationstheorie“, gehalten 1965 in der Staatlichen Moskauer Universität.

Berücksichtigung bestimmter Mittel zur Verarbeitung einer Information nicht als zufällig erscheint, bei spärlichen Mitteln zufällig ist. Wenn der Beobachter mit sehr effektiven Mitteln der Informationsverarbeitung, insbesondere zur Entzifferung von Nachrichten, ausgerüstet ist, so muß man, um einem bestimmten Ablauf eine gewisse Gesetzmäßigkeit zu nehmen, ihn „wirklich zufällig" zu machen, über noch größere Möglichkeiten in der Informationsverarbeitung, ein noch gewaltigeres Programm verfügen.

Wir sprechen deshalb an dieser Stelle davon, weil wir einige Argumente zugunsten der Möglichkeit anführen möchten, anstelle des Begriffs oder Grades der *Komplexität* den ihn in gewissem Sinne explizierenden Begriff der *Organisiertheit* zu betrachten, der in den Termini der Kybernetik, der Informationstheorie oder anderswo bereits einer direkten Präzisierung unterzogen wird.

Bekanntlich kann die Untersuchung der Steuerungssysteme, insbesondere der biologischen, und der Aufbau ihrer Modelle auf verschiedenen Abstraktionsstufen unter Anwendung verschiedener Postulate und Hypothesen durchgeführt werden. In jedes mathematische Modell eines bestimmten realen Systems gehört eine ganze Menge derartiger Abstraktionen und Hypothesen. Es existieren jedoch einige im Kern der Sache wurzelnde Kriterien für die Auswahl der Systeme. Eines dieser durchaus vernünftigen Kriterien ist: auf dem ausgewählten Gebiet müssen die internen Verbindungen gegenüber den externen überwiegen. Außerdem ist zu beachten, daß der Mensch ein System gewöhnlich weder als Steuerungssystem noch als Objekt der Steuerung auswählt. In diesem Fall ist mit dem ausgewählten System der Begriff des *Zieles* verbunden, und zwar im ganz allgemeinen Sinn des Wortes. Das Ziel wird dem System entweder vom Menschen gestellt oder im gewissen Sinne im System selbst entwickelt. Dann kommt zu dem Kriterium „die inneren Kopplungen sollen gegenüber den äußeren überwiegen" das Kriterium„ Existenz eines bei einem ausgewählten System bestimmten Zieles" hinzu.

Interessant ist, den Begriff des Zieles eines Systems in seiner genügend allgemeinen Art zu präzisieren, genauer gesagt, den Begriff seines zielgerichteten Verhaltens, wie es Gelfand und Zetlin im Rahmen ihres „Prinzips der geringsten Wechselwirkung" vorgeschlagen haben. Sie empfehlen, ein System in einem bestimmten Milieu als zielstrebig arbeitend zu bezeichnen, wenn es danach strebt, seine Wechselwirkungen mit dem Milieu zu minimieren [21].

Weiter erfordert die Untersuchung, d. h. die Modellierung, die Konstruktion von Systemen auf einer bestimmten Stufe einer derartigen Untersuchung die Zerlegung in ihre Teilsysteme. Davon, wie die zu einer solchen Zerlegung führenden Grenzlinien gezogen werden, hängt entscheidend die Bewertung der Organisiertheit des Systems ab, die Komplexität seiner gewöhnlich mathematischen Darstellung. Aber eine derartige Einteilung kann sich nach den Ausführungen von Beer als „falsche Einteilung" erweisen, die in ontologischer Hinsicht zu einer Degradierung des Systems führt, wie das Aussterben von Arten infolge übermäßiger Spezialisierung, und in gnoseologischer Beziehung die Erkenntnis des Ganzen erschwert.

In diesem Zusammenhang ist es angebracht, darauf hinzuweisen, daß man sich bei der Aufteilung eines Systems in Teilsysteme oder bei der Absonderung von Teilsystemen in einem bestimmten „realen“ System z. B. von folgendem leiten lassen kann: Vor allem sollte man danach streben, daß die einfachsten Teilsysteme über ein gewisses Minimum an Komplexität verfügen, so daß sie — im Sinne bebestimmter Kriterien — ein zielgerichtetes Verhalten realisieren können. Der mögliche Charakter eines derartigen Kriteriums ist mit dem erwähnten „Prinzip der geringsten Wechselwirkung“ verbunden. Wenn wir alle Teilsysteme eines bestimmten Systems als dessen Milieu betrachten, so können wir das genannte Prinzip auf dieses System, und damit auch auf jedes Teilsystem des betreffenden Systems, ausdehnen. Das würde bedeuten, daß die Zielstrebigkeit des Verhaltens der Teilsysteme in der Minimierung der Wechselwirkung zwischen ihnen in Erscheinung tritt [22].

Diese Betrachtungsweise ist in bezug auf folgendes Problem wichtig: Kann man das zielstrebige Verhalten eines komplexen Systems auf das zielstrebige Verhalten seiner Teilsysteme zurückführen? Für Systeme, die dem Prinzip der geringsten Wechselwirkung unterliegen, läßt sich ihr zielstrebiges Verhalten auf das zielstrebige Verhalten der diese Gesamtsysteme bildenden Teilsysteme zurückführen, d. h. man kann sie aus dem Verhalten der letzteren erklären. Wenn das jedoch nicht gelingt, so ist die Lösung der Gesamtaufgabe — die Sicherung des zielstrebigen Verhaltens eines komplexen Systems im Ganzen — kompliziert. Ferner müssen, wenn das System fähig sein soll, seine Organisation umzugestalten, die früheren Grenzlinien durch neue ersetzt werden, die die Ganzheit des Systems bewahren können. Wie recht hat doch Beer, wenn er sagt, daß die Idee, jedes System könne eine willkürliche Teilung vertragen und dabei das gleiche System bleiben, ins Reich des Mythos gehört. Der Standpunkt von Ashby, Berg u. a., die Sphäre der Kybernetik werde von Systemen gebildet, in denen es im Grunde genommen gar keine Komplexität geben könne, sie sei auf jeden Fall in wesentlichem Maße eliminiert, ist allgemein bekannt. Damit kann man auch einverstanden sein. Es dürfte kaum sinnvoll sein, die Mittel der Kybernetik auf einfache Objekte anzuwenden. In der Kybernetik sind die Fragen der Komplexität und der Organisiertheit außerordentlich aktuell. Mit Beginn der fünfziger Jahre kam eine Richtung auf, die dazu beitrug, daß sich Bezeichnungen, wie Theorie der großen (komplexen) Systeme oder Systemtechnik, einbürgerten. *Unter Systemtechnik versteht man die methodologische Erforschung und Untersuchung komplexer (Steuerungs-) Systeme.* Beispiele der Systemtechnik sind die Systeme der komplexen Automatisierung der Produktion in Großbetrieben, Systeme der ökonomischen Planung und allgemein ökonomische Strukturen, Systeme mit militärischer Bedeutung u. a. In der Theorie der großen Systeme werden Methoden zur Darstellung, vor allem zur mathematischen Darstellung, von Systemen entwickelt, die unvermeidlich mit einer gewissen Vergröberung und Vereinfachung der zu untersuchenden hochkomplexen Systeme verbunden sind — jede Vereinfachung aber ist, wie Ashby sagt, gleichbedeutend mit dem Verlust einer Information. Das vereinfachte System muß noch die durch die betreffenden Systeme gestellten ingenieurtechnischen, ökonomischen, strategischen und anderen Aufgaben lösen. Für diese Vereinfachung wird völlig gerechtfertigt der Terminus „Modellierung" oder „Untersuchung an Modellobjekten" bzw. „Modellmethode" verwendet. Die Theorie großer Systeme ist die Theorie mathematischer Modelle von hochkomplexen Systemen der Steuerung und der Informationsverarbeitung, mit denen der Mensch auf den Gebieten der Ökonomie und der Produktion oder in der Biosphäre zusammentrifft. In dieser Modellierung wird als eine der ersten Stufen die sogenannte Blockschaltmethode angewandt:

1. Abbildung eines Systems mit Hilfe eines bestimmten Blockschaltbildes; das Blockschaltbild entsteht durch gewöhnlich gedankliche Aufgliederung eines Systems in einzelne Blöcke (Funktionseinheiten), deren Funktionieren festgelegt oder bekannt ist und die unabhängig von anderen Funktionseinheiten untersucht werden können.

2. Festlegen der Verbindungen zwischen ihnen, wobei diesen Verbindungen ebenso wie der Verbindung des Systems mit der Umgebung bestimmte Beschränkungen auferlegt sind, die sich zum Beispiel auf die Zahl der Kanäle zwischen den Blöcken beziehen können. Für die Systemtechnik ist auch die Anwendung statistischer Methoden typisch — der Aufbau wahrscheinlicher Modelle. Das ist insbesondere mit der Notwendigkeit verbunden, mehrere Eigenschaften und Beziehungen in die Kategorie zufälliger Wechselwirkungen wie Störungen, Fehler, Verluste, Rauschen, zu übertragen, auch wenn die Beziehungen das System selbst oder seine Wechselwirkung mit der Umgebung kennzeichnen und dergestalt sind, daß man unter den betreffenden Bedingungen von ihrer exakten Bedeutung abstrahieren muß.

Bei allem zukünftigen Wert neuerer Arbeiten auf dem Gebiet der Theorie der großen Systeme müssen wir an die starken Vereinfachungen — die starke Verringerung der Komplexität — beim Übergang zu realen Systemen denken. „Jedesmal", schreibt BEER, „wenn in geographischer, technologischer oder in verwaltungsorganisatorischer Hinsicht eine Teilung geschieht, wird das System zerrissen. Wo der Riß auch verlaufen mag, stets können wir dort Dinge feststellen, wie Reihen, Stauungen, Kapazitäten, Pufferreserven, Rückkopplungen, Trigger, Ventile, Regler, Havariebehälter, Dokumentationsanhäufungen, Reserven, Vakuum, Stillstand, Schäden, geschlossene Stromkreise, Schwankungen, Menschenansammlungen, Stöße von Lochkarten, Meßgeräte, Negentropie, Kapitalaufwand u. a. Das ist der gewaltige Preis, den man zahlen muß, wenn man sich in ein natürliches System einmischt, aber er läßt sich unter keinen Umständen vermeiden" [23]. „Aber wenn man ein wenig über die Schaltungen automatischer Steuerungssysteme, ökonomischer Modelle, Organisationsstrukturen, über die Schaltbilder des Gehirns und viele andere graphische Bilder, voller Fehler divisio, nachdenkt, so erstarrt einem das Blut in den Adern... Bestimmte Arten mathematischer Überlegungen, besonders bei der Untersuchung der Operationen, könnte man der gleichen Kritik unterziehen" [24].

Aus der Sicht der Methodologie der Modellierung komplexer Systeme hat die Untersuchung der auf natürliche Weise entstandenen großen Systeme, der lebenden Organismen und der Systeme lebender Organismen, der komplexen Systeme zur Regelung des Lebenden und des Gehirns höherer Lebewesen und des Menschen, große Bedeutung. Wir möchten einige Merkmale eines der interessantesten dieser Systeme, des Gehirns, erwähnen.

Für das Gehirn sind viele Eigenschaften charakteristisch, die wir entweder in vom Menschen künstlich geschaffenen Systemen und deren Modellen überhaupt noch nicht oder nur sehr unvollkommen zu reproduzieren vermögen. Zu diesen Eigenschaften kann man zählen: 1. die Vereinigung der Geordnetheit des Systems, die unter dem Aspekt der durch das Gehirn erreichbaren Resultate gänzlich unbestritten ist, mit einer bestimmten Unordnung — bei der allgemeinen Unzerstörbarkeit der Struktur des Gehirns; 2. die Vereinigung digitaler und analoger Prozesse der Informationsverarbeitung[1]); 3. die für uns bei weitem noch nicht klaren Prinzipien der logischen Informationsverarbeitung, die offensichtlich durch die gründlich untersuchten Methoden der formalen Logik nicht begrenzt werden, und insbesondere bestimmte einflußreiche heuristische Prinzipien, die es dem Gehirn gestatten, den Überschuß an Varianten wesentlich zu reduzieren; 4. die Redundanz des Systems zur Sicherung ihrer hohen Zuverlässigkeit; 5. die sinnvolle, durch die konkreten Bedingungen der Aufgabe, durch die Situation u. a. bestimmte Genauigkeit bei der Lösung der Aufgaben und mehrere andere Eigenschaften.

Es lohnt sich, über einige dieser Eigenschaften ein paar Worte zu verlieren. Die quantitativen Charakteristika der Objekte sind dem Gehirn in den meisten Fällen nur angenähert zugänglich, aber nicht in ihrer exakten quantitativen Form; die Charakteristika werden gewöhnlich nicht klar erkannt — und häufig können sie vom Menschen nicht einmal klar erkannt und exakt ausgedrückt werden, und dennoch werden sie in der Steuerungstätigkeit des Gehirns — und zwar außerordentlich effektiv — verwendet. Darin liegt der tiefgreifende Unterschied des Gehirns in den modernen großen Systemen in der Technik, wo übermäßige Genauigkeit herrscht, zu deren Ermittlung man eine Unmenge Kraft vergeudet. „Ungenauigkeit" braucht das Gehirn ebenso, wie sie KEPLER zur Entdeckung seiner Gesetze brauchte; ohne sie könnte das Gehirn wahrscheinlich nicht einmal die Aufgabe lösen, uns die Straße einer großen Stadt bei regem Verkehr überqueren zu lassen, eine Aufgabe, die übrigens gar nicht ganz so einfach ist, wenn man sie mit den Aufgaben vergleicht, die in der modernen Wissenschaft und Technik real gelöst werden müssen.

Uns versetzen die heuristischen Möglichkeiten des Gehirns in Begeisterung. Aber wie weit sind wir noch davon entfernt, die Prinzipien seiner heuristischen Tätigkeit in den vom Menschen geschaffenen technischen Systemen zu realisieren! Davon sprechen vor allem die jetzt energisch betriebenen Arbeiten, auf automatischem Wege logische Schlüsse zu finden. Sie beweisen einmal mehr, wie begrenzt die

---

[1]) In diesem Zusammenhang erwähnen wir den Gedanken GELFANDS und ZETLINS, daß die der modernen Automatentheorie zugrunde liegende Diskretion sie in bezug auf Elemente und Zeit, für die Darstellung des Funktionierens einigermaßen komplexer Systeme biologischen Typs wenig effektiv macht.

Möglichkeiten der modernen deduktiven formalen Logik sind[1]). Zur Realisierung echter Heuristik bedarf es wahrscheinlich „gehirnähnlicher“ Systeme der Logik, Analogien der Lehre, Adaptation und der Selbstorganisation.
Wir haben selbstverständlich bei weitem nicht alle Kennzeichen hochkomplexer „gehirnähnlicher“ Systeme lückenlos genannt, die für die Untersuchungen auf dem Gebiet der Modellierung und der Konstruktion großer Systeme wesentlich sind. Offenbar haben sie auch noch andere wichtige Merkmale, die zum Beispiel jenem gleichen, das im Prinzip der geringsten Wechselwirkung zum Ausdruck kommt. Aus diesem Prinzip folgt, daß unter den Systemen, die über eine bestimmte Charakteristik verfügen, wie die Lösung eines bestimmten Aufgabenkreises, das System am stabilsten ist, dessen Funktionseinheiten, Elemente und Teilsysteme am wenigsten miteinander in Wechselbeziehung stehen, die über die größte Selbständigkeit und Unabhängigkeit verfügen. Das heißt, daß die Systeme mit der geringsten Wechselwirkung am stabilsten sind. „In diesem Sinne sind die zielgerichteten Systeme sozusagen Inertialsysteme — sie streben danach, in einen Zustand mit kleiner Wechselwirkung überzugehen, um dann die Zustände nicht mehr zu ändern“ [26.] Die lebende Natur enthält offensichtlich eine genügend große Zahl solcher Systeme. Auf jeden Fall verweisen die Autoren des genannten Prinzips auf mehrere Typen von Systemen des Lebenden, insbesondere auf das Herz- und Nervengewebe. Eine mehr auf Einzelheiten eingehende Betrachtung der Eigenschaften komplexer Systeme des Lebenden würde jedoch über den Rahmen dieses Beitrages hinausgehen.

Literatur

1. Bashenow, L. B., Birjukow, B. W. und A. G. Spirkin, Zu den philosophischen Aspekten der Kybernetik. — In: G. Klaus, Kybernetik in philosophischer Sicht, Berlin: Dietz Verlag u. Moskau, 1963, S. 503—506.
2. Klaus, G., Kybernetik in philosophischer Sicht, 3., überarbeitete Auflage, Berlin: Dietz-Verlag 1963, S. 233.
3. Rosenblatt, F., Principles of Neurodynamics, Washington 1962, Moskau, 1965, S. 444.
4. Klaus, G., Kybernetik in philosophischer Sicht.
5. Gelfand, I. M., Zetlin, M. L., Zur mathematischen Modellierung der Mechanismen des Zentralnervensystems. — „Modelle der strukturell-funktionellen Organisation einiger biologischer Systeme“, (Sammelwerk). Moskau, 1966, S. 15.
6. Bashenow, L. B., Birjukow, B. W., Spirkin, A. G., Zu den philosophischen Aspekten der Kybernetik. — In: G. Klaus, Kybernetik in philosophischer Sicht.
7. Lewi, E. I., Modellierung von Nervennetzen. — „Philosphische Wissenschaften“, 1966, Nr. 2.
8. Ebenda, S. 52.

[1]) Das stellt natürlich die wissenschaftliche Bedeutung dieser Arbeiten nicht in Zweifel. Die Arbeiten Schanins sowie die seiner Schüler und Mitarbeiter [25] gelten bis heute als einer der wenigen unbestrittenen Fortschritte auf dem Gebiet der Lösung heuristischer Probleme

9. Ebenda.
10. Arsenjew, A. S., Iljenkow, E. W., Dawydow, W. W., Maschine und Mensch, Kybernetik und Philosophie. — „Die Leninische Abbildtheorie und die moderne Wissenschaft. Materialien der Konferenz über moderne Probleme der materialistischen Dialektik vom 7. bis 9. April 1965", Sammelwerk, Moskau, 1966.
11. Ebenda, S. 273.
12. Lewi, E. I., Modellierung von Nervennetzen. — „Philosophische Wissenschaften", 1966, S. 53.
13. Frank, G. M., „Biologische Aspekte der Kybernetik", Moskau, 1962.
14. Marx, K. und F. Engels, Werke, Bd. 33, S. 80—81. Berlin: Dietz Verlag 1966.
15. Gurfinkel, W. S., Schik, M., L., Das Aufrechterhalten der Haltung des Menschen, Moskau, 1966.
16. Berkowitsch, D. M., Woronow, A. A., Gawrilow, M. A., Lerner, A. Ja., Mejerow, M. W., Naumow, B. N., Raibman, N. S., Rutkowski, W. Ju., Zynkin, Ja, S., Faibman, N. S., Moderne Probleme der technischen Kybernetik. — „Die Kybernetik im Dienst des Kommunismus", Sammelwerk, Bd. V, Moskau 1967, S. 56.
17. Birjukow, B. W., Tjuchtin, W. S., Zu dem Begriff der Komplexität. — „Logik und Methodologie der Wissenschaft". Viertes Allunionssymposium, Sammelwerk, Kiew, Juni 1965, Moskau, 1967.
18. Kolmogorow, A. N., Automaten und Leben. — „Mögliches und Unmögliches in der Kybernetik", Sammelwerk, Moskau, 1963.
19. Beer, St., Cybernetics and Management, The English Universities Press Ltd., London, 2. Aufl., Moskau 1965.
20. Ebenda, S. 289.
21. Gelfand, I. M., Zetlin, M., Zur mathematischen Modellierung der Mechanismen des Zentralnervensystems. — „Modelle der strukturell funktionellen Organisation einiger biologischer Systeme", Sammelwerk, S. 22.
22. Ebenda, S. 22—23.
23. Beer, St., Kybernetik und Steuerung der Produktion, The English Universities Press Ltd., London, S. 300
24. Ebenda, S. 298.
25. Schanin, N. A., Dawydow, G. W., Maslow, S. Ju., Minz, G. J., Orewkow, W. P., Slissenko, A. O., Ein Algorithmus zur Suche des natürlichen logischen Schlusses mit Hilfe von Maschinen bei der Errechnung von Aussagen, Moskau—Leningrad, 1965.
26. Gelfand, I. M., Zetlin, M. L., Zur mathematischen Modellierung der Mechanismen des Zentralnervensystems. — „Modelle der strukturell funktionellen Organisation einiger biologischer Systeme", Sammelwerk, S. 22.

A. A. Ljapunow

ZUR MATHEMATISCHEN BEHANDLUNG VON LEBENSERSCHEINUNGEN

Um die Rolle der mathematischen Modellierung in der Biologie richtig einzuschätzen, ist eine Untersuchung des Aufbaus des Gesamtgebietes der Biologie notwendig. Sie besteht aus der empirischen Biologie, die das überaus reichhaltige Material von Beobachtungen und Experimenten umfaßt, aus der theoretischen Biologie, die das empirische Material systematisiert und interpretiert und aus der mathematischen Biologie, die bedauerlicherweise heute erst am Anfang ihrer Entwicklung steht. Die mathematische Biologie betrachtet mathematische Modelle von Systemen, wie sie in der theoretischen Biologie untersucht werden. Die drei Teilgebiete stehen in folgendem Verhältnis zueinander: Die außerordentlich gut entwickelte und äußerst umfangreiche empirische Biologie führt zur redundanzgeminderten theoretischen Biologie, die leider bei weitem nicht das ganze empirische Material umfaßt und in der wiederum erst zu einigen Problemen mathematische Modelle existieren. Mit Hilfe dieser Modelle werden die Funktion, die Struktur oder die Funktion und Struktur der modellierten Erscheinungen beschrieben. Im allgemeinen werden solche Modelle im Rahmen der Gesamtbiologie aber erst in unbedeutendem Maße benutzt.
Zum besseren Verständnis des Gesagten vergleichen wir den Aufbau der Biologie mit dem Aufbau der Physik. Es gibt die experimentelle, die theoretische und die mathematische Physik. Jedoch sind der Entwicklungsstand und die Bedeutung der einzelnen Teilgebiete der Physik innerhalb der Physik als Wissenschaft völlig anders im Vergleich zu den entsprechenden Teilgebieten der experimentellen, theoretischen und mathematischen Biologie. Man kann sich bei der mathematischen Physik darüber streiten, ob man sie zur Mathematik oder zur Physik rechnen soll. Die Physiker benutzen häufig allgemeine, von der mathematischen Physik entwickelte Vorstellungen zur unmittelbaren Beschreibung von Naturerscheinungen; die Physiker bedienen sich der mathematischen Physik ständig als Denkinstrument zur Erkenntnis der Natur. Dieser Zustand ist natürlich ganz gesetzmäßig. Wir weisen nur deshalb darauf hin, um zu unterstreichen, daß die mathematische Biologie bei weitem nicht den ihr gebührenden Platz einnimmt.
Wir wollen nun versuchen, die Rolle der mathematischen Biologie im System der biologischen Wissenschaften zu charakterisieren. Die theoretische Biologie stellt Ähnlichkeiten und Unterschiede im empirischen Material fest und erklärt einige Elementarbeziehungen, die zwischen einigen Gruppen untereinander ähnlicher Objekte existieren. Diese Beziehungen können sowohl statischen als auch dyna-

mischen Charakter tragen. Im letzteren Fall spricht man davon, daß einige Objekte untereinander in bestimmte Wechselwirkungen treten können, durch die bestimmte Vorgänge bedingt sein können, die, allgemein ausgedrückt, in der Lage sind, die miteinander in Wechselwirkung tretenden Objekte zu verändern, einige von ihnen zu vernichten oder neue zu schaffen. Die theoretische Untersuchung eines Komplexes von Naturerscheinungen besteht darin, daß man bestrebt ist, diese einzuteilen, um die Menge der Elementarobjekte und der Beziehungen zwischen ihnen, aus denen sich das vollständige in der Wirklichkeit beobachtbare Bild zusammensetzt, genau zu beschreiben. Hierbei entsteht jedoch nicht selten folgende Situation: Um einen großen Komplex potentiell möglicher Elementarprozesse zusammenzufassen und sich darüber klar zu werden, zu welchem integralen Bild dieser Komplex von Prozessen führt, muß man eine mehr oder weniger komplizierte Analyse der Wechselwirkungen dieser Elementarobjekte vornehmen. Hier werden mathematische Modelle biologischer Erscheinungen notwendig.
Diese Modelle werden folgendermaßen aufgebaut: Man bestimmt gewisse Klassen abstrakter Objekte, die untereinander in den gleichen Beziehungen stehen wie die natürlichen Objekte im Rahmen der zu modellierenden theoretischen Vorstellungen. Es wird weiter vorausgesetzt, daß diese zu einigen elementaren Prozessen fähig sind, deren Verlauf den Elementarakten der entsprechenden theoretischen Vorstellungen völlig entspricht. Weiter muß ein Algorithmus erarbeitet werden, der eine Untersuchung des Gesamtprozesses gestattet, der durch den Ablauf einer Vielzahl von Elementarakten entsteht. Das im Modell gewonnene Bild muß dem biologischen Objekt, das modelliert wird, gegenübergestellt werden. Hieraus kann man dann entweder schließen, daß die theoretischen Vorstellungen zur Erklärung des biologischen Objektes genügen oder daß sie unzureichend sind. Im letzteren Fall ist die Theorie zu vervollständigen.
Die mathematischen Modelle biologischer Erscheinungen kann man nach zwei Gesichtspunkten klassifizieren: einerseits nach den mathematischen Methoden, auf denen sie aufbauen, andererseits nach den Klassen der biologischen Erscheinungen, die modelliert werden sollen.
Eine systematische mathematische Klassifikation solcher Modelle ist momentan wahrscheinlich verfrüht, weil bei dem gegenwärtig noch ungenügenden Entwicklungsstand der mathematischen Modellierung biologischer Erscheinungen eine mögliche mathematische Klassifikation dieser Modelle notwendigerweise lückenhaft bleiben muß.

Man kann aber die folgende Unterteilung vornehmen:

1. stetige Modelle — diskrete Modelle
2. determinierte Modelle — Zufallsmodelle
3. theoretische Modelle — physische Modelle
4. Analogmodelle — Digitalmodelle

Alle diese Kennzeichen können auf verschiedene Art in den verschiedenen mathematischen Modellen biologischer Erscheinungen miteinander kombiniert werden. Hiermit erschöpft sich keinesfalls die mathematische Klassifikation mathematisch-biologischer Modelle. Im vorliegenden Beitrag soll ein Überblick über mathematisch-biologische Modelle, die sich auf verschiedene Bereiche der Biologie beziehen, gegeben werden. Wir gehen vom kybernetischen Standpunkt an die Betrachtung der Prozesse der Lebenstätigkeit heran und stützen uns hauptsächlich auf Arbeiten, die in Nowosibirsk durchgeführt wurden.

Erinnern wir uns zunächst an die kybernetische Definition des Begriffs der Prozesse der Lebenstätigkeit und der lebenden Materie (Terminus von WERNADSKY) [1].

Die lebende Materie wird dadurch charakterisiert, daß sie die Fähigkeit besitzt, auf äußere Einwirkungen mit bestimmten Erhaltungsreaktionen zu antworten, d. h. mit Reaktionen, die ihr erlauben, ihren inneren Zustand trotz sich verändernder Umwelteinflüsse in den Hauptzügen zu bewahren. Diese Erhaltungsreaktionen äußern sich in folgender Weise: Das betrachtete Objekt ist in der Lage, Informationen über den Zustand des umgebenden Mediums aufzunehmen. Es verfügt über ein Regelungssystem, das diese Information verarbeitet und gewisse spezielle Signale erzeugt, die nun unmittelbar die Erhaltungsreaktion auslösen.

In diesem Regelungssystem wird die Information auf diskrete Weise kodiert, das autoregulierte System trägt ebenfalls diskreten Charakter. Außer der Information über die äußeren Verhältnisse besitzt das Regelungssystem ein inneres Gedächtnis, das eine bestimmte Nachschlaginformation speichert, die ebenfalls bei der Erarbeitung der Erhaltungsreaktionen genutzt wird.

Eine Besonderheit dieses Gedächtnisses ist die Notwendigkeit einer äußerst beständigen Speicherung einer großen Menge von Informationen (Nachschlagematerial). Dabei ist der geometrische Umfang dieses Gedächtnisses sehr gering. Hieraus ergibt sich die Notwendigkeit, daß die Information in diesem Gedächtnis so kodiert werden muß, daß einzelne Moleküle die Träger der einzelnen Zeichen sind. Hierauf basiert die kybernetische Definition des Begriffs lebende Materie [2].

Die Erhaltungsreaktionen führen zu einem ununterbrochenen Energieverbrauch. Die verbrauchte Energie muß ständig ergänzt werden. Hieraus folgt, daß die lebende Materie niemals ein thermodynamisch geschlossenes System sein kann. Sie verbraucht ununterbrochen von außen zugeführte Energie und wandelt sie in die für die Durchführung der Erhaltungsreaktionen notwendige Form um. Diese Prozesse der Energieumwandlung sind die Hauptprozesse der Lebenstätigkeit. Damit ist das Leben ein Zustand der Materie, für dessen Erhaltung in dieser Materie ununterbrochen bestimmte energetische Prozesse ablaufen müssen. In hohem Maße werden diese energetischen Prozesse durch entsprechende chemische Prozesse realisiert.

Es ist wesentlich, daß die Erhaltungsreaktionen als Antwort auf sehr verschiedenartige äußere Einwirkungen entstehen. Die Antwortreaktionen müssen in bezug auf die Schnelligkeit mit den sie auslösenden äußeren Einfüssen korrelieren. Deshalb muß insbesondere die Organisation des Gedächtnisses und der Abrufvorgänge so aufgebaut sein, daß sie sowohl die notwendige Schnelligkeit als auch die notwendige Vielfalt der Erhaltungsreaktionen sichern. Darüber hinaus muß ein

Apparat, der die Speicherung einer großen Menge an Informationen und eine sehr rasche Auswahl gewährleistet, notwendigerweise technisch äußerst kompliziert sein. Die Schaffung eines Apparates, der nach einem einheitlichen chemisch-physikalischen Prinzip arbeitet, liegt aber außerhalb der natürlichen Möglichkeiten der lebenden Natur. Es bietet sich jedoch eine andere Lösung an: mehrere Regelsysteme, die nach verschiedenen physikalisch-chemischen Prinzipien arbeiten und unterschiedliche Gedächtnismechanismen besitzen, werden miteinander kombiniert. Dabei müssen in einem Gedächtnis, das nach diesen Mechanismen arbeitet, die in ihm enthaltene Informationsmenge und die Auswahlzeit in einem bestimmten Verhältnis zueinander stehen. Die Zunahme des einen bedingt die Abnahme des anderen. Es existiert ein einheitliches System der ausführenden Organe, auf das die Regelungssysteme einwirken. Sie wirken jedoch nicht unabhängig, sondern in Übereinstimmung miteinander. Die Wechselwirkung dieser Regelungssysteme kann man als Ordnungsbeziehung zwischen ihnen interpretieren nach der alten Terminologie als „Teilordnung".

Ein Regelungssystem soll einem anderen Regelungssystem untergeordnet sein, wenn das zweite das erste „aufbaut". Die Steuersysteme der niedrigsten Ränge wirken auf die ausführenden Organe ein. Dabei muß folgendes Prinzip beachtet werden: die Reaktionsgeschwindigkeit der untergeordneten Systeme ist immer höher als das Reaktionstempo der unterordnenden Systeme. Eine solche Kombination erlaubt eine Konstruktion größter Einfachheit. Jedes Glied eines Regelungssystems hat nur mit zwei verschiedenen Arten von Signalen zu tun, mit denen, die es aufbauen und mit denen, die es umarbeitet. So bleibt hier der durch das hohe Reaktionstempo einiger Systeme geschaffene Vorteil erhalten und gleichzeitig kommt es zu einer Verbindung des notwendigen Umfanges des Gedächtnisses mit der notwendigen Reaktionsgeschwindigkeit. Langsamere Regelungssysteme sind geringeren Beschränkungen unterworfen, d. h. sie lassen sich leichter realisieren. Damit kommen wir dazu, daß die Gesamtheit der Regelungsprozesse in der belebten Natur auf natürliche Weise hierarchisch organisiert ist.

Diese Gliederung der Regelungsprozesse kann mehr oder weniger ins Detail gehen oder in die Tiefe im Sinne von Poletajew [3]. Eine recht grobe Gliederung schlug Timoféeff-Ressovsky [4] vor: erstes Niveau: — Zell- und Molekularebene, zweites Niveau: — Organismenebene, drittes Niveau: — Populationsebene und viertes Niveau — Biogeozönose.

Bei einer detaillierten Betrachtung kann man auf jeder dieser Ebenen die Organisation der Regelung im einzelnen verfolgen und Gesamtheiten untereinander in Wechselwirkung befindlicher Regelungssysteme zusammenfassen, die nach den gleichen physikalisch-chemischen Prinzipien arbeiten. Für unsere Ziele ist die von Timoféeff-Ressovsky vorgeschlagene Gliederung völlig ausreichend. Man kann auf jeder dieser Ebenen die charakteristischen Elementarakte und Ganzheitsprozesse isolieren. Dabei ist zunächst zu untersuchen, wie sich die Ganzheitsprozesse eines betreffenden Niveaus aus den Elementarakten des vorangehenden aufbauen. Man muß die Elementarakte und die Ganzheitsprozesse der vier Hauptebenen charakterisieren und sich darüber klar werden, wie die einen aus den anderen aufgebaut werden. Es gibt im Grunde genommen zwei Möglichkeiten: eine Struktursynthese und eine statistische Synthese. Im ersten Fall gibt es einige Regelungssysteme mit klar umrissener Struktur, die die entsprechenden Elementarakte zu einem Ganzheitsprozeß vereinigen. Im zweiten Fall gruppieren sich die Ausgangsobjekte ganz zufällig und die entsprechenden Akte werden innerhalb der entstandenen Gruppen realisiert. Hier entsteht auf statistischen Wegen ein integrales Bild. Das erste ist besonders für einen Organismus charakteristisch, während das zweite bei einer Population zutrifft. Häufig ist der wirkliche Syntheseprozeß der Elementarakte das Ergebnis einer Überlagerung eines zufälligen Prozesses und eines strukturdefinierten Prozesses. Wir müssen hervorheben, daß jede der vier Hauptorganisationsebenen der lebenden Natur relativ autonom ist. Das drückt sich darin aus, daß man für einen gewissen Zeitraum, der groß im Verhältnis zur Lebensdauer der Elementarobjekte ist, die Fremdeinwirkungen auf den Ablauf der aus Elementarakten bestehenden Ganzheitsprozesse nur unbedeutend sind. Hier begegnen wir dem Begriff der charakteristischen Zeit eines Prozesses. Als charakteristische Zeit eines Prozesses kann man den Zeitraum ansehen, in dem sich der betreffende Prozeß unter Bedingungen vollzieht, bei denen die äußeren Einwirkungen auf diesen Prozeß in dieser Zeit konstant oder mindestens relativ konstant bleiben. Wenn man gewisse Prozesse der Lebenstätigkeit insgesamt untersucht, muß man zwei charakteristische Zeiten unterscheiden: die charakteristische Zeit der Elementarakte und die charakteristische Zeit des Gesamtprozesses. Es ist verständlich, daß die charakteristische Zeit eines Elementaraktes bedeutend geringer ist als die charakteristische Zeit eines Gesamtprozesses.

Die Forderung nach Stabilität der Bedingungen innerhalb der charakteristischen Zeit ist sehr wesentlich. Bei mathematischen Modellen muß man das unbedingt berücksichtigen. Insbesondere die asymptotischen Methoden, durch die das Verhalten eines Systems während einer hinreichend langen Zeit untersucht wird, haben durch die Voraussetzung der Unveränderlichkeit der herrschenden Beziehungen im Rahmen der Biologie nur einen ziemlich begrenzten Wert. Es ist sehr selten, daß in einem Zeitabschnitt, wie ihn die asymptotischen Methoden erfordern, keine wesentlichen Veränderungen der äußeren Bedingungen erfolgen. Diesem Umstand muß man bei der Gegenüberstellung der Theorie mit der Wirklichkeit Rechnung tragen. Hier ist übrigens noch eine Bemerkung notwendig. Man muß unterscheiden zwischen detaillierten quantitativen Ergebnissen, die mit den asymptotischen Methoden ermittelt wurden und praktisch oft unfruchtbar sind — sowie qualitativen Stabilitätsbetrachtungen eines Systems. Die letzteren werden gewöhnlich nicht für eine fest umrissene Aufgabe aufgestellt, sondern für einen Komplex untereinander verwandter Aufgaben. Deshalb gelten solche qualitativen Ergebnisse für eine ganze Reihe einander ähnlicher Systeme.

Wir wollen uns nun mit der Untersuchung der Hauptorganisationsebenen der Prozesse der Lebenstätigkeit befassen.

Die Zell- und Molekularebene

Auf der molekular-zellulären Organisationsebene des Lebens wird ein Komplex von Hauptprozessen der Lebenstätigkeit der Zelle untersucht. Hierzu gehören die Nahrungsaufnahme und der Stoffwechsel einschließlich der Gesamtheit biochemischer Synthesen, die in der Zelle ablaufen, die Zellteilung, die Zellbewegung u. a. Als Elementarakte betrachtet man einzelne chemische Molekülumwandlungen, die sich innerhalb der Zelle vollziehen, sowie die Aufnahme gewisser zellfremder Substanzen sowie die Ausscheidung gewisser Stoffe durch die Zelle in das interzelluläre Medium.

Hauptregelungsfunktionen innerhalb der Zelle übernimmt der Chromosomenapparat des Zellkerns. Bei eingehender Betrachtung findet man, daß die in der Zelle ablaufenden Prozesse ebenso wie ihre Regelung durch eine eigenständige hierarchische Organisation charakterisiert werden. In den letzten Jahren wurden zahlreiche Einzelheiten über Prozesse, die sich in der Zelle abspielen, bekannt. Damit werden gleichzeitig viele verschiedenartige Fragen aufgeworfen, die sich auf die Untersuchung des Chemismus in der Zelle beziehen. Bei der Klärung dieser Fragen spielen experimentelle Methoden die Hauptrolle. Es ist aber auch möglich, logische Modelle der Gesamtheit einiger in der Zelle ablaufender Prozesse aufzustellen. Die aufmerksame Betrachtung dieser Modelle erleichtert die Aufstellung einer Reihe von Hypothesen, die den Verlauf ungenügend untersuchter Vorgänge berühren. Dabei sind einige dieser Hypothesen nicht miteinander vereinbar. In einigen Fällen führt die Untersuchung dieser Modelle zur Festlegung neuer Experimente, die sich als sehr nützlich für die Untersuchung des Chemismus der Zelle erweisen.

Wir werden hier die Zell- und Molekularebene der Organisation des Lebens nicht ausführlich untersuchen und verweisen auf den Beitrag von W. A. Ratner [5] in diesem Sammelband und auf seine ausführliche Monographie [6].

Die Organismenebene

In der Biologie spielt der Begriff des Organismus eine wichtige Rolle. Für die theoretischen Untersuchungen ist eine Präzisierung dieses Begriffes erforderlich. Zum Beispiel werden ein Wirt und seine Parasiten bei der einen Betrachtungsweise als einheitlicher Organismus aufgefaßt und bei einer anderen als Komplex von Organismen. Stellt bei Wasserpflanzen vom Typ der Volvoxkugel, die aus gleichartigen Zellen bestehen, jede einzelne Zelle einen Organismus dar oder ist erst die ganze Kolonie ein Organismus? Was ist bei Schwämmen ein Organismus? Erhalten wir bei der Zerlegung des Schwammkörpers in zwei Teile zwei verschiedene Organismen oder nicht? Stellen Gruppen enger Symbionten einen einheit-

lichen Organismus oder einen Komplex von Organismen dar? Sind ein Bienenstock, ein Ameisenhaufen, ein Termitenbau oder eine Korallenkolonie einheitliche Organismen oder sind es Komplexe von Organismen? Es ist anzunehmen, daß verschiedenen Problemstellungen unterschiedliche Auffassungen vom Organismenbegriff zugrunde liegen. In unserer Abhandlung wird der Organismus unter einem streng individualisierten Aspekt verstanden, d. h. jeder einzelne Parasit und jeder Wirt werden als Organismus aufgefaßt, nicht aber ihr Komplex, jede Zelle der Volvox und nicht ihre Kolonie, jeder Symbiont und nicht ihre Vereinigung, jedes Insekt, das einen Bienenstock, einen Termitenbau oder einen Ameisenhaufen bildet und dergleichen.
Bei der exakten Definition dieses Begriffes müssen wir vor allem von dem ausgehen, was bei einem Organismus vorausgesetzt wird:

1. Er muß einen materiellen Körper haben.
2. Er muß sich aus einer unteilbaren Menge von Erbinformation in einem gewissen geeigneten Medium entwickeln; das Medium kann ein anderer Organismus sein; zum Medium muß man auch die obligatorischen Symbionten rechnen, z. B. die Mikrobenflora im Verdauungstrakt höherer Tiere.
3. Es muß ein Regelungsmechanismus für einige Erhaltungsreaktionen auf der Basis des molekularen Gedächtnisses existieren, wobei die gesamte Informationsverarbeitung auf strukturellem Wege erfolgt; eine solche Forderung ist wesentlich für die Abtrennung der Korallenkolonien oder Volvoxkugel.

Jeder Organismus wird durch eine Reihe von Lebensprozessen charakterisiert. Hierzu gehören die Ergänzung der Energievorräte durch Nahrungsaufnahme und Atmung, die Prozesse des Wachstums und der individuellen Entwicklung, die Produktion von Gameten und die Geschlechtstätigkeit, die mit der Vermehrung zusammenhängen, — wobei zu beachten ist, daß einige Organismen entweder während eines Teiles ihres Lebens oder auch während ihres ganzen Lebens unfruchtbar sind, z. B. Bienen und Ameisen —, Bewegungsprozesse sowie eine ganze Reihe innerer Prozesse, wie der Blutkreislauf, die Eiweißsynthese, die Reifung der Geschlechtsprodukte.
Im Rahmen der vorliegenden Arbeit interessiert vor allem die Aufklärung der wichtigsten Regelungssysteme innerhalb des Organismus, sowie der Struktur und die Zusammensetzung der Funktion aus Elementarereignissen, die auf der Ebene der Lebenstätigkeit einzelner Zellen ablaufen. Bedauerlicherweise gibt es hier noch sehr viele Unklarheiten und man kann alles nur skizzenhaft beurteilen. Aus der Vielfalt der sich strukturell und funktionell überlagernden Systeme des Organismus greifen wir drei heraus, die uns als die bedeutendsten erscheinen, wir denken hier vor allem an die Wirbeltiere. Es handelt sich um das genetische System, das Nervensystem, genauer das Zentralnervensystem und das neurohormonale System.
In funktioneller Beziehung nimmt das genetische System den höchsten Rang bei der Regelung ein. Es lenkt insbesondere sowohl die Ausbildung des Nerven-

systems als auch des neurohormonalen Systems und bestimmt ihre funktionellen Grundparameter. Darauf folgt das Nervensystem, das viele Prozesse der Lebenstätigkeit steuert, insbesondere die Funktion des endokrinen Systems und schließlich das neurohormonale System, das nicht ganz vom Nervensystem zu trennen ist, weil bei der Betrachtung des geschlossenen Informationszyklus, der vom endokrinen System gesteuert wird, notwendigerweise auch einige Nervenbahnen berücksichtigt werden müssen. Wir werden in diesem Artikel keine eingehende Untersuchung des genetischen und des Nervensystems vornehmen. Wir möchten nur bemerken, daß die Rolle des genetischen Systems, d. h. die Funktion der Erbinformation im Organismus auf genetisch-biochemischer Ebene, in den vergangenen Jahren erfolgreich aufgeklärt wurde. Andererseits sind aber, soweit uns das bekannt ist, die Struktur-Funktionsbeziehungen des Nervensystems bisher sehr unzureichend untersucht worden. Mit dem neurohormonalen System werden wir uns etwas ausführlicher beschäftigen. Die Funktion dieses Systems besteht darin, daß die endokrinen Drüsen spezielle Stoffe erzeugen, die sogenannten Hormone, die in die Blutbahn abgeschieden werden. Das Auftreten gewisser Hormone im Blut übt eine starke Wirkung auf verschiedene Prozesse der Lebenstätigkeit im Organismus aus, z. B. auf die Intensität des Wachstums, die Entwicklung der Geschlechtstätigkeit, die Intensität der Aufnahme bestimmter Nahrungsstoffe, den Kalzium- und übrigen Salzstoffwechsel, den Grad der Zurückhaltung oder Ausscheidung von Flüssigkeit im Organismus. Das Interessanteste daran ist, daß jedes individuelle Hormon einen bedeutenden Einfluß auf eine ganze Reihe sehr verschiedenartiger Lebensprozesse ausübt. In einigen Fällen wirken sie als Stimulatoren, in anderen als Inhibitoren. Die Hormone selbst sind nicht sehr komplizierte chemische Verbindungen. Natürlich ist die Frage nach der Aufklärung ihrer Wirkungsmechanismen von großem Interesse. Erstaunlich ist die außerordentliche Vielfalt der von jedem einzelnen Hormon ausgeübten Funktionen. Es ist notwendig, daß man sich eine Vorstellung von der Struktur jener Lebensprozesse verschafft, die von den Hormonen beeinflußt werden.

Wir wissen, daß im Organismus ein ganzer Komplex einzelner chemischer Reaktionen abläuft, die miteinander in Wechselwirkung stehen. Die einzelnen Lebensprozesse sind Kombinationen dieser Reaktionen. Dabei ist in Betracht zu ziehen, daß eine ganze Reihe dieser relativ elementaren chemischen Reaktionen zu verschiedenen Prozessen der Lebenstätigkeit gehören, z. B. die Synthese des einen oder anderen Eiweißes oder RNS-Polymers. Man kann folgende Hypothese aufstellen: Jedes Hormon beeinflußt entweder stimulierend oder inhibierend einen bestimmten Elementarakt des Organismus. Daß das gleiche Hormon auf mehrere Lebensprozesse wirkt, läßt sich damit erklären, daß der Elementarakt, der von diesem Hormon beeinflußt wird, Bestandteil etlicher verschiedener Lebensprozesse ist.

Für eine detailliertere biochemische Untersuchung dieses Prinzips kann man folgendes Schema vorschlagen:

Die Komplexe der Elementarakte, die die Hauptprozesse der Lebenstätigkeit bilden, sind entweder Bestandteil der Biosyntheseprozesse, die innerhalb der Zellen ablaufen, oder chemische Reaktionen, die in dem einen oder anderen Teil des Organismus ablaufen, wobei die Bestandteile dieser Reaktionen in hohem Maße Produkt der intrazellulären Synthese sind. Diese Synthese wird durch gewisse Operons gesteuert, die zum Genotyp der Zellen gehören. So wird jeder Prozeß der Lebenstätigkeit in letzter Instanz vom Funktionieren oder Nichtfunktionieren einer Menge von Operons der Zellen des Organismus bestimmt. Die Rolle der Hormone kann man gerade darin sehen, daß sie die Fähigkeit besitzen, die einen oder anderen Operons aus- oder einzuschalten. Mit anderen Worten, man kann annehmen, daß die Hormone auf die Repressoren oder Induktoren bestimmter Operons einwirken.

Eine solche Hypothese ermöglicht es, einige mathematische Modelle zu bilden mit dem Ziel, zu erklären, welche Prozesse der Lebenstätigkeit notwendigerweise gemeinsame Elementarakte haben, bzw. welche der Hormone auf gewisse Elementarakte irgendeines Prozesses der Lebenstätigkeit oder auf verschiedene Elementarakte, die Bestandteil dieses Prozesses sind, wirken. Hier muß der Ausgangspunkt das von I. A. Poletajew [3] angeführte Prinzip der „engen Stellen" des Prozesses sein. Dieses Prinzip besteht in folgendem: Ein Gesamtprozeß möge aus einigen aufeinanderfolgenden Akten zusammengesetzt sein. Dabei besitzt jeder Akt eine bestimmte Produktivität, d. h. bei einer bestimmten Menge des Ausgangsproduktes wird nach einer bestimmten Zeit eine bestimmte Menge des Endproduktes erzeugt. Hier spielt die charakteristische Zeit des Elementaraktes eine wesentliche Rolle, aber auch seine Kapazität, d. h. die Menge der Substanz, die gleichzeitig der gleichen Verarbeitung unterworfen werden kann. Wenn der Gesamtprozeß so abläuft, daß keine Anhäufung von Zwischenprodukten beim Vorhandensein gewisser Reserven am Eingang entsteht, kann man das Glied bestimmen, das die summarische Intensität des Prozesses begrenzt. Das kann entweder die Menge des Ausgangsproduktes sein oder die Intensität der Ausführung eines Elementaraktes.

Damit hat man gerade den Faktor, bei dessen Beeinflussung man den Prozeß insgesamt steuern kann, weil die Zunahme oder Verringerung der Kapazität dieses Elementaraktes oder der Zustrom des entsprechenden Stoffes unmittelbar in der Intensität des Prozeßablaufes zum Ausdruck kommen wird. Geringe Veränderungen der Intensität anderer Akte oder des Zuflusses anderer Stoffe werden die Intensität des Prozesses insgesamt nicht beeinflussen. Es ist natürlich klar, daß eine bedeutendere Herabsetzung der Produktivität irgendeines anderen Gliedes zur Veränderung des durch die „engen Stellen" begrenzten Prozesses führen kann. Dann verändern sich notwendigerweise die Einwirkungen auf den Prozeß, die ihn steuern können. Auf dieser Grundlage könnten logische Modelle zur Aufklärung der Hormonwirkungen in ihrer Gesamtheit auf die Lebensprozesse aufgestellt werden.

Wir wenden uns nun der äußerst wichtigen Frage zu, was in historischer Sicht auf der Evolutionsebene stabiler und was labiler sein muß. Es ist zu vermuten, daß die höheren Steuerungsniveaus am stabilsten und die Steuerungen der ausführenden Organe am labilsten sein müssen. Hier denkt man sowohl an die Struktur als auch an das Funktionsprinzip. Relativ einfach erweitern sich die Funktionen eines niederen Steuerungsgliedes oder es entsteht ein neues Steuerungsniveau zwischen den ausführenden Organen und dem bisher niedrigsten vorhandenen Steuerungsniveau. Die einzelnen Funktionsorgane verändern sich auf den höchsten Niveaus auf folgende Weise am schnellsten: Wenn ein gewisses Glied eines Steuersystems Vollzugsfunktionen steuert, kann sich daraufhin ein gewisses untergeordnetes Steuersystem bilden, das die gleichen Funktionen steuert, aber detaillierter. Dann werden die Funktionen des Ausgangsgliedes des höheren Steuerungssystems etwas reduziert. Seine Funktionen laufen auf die Abstimmung des erwähnten untergeordneten Systems hinaus. Wenn man also die Organismen der Vorfahren und Nachkommen miteinander vergleicht, muß das Steuerungssystem der Organismen der Vorfahren isomorph zu einem gewissen oberen Teil des Steuerungssystems der Organismen der Nachkommen sein. Der Genotyp ist z. B. in seinen Grundzügen bei allen Organismen gleich aufgebaut und hat bezüglich zweier Funktionen einheitliche physikalisch-chemische Grundlagen. Die folgende Steuerungsebene ist das Nervensystem. Das endokrine System ist ein sehr niedriges Steuerungsniveau, das dem Nervensystem funktionell untergeordnet ist.

Wir stellen uns vor, daß eine rationale Systematik folgendermaßen aufgebaut sein müßte: Die niedrigsten taxonomischen Einheiten haben im wesentlichen gleichartige Steuerungssysteme und unterscheiden sich vor allem durch die ausführenden Organe (Arten, eventuell Gattungen). Höhere taxonomische Einheiten unterscheiden sich in den niedrigsten Ebenen des Steuerungssystems. Es ist z. B. anzunehmen, daß das endokrine System eine bestimmte Rolle in solchen Taxonen wie Klasse und Ordnung spielt. Der allgemeine Plan der Struktur des Nervensystems ist schließlich auf dem Niveau der Gattungen bestimmend. Eine über die Gattung hinausgehende Untergliederung muß sich aller Wahrscheinlichkeit nach in Abhängigkeit von irgendwelchen wesentlichen Besonderheiten der Genotypen herleiten lassen, die den Chemismus der energetischen Prozesse bestimmen. Wir nehmen an, daß die Klassen in Übereinstimmung mit der Struktur des endokrinen Systems eingeteilt werden müssen und wollen zu Gunsten dieser Vermutung einige Überlegungen anstellen.

Der Organismus der Tiere besteht aus Zellen. Die Struktur und die Funktion der tierischen Zelle bildeten sich außerordentlich früh aus, weit vor der Entwicklung der Chordaten. Bei der Entstehung neuer Formen der Organismen treten andererseits völlig neue Möglichkeiten auf, die letzten Endes durch die Lebenstätigkeit ihrer Zellen bestimmt werden. In Verbindung damit entstehen in den Organismen in geringen Mengen Substanzen, oder irgendwelche vorhandenen Stoffe erwerben durch gewisse Strukturänderungen neue funktionelle Möglichkeiten. Dadurch entstehen Mittel zur Steuerung der Lebenstätigkeit der Zellen, durch die der Organismus insgesamt neue Eigenschaften erwerben kann. Wenn innerhalb der Chordaten ein Knochenskelett ausgebildet wird, verändert sich sicher die Rolle der Hormone, die den Kalziumstoffwechsel steuern. Beim Übergang der Wirbeltiere zum Landleben (Amphibien), muß sich die Steuerung des Wasser- und Salzstoffwechsels verändern, d. h. es muß sich die Rolle der mineralokortikoiden und der mineralokortikotropen Hormone verändern.

Es ist bemerkenswert, daß die Mineralokortikoide der Nebennieren abgegeben

werden, d. h. sie sind gleichsam mit dem Absonderungssystem verbunden. Die den Wasserhaushalt des Organismus steuernden Hormone werden vom hinteren Abschnitt der Hypophyse abgesondert, der eng mit der Tätigkeit des Nervensystems verknüpft ist. In ähnlicher Weise sind die Streßerscheinungen, die mit der Abgabe von Adrenalin und Noradrenalin durch die Nebennieren verbunden sind, für solche Tiere charakteristisch, die entweder mit dem Ziel des Nahrungserwerbs oder zur Selbstverteidigung mit gleichstarken Gegnern zu kämpfen haben.
Diese Erscheinungen treten bei den Reptilien und ihren Nachkommen deutlicher in Erscheinung als bei den weiter entfernten Vorfahren. Die Entwicklung der Reptilien ist vermutlich organisch mit einer Veränderung der Funktion des Teiles des endokrinen Systems verbunden, der die Absonderung des Adrenalins, eines Hormons des Nebennierenmarks, bedingt.
Die Entwicklung der Warmblüter, wir denken hier an die Säuger und ihre warmblütigen Vorfahren, ist mit einer Veränderung des Charakters des Stoffwechsels verknüpft, der durch ein ganzes System von Hormonen des vorderen Abschnitts der Hypophyse, der Schilddrüse und durch gewisse Schichten der Nebennieren intensiviert wird. Schließlich ist die Herausbildung der Merkmale der Säuger, wie Ernährung mit Muttermilch und Austragen der Frucht im Uterus, durch eine wesentliche Veränderung der Tätigkeit des Systems der Geschlechtshormone bedingt, die mit einem ganzen Komplex funktionell mit dem Vorderabschnitt der Hypophyse verbundener endokriner Drüsen zusammenhängt.
Eine interessante Aufgabe wäre die systematische Untersuchung der Strukturbesonderheiten des endokrinen Systems bei verschiedenen Klassen der Wirbeltiere, um die Vorstellungen von der gegenwärtigen Klasseneinteilung vielleicht etwas zu revidieren. Es kann z. B. im Rahmen des erwähnten Standpunktes ohne weiteres passieren, daß man feststellt, daß sich die Schildkröten stark von den Reptilien unterscheiden. Soweit wir das beurteilen können, ist die Streßerscheinung in jedem Falle bei den Schildkröten bei weitem nicht so ausgeprägt wie bei den Schlangen, Krokodilen und Eidechsen. In diesem Zusammenhang muß bemerkt werden, daß I. I. Schmalhausen [7] ebenfalls eine Abtrennung der Schildkröten von den übrigen Reptilien befürwortet, wobei er allerdings von gänzlich anderen Erwägungen ausging.
Hier zeichnet sich ein ganzer Komplex konkreter biologischer Aufgaben ab — eine Untersuchung von Struktur und Funktion der endokrinen Systeme bei Vertretern verschiedener taxonomischer Einheiten und ihre Gegenüberstellung mit den taxonomen Merkmalen. Wenn sich eine solche Konzeption bei den Wirbeltieren bewährt, taucht natürlich das Problem der Ausweitung auf die Wirbellosen auf. Das kybernetische Herangehen an die Prinzipien der Systematik lieferte bisher noch kein Material für mathematische Modelle. Hier muß man mit dem Faktenmaterial bekannt sein. Nur in dem Falle, wo es gelingt, ein genügend harmonisches System zu entwickeln, kann man ein quantitatives Herangehen in Erwägung ziehen, am ehesten auf der Grundlage der Abschätzung der Geschwindigkeit des Evolutionsprozesses bei Vorhandensein einer Modifikation der Steuerungssysteme und ohne sie.

Wir werden noch einige Überlegungen zur mathematischen Modellierung des Nervensystems darlegen. Man beschäftigt sich in Verbindung mit der Aufklärung der Natur gewisser Teilerscheinungen sehr oft mit dieser Frage. Was das allgemeine Herangehen an das Nervensystem betrifft, möchte ich die Aufmerksamkeit auf die Vorlesungen v. NEUMANNS [8] lenken, in denen ein sehr interessantes Schema der schnellen Auswahl aus dem Gedächtnis dargelegt wird, welches auf der Vervielfältigung der Anfrage und der parallelen Suche aufgebaut ist.

Die Entwicklung eines Struktur-Funktions-Modells für das Nervensystem stößt jedoch auf große, für den Untersuchungsgegenstand charakteristische Schwierigkeiten. Im Gegensatz zum endokrinen System, in dem die Lokalisation der Funktionen gut aufgeklärt wurde — es ist bekannt, welche Drüsen das eine oder andere Hormon produzieren und wie die verschiedenen Hormone im Organismus in Erscheinung treten —, ist es im Nervensystem außerordentlich schwierig, Einzelheiten zu erfassen.

Der Grund dafür liegt gerade in dem von v. NEUMANN hervorgehobenen Umstand der vielfachen parallelen Verzweigungen jeder Anfrage innerhalb des Nervensystems. Deshalb treten bei genügend sorgfältiger Anordnung des Experiments die Folgen jeder äußeren Einwirkung in fast allen seinen Teilen in Erscheinung. Dadurch entstand die Vorstellung, daß an der Bildung jedes Antwortaktes nahezu das ganze Nervensystem beteiligt sei.

Um die Lokalisation der Funktionen im Nervensystem zu klären, muß man sich offenbar von einem anderen Prinzip leiten lassen. Man muß feststellen, auf welchem Wege und woher die Steuerimpulse kommen, die die Antwortreaktionen des Organismus auslösen. Dabei muß man in voller Übereinstimmung mit der Konzeption v. NEUMANNS annehmen, daß bei der Ausbildung einer Antwort auf eine Anfrage in einem bestimmten Abschnitt des Nervensystems eine Blockierung aller anderen Anfragen erfolgt. Gerade deswegen können bei Verletzung eines Teils des Nervensystems andere Abschnitte des Nervensystems relativ leicht seine Funktionen übernehmen. Dieser Ersatz kann bei verschiedenen Individuen offenbar auf unterschiedliche Weise erfolgen. Auch die ursprüngliche Lokalisation der Antwortquelle ist individuell. Bei unterschiedlichen Individuen entstehen unterschiedliche Komplexe individueller Fertigkeiten. Es wäre unsinnig anzunehmen, daß es für jede mögliche Fertigkeit einen früher vorbereiteten Platz im Gedächtnis gäbe. Sehr unwahrscheinlich ist, daß bei der Formierung neuer Antworttypen auf äußere Einflüsse individuelle Verbindungen genutzt werden, die bereits früher gebildet wurden. In diesen Fragen ist die Konzeption A. BERNSTEINS [9] sehr überzeugend.

Es wäre wünschenswert, die Standpunkte v. NEUMANNS und A. BERNSTEINS mit den Arbeiten zur Struktur des Gehirns zu verbinden. Hier eröffnet sich wieder ein weites Feld für experimentelle Untersuchungen und für die Systematisierung. Noch ein Umstand möge erwähnt werden, durch den die Tätigkeit des Nervensystems mit den Möglichkeiten einer mathematischen Modellierung in Verbindung gebracht werden kann. Ein einzelnes Axon arbeitet bekanntlich nach dem „Alles-oder-Nichts"-Prinzip. Jedes Axon nimmt Informationen von einer geringen An-

zahl Zellen auf, den Donatoren, die gegenüber exakt definierten Reizakzeptoren empfindlich sind. Unterschiedliche Axone haben unterschiedliche Reizschwellen, die sich sehr schnell mehr oder weniger zufällig zeitlich verändern. Die Grundcharakteristika der Empfindlichkeit, aber auch der Charakter ihrer Veränderungen sind in jedem Organismus erblich, d. h. genotypisch festgelegt. Der augenblickliche Zustand eines Axons hängt vom Zustand des Organismus insgesamt ab, vielleicht auch von seiner Vorgeschichte. Der Organismus ist gleichzeitig zu einer genauen Unterscheidung der Reizstärke fähig. Das Nervensystem besitzt offenbar die Fähigkeit, darauf wies auch schon v. Neumann hin, einer gewissen statistischen Analyse der auftretenden Impulse und kann durch diese Analyse Reizintensitäten unterscheiden. Dieses Prinzip muß der Autoregulation der Lebensprozesse zugrunde liegen. Im Organismus gibt es ein ganzes System von Zellen, die als Chemorezeptoren arbeiten. Sie haben die Aufgabe, festzustellen, ob die Konzentration gewisser Stoffe, die aus dem Blut eintreten, eine bestimmte Schwelle übersteigen oder nicht. Die Stoffe, auf die die Chemorezeptoren reagieren, sind aller Wahrscheinlichkeit nach in der Lage, die Repressoren irgendwelcher Operatoren zu blockieren und damit die Synthese einiger charakteristischer Eiweiße einzuleiten. Die entsprechenden Eiweiße oder ihre Abkömmlinge müssen als Quellen chemischer Signale dienen, die von den Chemorezeptoren abgegeben werden. In einigen Fällen können das Stoffe sein, die die einen oder anderen hormonalen Funktionen erfüllen, in anderen Fällen Stoffe, die die Nervenenden reizen und Nervenimpulse auslösen. Der Chemorezeptor selbst erfüllt somit gewisse Funktionen der qualitativen Analyse und indem es sich auf einen großen Satz gleichartiger Chemorezeptoren stützt, verwirklicht das Nervensystem die quantitative Analyse.
Man kann einerseits unmittelbar die Arbeit der Chemorezeptoren speziell untersuchen, andererseits die Tätigkeit des Nervensystems nach der statistischen Bearbeitung der eintretenden Information zusammen mit der Blockierung der Nebensignale. Mathematische Modelle von Chemorezeptoren des einen oder anderen Typs wurden mehrfach aufgestellt. Die ersten Modelle dieser Art wurden von P. P. Laserew [10] in seiner Ionentheorie der Erregung für die Erklärung der physiologischen Prozesse bei der Wahrnehmung optischer Informationen entwickelt. Den Modellen lagen natürlich die physikalisch-chemischen Vorstellungen der damaligen Zeit zugrunde. Der methodologische Wert dieser Arbeiten ist sehr beachtlich. Njuberg, Bongard, Jarbus [11] und andere arbeiteten eine Reihe interessanter mathematischer Modelle über das Sehen und die Steuerung der Augenbewegung aus.
Wir wollen einige Bemerkungen über die Tätigkeit des operativen Gedächtnisses im Nervensystem machen. Unter dem operativen Gedächtnis verstehen wir jenen Teil des Gedächtnisses, der die Information im Laufe eines Lebens aufzeichnet. Alles, was mit der Ausbildung des Menschen, mit der Aufnahme äußerer Eindrücke zusammenhängt, hat mit der langzeitigen Speicherung der erworbenen Information im Nervensystem, d. h. mit seinem operativen Gedächtnis, zu tun. Dieses Gedächtnis ist in verschiedene Abschnitte untergliedert. So wurden Abschnitte des Gedächtnisses in den Schläfengebieten des Gehirns entdeckt, die dem Ein-

prägen von Wörtern dienen, einzelne Abschnitte des Gedächtnisses dienen der Formung von Wörtern und Sätzen, andere dem Einprägen von Informationen aus der Umwelt und dergleichen. Diese Angaben erhielt man zum Teil durch Beobachtungen bei traumatischen Verletzungen des Gehirns, zum Teil experimentell bei der Durchführung von Hirnoperationen. Für uns ist besonders der Umstand wichtig, daß das operative Gedächtnis von verschiedenen Abschnitten des Zentralnervensystems genutzt wird. Ein Teil des Gedächtnisses wird als „Bewußtsein" genutzt, andere von gewissen Bezirken des Nervensystems, die physische Funktionen des Organismus steuern, welche für die Erhaltung seiner Lebenstätigkeit oder für die Erfüllung seiner biologischen Funktionen innerhalb der Population notwendig sind. Das Verhalten des Menschen wird unter normalen Bedingungen in erster Linie vom Bewußtsein gesteuert. Das führt nicht selten zu einer starken Unterschätzung der Tatsache, daß sich eine ganze Reihe anderer Funktionen des Nervensystems, die nicht mit dem Bewußtsein verknüpft sind, ebenfalls auf die Information des operativen Gedächtnisses stützen. In diesen Fällen wird das operative Gedächtnis in die Arbeit der höheren Steuerungsebenen einbezogen. Andererseits blockiert das hochentwickelte Bewußtsein des Menschen und seine Gewohnheit, nach bestimmten sozialen Verhaltensnormen zu leben, in vielen Fällen diese unmittelbare Einwirkung der höheren Steuerungsebenen auf sein Verhalten.

Der erwähnte Umstand findet einerseits in den Gesamtkonzeptionen Freuds [12] seinen Ausdruck und andererseits in der häufig oftmals nicht begründeten skeptischen Einschätzung dieser Konzeptionen.

Es geht darum, daß die Steuerung der Geschlechtstätigkeit des Menschen durch die oberen Ebenen des Nervensystems erfolgt. Die Tätigkeit dieser Ebenen wirkt sich auf das Verhalten des Menschen nicht sofort aus. Sie kann durch das Bewußtsein blockiert werden. Wenn das Bewußtsein ausgeschaltet ist, tritt in zunehmendem Maße der Einfluß der Steuerungsebenen, die rein biologische Funktionen des Organismus umfassen, hervor. Das ist auch die kybernetische Interpretation der allgemeinen Konzeptionen Freuds, die der Psychoanalyse zugrunde liegen.

Es muß hinzugefügt werden, daß zu Zeiten Freuds noch nicht die modernen Informationsanschauungen erarbeitet waren und noch keine exakte Sprache zur Beschreibung der Informationsprozesse existierte. Freud mußte daher seinen Standpunkt in einer Sprache darlegen, die mitunter ein genaues Verständnis des Inhalts erschwert. Das löst oft ein negatives Verhalten zu diesen Arbeiten aus. Es wird auch verständlich, weshalb Freud den Träumen und auch Zuständen, die dem Fieberwahn nahe sind, besondere Aufmerksamkeit schenkt. Das sind gerade jene Fälle, in denen die Einwirkung des Bewußtseins auf das Verhalten des Menschen und die Wahrnehmung äußerer Ereignisse nebelhaft verschleiert sind. Es scheint uns, daß die Grundideen der Psychoanalyse von kybernetischen Positionen aus rationell gedeutet werden können.

Populationen

Als Population bezeichnet man eine Menge von Individuen, die zu einer Art gehören, einen gemeinsamen Lebensraum bewohnen und die Eigenschaft haben, daß die Paarungsprozesse der Individuen in überwältigender Mehrheit innerhalb dieser Menge ablaufen. Die Nachkommen der Individuen der betreffenden Population werden auch in die Population aufgenommen. Sterbende Individuen, aber auch Individuen, die den Lebensraum verlassen, gelten als aus der Population ausgeschieden. Wenn von außen Individuen der gleichen Art in diesen Lebensraum eindringen und in ihm bleiben, werden sie in den Bestand der betreffenden Population aufgenommen. Gewöhnlich wird die Population als die Grundeinheit betrachtet, die der Mikroevolution unterworfen ist. Die Hauptfragen, die innerhalb der Population untersucht werden, berühren die zeitlichen Veränderungen ihres genotypischen Bestandes unter verschiedenen äußeren Bedingungen, das sind sowohl das abiotische Milieu, d. h. die physikalisch-geographischen Bedingungen, unter denen die Population existiert, als auch die biologische Umgebung, d. h. die Population anderer Arten, die den gleichen Lebensraum besiedeln und mit denen die betreffende Population irgendwelche biologischen Wechselbeziehungen unterhält.

Man unterscheidet Population mit freier Kreuzung und mit Zwangskreuzung. Die ersteren trifft man unter natürlichen Bedingungen, die zweiten unter den Bedingungen der künstlichen Auslese, wie sie vom Menschen geschaffen wird. Man mißt deshalb verschiedene Typen mathematischer Populationsmodelle. Mit derartigen Modellen kann man unter vorgegebenen, exakt definierten Bedingungen der Kreuzung, Veränderlichkeit und Auslese die Kinetik der Genotypen und Phänotypen einer Population erfassen. Modelle mit Zwangssystemen der Kreuzung sind für die Selektion bestimmt. Man kann damit solche Kreuzungssysteme auffinden, die in kürzester Zeit oder bei geringstem Aufwand und unter gegebenen Nebenbedingungen mit hoher Wahrscheinlichkeit eine große Anzahl von Individuen mit bestimmten Erbeigenschaften, d. h. mit einem bestimmten Genotyp, liefern.

Zu diesen Fragen gibt es einen großen Komplex von Arbeiten, die in der Praxis breite Anwendung finden. Zum Beispiel stützt sich die Züchtung landwirtschaftlicher Nutzpflanzen und Haustiere sowie die Selektion von Mikroorganismen polyploider Formen und die Strahlungsselektion auf die Berechnung der Kinetik der Genotypen in solchen Modellen. Hier finden die klassischen Methoden der Wahrscheinlichkeitstheorie und der mathematischen Statistik breite Anwendung. Die Arbeiten dieser Richtung wurden in systematischer Form in einigen speziellen Monographien niedergelegt [13, 14, 15].

Eine andere Richtung der mathematischen Modellierung von Populationen beschäftigt sich mit der Untersuchung des natürlichen mikroevolutionären Prozesses in den Populationen. Hier müssen in erster Linie die Arbeiten von Fisher [16], Wright [31] und Li [17] erwähnt werden, in denen eine homologe Modellpopulation oder ein Satz gleichartiger Populationen untersucht wird sowie das Schicksal einer bestimmten Mutation in dieser Population, die entweder einmalig oder systematisch mit einer bestimmten Frequenz entsteht. Dabei wurde die Möglichkeit einer äußeren Auswahl angenommen, d. h. die unterschiedliche Wahrscheinlichkeit des Überlebens normaler und mutanter Formen, aber auch die Möglichkeit des nicht vollständigen Dominierens; also Fälle, in denen die Wahrscheinlichkeit des Überlebens der heterozygoten Individuen von den Überlebenschancen sowohl der dominanten als auch der rezessiven Individuen abweicht. Man untersuchte auch das Schicksal zweier Mutanten bei verschiedenen Kombinationen der ausgewählten Koeffizienten. Die in diesen Arbeiten ermittelten Ergebnisse erlauben die Erklärung vieler Erscheinungen, die in der Natur beobachtet wurden. Sie erklären insbesondere den Umstand, daß sich die Phänotypen der Individuen einer bestimmten Art, die einige Territorien besiedelt, in relativ kurzer Zeit sehr schnell veränderten. Bei uns ist auch diese Richtung bei weitem nicht genügend entwickelt.

In allerletzter Zeit hat sich schließlich ein neuer Kreis von Aufgaben herausgebildet, die mit Hilfe der mathematischen Modellierung der Populationskinetik gelöst werden. Diese Aufgaben gehören zum Problem der Verwirklichung gewisser unterschiedlicher Phänotypen innerhalb einer Population, d. h. zum Polymorphismus einer Population, aber auch zur Frage nach dem Zerfall einer ursprünglich biologisch einheitlichen Population in eine Reihe unterschiedlicher Populationen, die biologisch voneinander isoliert sind, aber in einem gemeinsamen Lebensraum siedeln, d. h. Fragen der Divergenzen der Formen innerhalb einer Population, die man als gewisse Modelle eines Prozesses der Artenbildung betrachten kann.

In den Arbeiten Timoféeff-Ressowskys und Swireshews sowie Bazykins [18], [19] wird gezeigt, daß es eine ganze Reihe unterschiedlicher mathematischer Mechanismen gibt, aus denen eine dauerhafte Existenz polymorpher Populationen folgt. Diesen Mechanismen können entweder Saisonerscheinungen zugrunde liegen, wenn sich die Koeffizienten der Auslese für verschiedene Formen während eines Jahres unterschiedlich verändern oder es können Auslesevorzüge bei den Heterozygoten vorhanden sein, z. B. das sichelförmige Hämoglobin beim Menschen. Wesentlicher ist, daß in diesen Arbeiten der Charakter der Kinetik der Genotypen in Abhängigkeit von einigen quantitativen Beziehungen zwischen Auswahlkoeffizienten erklärt wird.

Die Arbeit von Kulagina beschäftigt sich mit der Untersuchung der sympatrischen Divergenz der Formen [20, 21]. Im Elektronenrechner wurde das Monte-Carlo-Modell einer nicht panmiktischen[1]) Population aufgestellt.

---

[1]) Als Panmixie bezeichnet man die Erscheinung, daß alle zu einer Population gehörenden Individuen als völlig gleichberechtigt vom Standpunkt der Bildung von Elternpaaren und der Zeugung von Nachkommenschaft betrachtet werden, eine Population ist also panmiktisch, wenn für zwei beliebige Individuen der betreffenden Population unabhängig von ihrem Genotyp oder ihrer Lage im Lebensraum in der vorehelichen Periode die Paarungswahrscheinlichkeit und das Gesetz der Verteilung der Anzahl der Nachkommen gleich sind.

Man nimmt an, daß eine gewisse Gruppe von Genen existiert, die bis zu zwei Allelen innerhalb einer Population zuläßt. Diese besitzen folgende Eigenschaft: Wenn sich die Genotypen zweier Individuen durch eine hinreichend große Anzahl dieser Gene unterscheiden, kann ein solches Paar keine Nachkommen hinterlassen; der Einfachheit halber untersuchte man eine haploide Population. Die ursprüngliche Population konnte man nicht in biologisch voneinander isolierte Teile, d. h. nicht in verschiedene Arten, aufspalten.
Nach einigen Dutzenden von Generationen veränderte sich die Struktur der Population stark. In vielen Fällen war sie in einige biologisch voneinander isolierte Populationen zerfallen. Bei den auf Rechenanlagen durchgeführten Experimenten wurde eine andere äußerst interessante Erscheinung entdeckt. Alle Anfangszustände zerfallen in drei Klassen. In der ersten Klasse führt eine ursprünglich genotypisch genügend vielgestaltige Population nach wenigen Generationen zu genotypisch mehr oder weniger homologen Populationen. Auch in der zweiten Klasse zerfällt die Population nach wenigen Generationen in solche, die sich biologisch voneinander unterscheiden. Diese beiden Klassen von Populationen entsprechen offenbar den sogenannten Sackgassen der Evolution. Bei natürlichen Populationen, die sich wie die I. und II. Klasse verhalten, nimmt die potentielle Veränderlichkeit ab. In diesem Fall ist die Evolutionslabilität solcher Populationen bei irgendwelchen bedeutenden Veränderungen der äußeren Bedingungen ungenügend. Die Population ist zum Aussterben verurteilt und kann sich den neuen Bedingungen nicht anpassen. Von weit größerem Interesse sind vom biologischen Standpunkt die Populationen der III. Klasse. Sie haben in gewissem Sinne die Eigenschaft der beständigen Unbeständigkeit. Diese Eigenschaft kann man auf folgende Weise beschreiben: Die Divergenz der Formen hat noch nicht in endgültiger Form stattgefunden. Bei den meisten Genotypen der Population kann man jedoch sehr gut bemerkbare Ballungen von Individuen mit verwandten Genotypen aussondern. Diese Ballungen sind jedoch nicht voneinander isoliert. Einen solchen Zustand kann man sich als einen Prozeß der Bildung neuer Formen in status nascendi vorstellen.
Mit der Zeit vergrößert sich allmählich der Grad der Differenzierbarkeit dieser Zustände, wobei Zerfall und Zusammenschluß einzelner Gruppen einander abwechseln. Dabei interessiert die Frage, was mit solchen Populationen geschieht, wo gewisse Formen der äußeren Auslese auftreten.[1])
Es ist anzunehmen, daß bei den Populationen mit labilem Genotyp der genotypische drive unter dem Einfluß der äußeren Auslese stark erleichtert wird. Diese Frage muß natürlich durch spezielle experimentelle Untersuchungen beantwortet werden.

---

1) Als äußere Auslese bezeichnen wir die durch die Existenzbedingungen der Population zustande kommende, d. h. die durch physikalisch-geographische Verhältnisse, aber auch durch die statistischen Charakteristika der Population selbst verwirklichte Auslese, die von Mutations- und Rekombinationsprozessen der Gene der Population, also von genetisch-automatischen Prozessen, bestimmt wird.

Die Untersuchung der Besonderheiten der III. Klasse sowie die Abtrennung der III. Klasse selbst erfolgte erstmals bei den mit Elektronenrechnern durchgeführten Experimenten von KULAGINA. Es ist wesentlich, daß hier ein gewisser Prozeß der sympatrischen Divergenz der Formen rein statistischer Herkunft betrachtet wurde, der sich nur auf das Vorhandensein einiger Rudimente der biologischen Isolation solcher Gattungen, wie sie sicher in der Natur vorkommen, stützt. Wenn die Ausgangspopulation einen gewissen Genotyp besitzt und die Population der Nachkommen genotypisch zufällig von der Elternpopulation abweicht, äußert sich die genotypische Labilität darin, daß diese Abweichungen in den folgenden Generationen mit einer gewissen positiven Rückkopplung verknüpft sind. Herrschte bei der ersten Nachkommenschaft ein gewisser Genotyp vor, dann tritt in den folgenden Generationen dieser Genotyp mit größerer Wahrscheinlichkeit auf, als man a priori auf Grund der Untersuchung der elterlichen Genotypen ohne Kenntnis der ersten Nachkommenschaft annehmen würde. Eine solche positive Rückkopplung der Fluktuationen mit den zukünftigen Genotypen ist die Gewähr für die genotypische Labilität. Man muß bedenken, daß dieser Umstand auch in der Natur seinen Platz hat, deshalb werden die natürlichen Populationen wohl am besten mit Populationen der III. Klasse beschrieben, weil es nur in solchen Populationen einen genügenden Vorrat an evolutionärer Labilität gibt.

Die diese Populationen bildenden Formen müssen mit der Zeit aus rein statistischen Gründen der Divergenz unterliegen. Die Bedingungen der äußeren Auswahl präzisieren nur den Charakter dieser Divergenz und im Unterschied zu Fällen biologischer Isolation können die äußeren Bedingungen, allgemein gesagt, nicht die Hauptursache der Divergenz der Formen sein. Daraus erklärt sich vielleicht, daß sich bei dem relativ geringen Alter der Erde eine so erstaunliche Formenvielfalt der belebten Natur herausgebildet hat. Das alles erfordert übrigens weitere spezielle Untersuchungen.

An dieser Stelle wollen wir uns noch mit der Gegenüberstellung der Möglichkeiten rein analytischer und maschineller experimenteller Populationsmodelle beschäftigen. Die analytischen Modelle stützen sich erstens vorwiegend auf asymptotische Methoden, die die Aufklärung einer Erscheinung nach einer hinreichend langen Zeit gestatten. Nicht selten ist diese Zeit auf Grund theoretischer Überlegungen schwer abzuschätzen. Zweitens ist in einigen Fällen der Zeitraum, in dessen Verlauf das Bild einer von der Theorie vorausgesagten Erscheinung eintritt, groß. Hier erfordert der Vergleich der Theorie mit der Wirklichkeit eine gewisse Vorsicht, weil die beobachteten Abweichungen nicht nur durch Ungenauigkeiten der theoretischen Überlegungen, sondern auch durch eine zu kurze Beobachtungszeit erklärt werden können.

Drittens bieten die theoretischen Untersuchungen noch den Vorteil, daß der Umfang der Population weitgehend willkürlich gewählt werden kann. Mehr noch, je größer die Anzahl der Individuen der Populationen ist, desto geringer sind die Schwankungen. Die mit Großrechnern durchgeführten Experimente erlauben die Aufklärung des Bildes einer Erscheinung über nicht zu große Zeitabschnitte und gestatten die Untersuchung des Charakters der Fluktuationen. Andererseits schränken die maschinellen Experimente den Umfang der Populationen aus zwei Gründen stark ein. Das erforderliche Maschinengedächtnis und die notwendige Maschinenzeit werden wesentlich vom Umfang der Populationen abhängen. Deshalb ist anzunehmen, daß eine rationelle Verbindung theoretischer Methoden mit einem sorgfältig aufgebauten Maschinenexperiment am fruchtbarsten sein muß. Hier kommen in vollem Umfang die Besonderheiten mathematischer Modellierung zum Ausdruck, auf die Shurawlew in einem Vortrag auf dem methodologischen Symposium der Sibirischen Abteilung der Akademie der Wissenschaften im Jahre 1963 mit aller Klarheit hinwies.[1]) Dabei nahm er folgende Einteilung vor:

I. Kleine Zeiträume oder eine geringe Anzahl von Ereignissen. Das Bild der Erscheinung ist unmittelbar zugänglich.

II. Die Zeiträume oder die Anzahl der Akte sind für die unmittelbare Erfassung zu groß, aber für die Anwendung asymptotischer Methoden nicht groß genug. Das ist die kybernetische Zone, für deren Untersuchung maschinelle Experimente besonders zweckmäßig sind.

III. Die Zeiträume und die Anzahl der Ereignisse sind für die Anwendung asymptotischer Methoden groß genug. Dabei kann man die Rolle der Fluktuationen berücksichtigen, indem man sich auf die Grenzgesetze der Wahrscheinlichkeitstheorie stützt. (vielleicht mit einer Abschätzung der Anzahl der notwendigen Glieder).[2])

Es ist wichtig, daß man lernt, Resultate, die mit Hilfe mathematischer Modelle, die zu verschiedenen, oben beschriebenen Klassen gehören, miteinander zu korodinieren. Dabei darf man die erste Klasse nicht unterschätzen, weil die zu ihr gehörenden Modelle zur Aufklärung jener Anfangsbedingungen, die man in die komplizierten Modelle einführen muß, und vom Standpunkt der Gegenüberstellung dieser Anfangsbedingungen mit der Wirklichkeit sehr nützlich sein können. Bei der Modellierung des Evolutionsprozesses ist zu beachten, daß die äußeren Existenzbedingungen über größere Zeiträume nicht konstant bleiben. Der Evolutionsprozeß verläuft unter den Bedingungen einer sich ständig verändernden äußeren Umgebung. Deshalb können bei der Untersuchung des Evolutionsprozesses gerade Modelle auf der Basis eines Digitalrechners eine besonders große Bedeutung haben. Das Verhältnis der charakteristischen Zeiten der untersuchten Elementarakte und der Gesamtprozesse ist ausschlaggebend für die Entscheidung, mit Hilfe welcher mathematischer Mittel die eine oder andere Klasse von Erscheinungen zweckmäßig zu modellieren ist.

Außer den Modellen des Genotyps sind auch rein phänotypische Modelle möglich. In diesen Fällen werden die wahrscheinlichen Beziehungen zwischen dem Phänotyp der Eltern und der Nachkommen und die Abhängigkeit der Auswahlkoeffizienten vom Phänotyp untersucht. Es ist klar, daß solche Modelle für die Statistik

---

[1]) Der Vortrag wurde nicht veröffentlicht.

[2]) Die Vorstellung von der kybernetischen Zone wurde nach der Synthese der Kontaktschemata von Lupanow und Jablonski entwickelt.

von Fluktuationen ungeeignet sind. Mit ihnen kann man nur das phänotypische „drive“ genotypisch stabiler Populationen untersuchen. Von derartigen Überlegungen ging VOLTERRA [22] bei seinen mathematischen Theorien zum Existenzkampf aus. MASYKIN [23] erklärte kürzlich die Gründe für die Entstehung eines stabilen phänotypischen Polymorphismus unter dem Einfluß von Auswahlbedingungen, die sich periodisch mit der Zeit verändern. Wir nehmen an, daß diese Methodik für sehr große Populationen interessant sein kann, die unter solchen Bedingungen leben, bei denen die statistische Seite der Divergenz nicht in Erscheinung tritt. Hier kann bedauerlicherweise eine Schwierigkeit bei der Abschätzung der charakteristischen Zeiten auftreten, weil es durchaus möglich ist, daß die charakteristischen Zeiten einem statistisch stabilen phänotypischen drive und der Divergenz, die durch die stabile genotypische Instabilität einer Population hervorgerufen wird, von der gleichen Größenordnung sein können; letztere können sogar kleiner sein als erstere. Bei der Gegenüberstellung des unterschiedlichen Herangehens an mathematische Populationsmodelle werden wir bemerken, daß sogar im Rahmen der Untersuchung einer Population mit Hilfe der Theorie der MARKOW-Ketten die Berechnung des asymptotischen Verhaltens einer individulen Modellpopulation und die Betrachtung mathematischer Erwartungen von Frequenzen bestimmter Genotypen der betreffenden Population zu unterschiedlichen Ergebnissen führen. So ist eine homologe Population, in der Panmixie herrscht, in bezug auf ein Gen heterozygot, bei der Untersuchung der mathematischen Erwartungen (Formel von HARDY) polymorph. Gleichzeitig zeigt die Betrachtung des asymptotischen Verhaltens, daß eine solche Population mit großer Wahrscheinlichkeit nach einer hinreichend großen Anzahl von Generationen in bezug auf das betrachtete Gen praktisch homolog wird. Es geht darum, daß die Anwendung der HARDY-Formel mit der Anwendung des Gesetzes der großen Zahlen in bezug auf einen genügend großen Vorrat verschiedener synchroner Populationen verbunden ist, weil die Untersuchung des asymptotischen Verhaltens mit der Untersuchung einer bestimmten Population über einen ausreichend großen Zeitraam zusammenhängt [24].

Mit der mathematischen Modellierung von Populationen ist eine weitere Gruppe von Fragen verknüpft. Wie bereits erwähnt, kompliziert der Umfang der zu untersuchenden Populationen die mathematische Modellierung von Populationen im Unterschied zu rein analytischen Methoden. Es ist natürlich wünschenswert, Experimente mit einer Population von relativ wenig Individuen durchzuführen, gleichzeitig aber die Möglichkeit zu haben, Schlußfolgerungen über große Populationen zu ziehen. Deshalb ist die Aufstellung eines gewissen Ähnlichkeitsprinzips von Interesse, das auf der Grundlage einer bekannten Menge statistischer Experimente an einheitlichen Populationen mit kleiner Individuenzahl gewisse Prognosen zulassen würde, die dann Populationen mit bedeutend größerer Individuenzahl betreffen. Ein solches Ähnlichkeitsprinzip muß den Zeitmaßstab berühren, die Anfangszustände der Populationen, das Vermehrungsregime, die Auslese und die Rekombination der Gene einschließlich des Mutationsprozesses. Leider kann man über den Charakter des gesuchten Prinzips heute noch nichts Genaues sagen.

Die Biogeozönose

Nach SUKATSCHEW bezeichnet man als Biogeozönose eine relativ autonome Lebensgemeinschaft von Organismen zusammen mit dem geographischen Milieu, in welchem sie existieren, und dem Medium, welches sie selbst in diesem Milieu schaffen. Man kann Biogeozönosen verschiedener Ebenen unterscheiden. Das höchste Niveau stellt in diesem Sinne die Biosphäre insgesamt dar. Chorologische Einheiten, wie eine große Niederung, das Tal eines großen Flusses oder eine Hochebene, werden gewöhnlich dadurch charakterisiert, daß bestimmte Biogeozönosen an sie geknüpft sind. TIMOFÉEFF-RESSOWSKY führte die Vorstellung von der elementaren Biogeozönose ein, die man als Biogeozönose des niedrigsten möglichen Niveaus betrachten kann. Eine solche Biogeozönose wird als Teil eines Lebensraumes mit allen seinen Bewohnern definiert. Sie kann durch zwei Bedingungen charakterisiert werden:

A. Innerhalb des betreffenden Teilgebietes des Lebensraumes verläuft keine wesentliche natürliche Grenze. Hier wird an natürliche Grenzen, wie hydrogeologische, zoogeographische oder geobotanische gedacht, an geomorphologische, aber auch an geologische Grenzen in den bis zum Grundwasser führenden Schichten.

B. Der betreffende Teil des Lebensraumes läßt sich nicht erweitern ohne die erste Bedingung zu verletzen.

Innerhalb jeder elementaren Biogeozönose erfolgt eine Zirkulation von Stoffen. Wenn wir eine Reihe benachbarter elementarer Biogeozönosen betrachten, werden wir bemerken, daß einige der zirkulierenden Stoffe die Grenzen der Zönosen überschreiten. Andere übertreten die Grenzen der Zönosen in wesentlich geringerem Maße. In diesem Fall kann man innerhalb der betrachteten Biogeozönose Zirkulationsflüsse der Stoffe über die Grenze vernachlässigen.

Man kommt zur aufeinanderfolgenden Synthese von Biogeozönosen eines höheren Niveaus, indem man die Biogeozönosen niederer Ebenen untereinander vereinigt, zwischen denen ein einigermaßen bemerkenswerter Strom eines bestimmten Stoffes existiert. Auf der Grundlage verschiedener innerhalb der Biosphäre zirkulierender Stoffe oder Stoffkomplexe kommen wir zur Bildung von Systemen von Biogeozönosen verschiedener Niveaus bis zur Biosphäre insgesamt.

Man kann folgende Hypothese formulieren: Offenbar muß innerhalb jeder elementaren Biogeozönose einer bestimmten Gruppe der Kreislauf bestimmter Stoffe praktisch geschlossen sein. Genauer, die Zirkulation eines organischen Stoffes über die Grenze der elementaren Biogeozönose hinaus ist sehr klein im Vergleich mit seiner Zirkulation in den Grenzen der Biogeozönose selbst.

Im Prinzip gibt es zwei Möglichkeiten zur Isolierung einzelner Zönosen, indem man entweder wie TIMOFÉEFF-RESSOWSKY von Typen ausgeht oder die Zirkulation zugrunde legt. Eine bestimmte Biogeozönose zeichnet sich dadurch aus, daß eine geschlossene Linie als ihre Grenze angesehen wird, durch die der mittlere Strom je Längeneinheit eines bestimmten Stoffes oder eines Stoffkomplexes bedeutend geringer ist als der mittlere Strom je Längeneinheit des gleichen Stoffes durch eine beliebige Linie, die innerhalb der Biogeozönose gezogen wurde.

Es scheint, als ob diese beiden Wege zur Gliederung der Biosphäre in Biogeozönosen zu unterschiedlichen Resultaten führen können. Es ist jedoch sehr wahrscheinlich, daß beide Arten der Aufteilung in Wirklichkeit zu ein und demselben System von Biogeozönosen führen müssen. Es geht offenbar weniger darum, bei einer entsprechenden Präzisierung des Begriffsystems den Beweis zu erbringen, daß diese beiden Methoden zur Isolierung von Biogeozönosen äquivalent sind, als vielmehr um das Vorhandensein eines gewissen speziellen Naturgesetzes, nach dem die Grenzen der Arten und die Zirkulationsgrenzen zusammenfallen. Nach diesen einleitenden Überlegungen empirischen Charakters wollen wir eine gewisse schematisierte Beschreibung der gesamten Biosphäre geben. Wir halten uns dabei an die Vorstellungen WERNADSKYS.

Unter Biosphäre verstehen wir den gesamten von Organismen bewohnten Teil der Erdoberfläche, der eine dünne Oberflächenschicht u. das Meer umfaßt. In diesem Teil laufen Lebensprozesse ab, d. h. Prozesse chemischer und mechanischer Umwandlungen von Stoffen, die unter Teilnahme lebender Organismen erfolgen. Man muß hinzufügen, daß ein bedeutender Teil der Stoffe in dieser Schicht eigentümliche Kreisläufe bildet, die darin bestehen, daß jeder der betrachteten Stoffe sich in einigen verschiedenen Zuständen befinden kann. Diese Zustände sind nicht unveränderlich. In einem bestimmten Zeitraum geht eine bestimmteMenge dieser Stoffe gesetzmäßig aus dem einen in den anderen Zustand über. Dabei befindet sich die Hauptmasse jeder der erwähnten Stoffe lange Zeit in diesen Kreisläufen und scheidet nur sehr allmählich aus ihnen aus. Die Energiequelle für diese Umwandlungen ist das Sonnenlicht, und die lebenden Organismen übernehmen die Steuerfunktion. Dabei bestehen die Steuerfunktionen lebender Organismen darin, daß sie in relativ kurzer Zeit fähig sind, sich entweder zu vermehren oder abzusterben. Deshalb kann die Intensität der von diesen Organismen geleisteten chemischen Arbeit zu verschiedenen Zeiten sehr unterschiedlich sein. Die Steuerfunktion der Organismen kann außerdem auch noch auf anderem Wege realisiert werden. Darauf richtete POLETAJEW seine Aufmerksamkeit [25]. Unter verschiedenen Bedingungen können gewisse Organismen ihr Verhalten ändern, z. B. bevorzugen sie die eine oder andere Art der Nahrung. Damit wird sich ihre chemische Rolle in der Biosphäre ändern.

Eine eingehendere Betrachtung des Struktur- und Funktionsschemas der Biosphäre werden wir vorerst zurückstellen und zur Isolierung der die Untersuchung der Biosphäre und der Biogeozönosen berührenden Fragen übergehen, die eine mathematische Modellierung erfordern.

Hauptziel der mathematischen Modellierung von Biogeozönosen ist, daß man eine begründete Voraussage der Kinetik der Zönose erhält, falls man ihre Zusammensetzung kennt und weiß, in welchen Beziehungen ihre Komponenten zueinander stehen. Diese Aufgabe läßt sich unter verschiedenen Voraussetzungen lösen:

A. Die biologischen Charakteristika der Komponenten werden als unveränderlich betrachtet, ebenso die Wechselwirkungen zwischen ihnen. Im Anfangsmoment sei die Zönose homogen. Man untersucht die Kinetik der Konzentrationen der Komponenten der Zönose.

B. Unter Beibehaltung der Hypothese von der Homogenität einer Zönose wird die Annahme einer gesetzmäßigen Veränderung des Systems der Beziehungen zwischen den Komponenten eingeführt. Das kann entweder durch eine gesetzmäßige Veränderung der äußeren Bedingungen oder a priori durch den Ablauf des Evolutionsprozesses der Formen, die diese Zönose bilden, geschehen. Dabei wird wie im ersten Fall die Kinetik der Konzentration der Komponenten untersucht.
C. Die Charakteristika der die Zönose bildenden Objekte werden als inhomogen angesehen, und man läßt die Wirkung der Auslese zu. In diesem Fall wird angenommen, daß die Evolution der Formen von den Existenzbedingungen der Zönose bestimmt und nicht von außen aufgezwungen wird. Unter diesen Bedingungen wird einerseits die Kinetik der Konzentration der Komponenten und andererseits die Drift der Charakteristika der Populationen, die die betreffende Zönose bilden, untersucht.
D. Schließlich ist ein Verzicht auf die territoriale Homogenität der Zönose und die Berechnung der Abhängigkeiten der gemittelten Konzentrationen vom Ort möglich. Hier entstehen Fragen, die mit der räumlichen Neuverteilung der Komponenten einer Zönose, aber auch mit der Änderung ihrer Anzahl verbunden sind; z. B. die Veränderung der Konzentration der einen oder anderen Form von Lebewesen in Abhängigkeit von der Tiefe eines Wasserreservoirs.
Soweit uns bekannt ist, benutzte man bisher sowohl bei der Betrachtung von Modellen der Biozönosen als auch der Biogeozönosen vorwiegend stetige Modelle. Das hängt einerseits damit zusammen, daß man sich innerhalb der Zönose für das Wachstum der Biomasse interessieren kann, sogar ohne die Prozesse des Wachstums der Individuen und ihrer Vermehrung abzugrenzen, aber auch damit, daß es sehr viele Populationen gibt, die in der Kinetik der Zönose insgesamt eine wesentliche Rolle spielen. Daher ist die Rolle der Schwankungen der Biomasse der Komponenten von Biozönosen unerheblich. Diese Tatsache erlegt den Forderungen nach mathematischen Modellen der Zönosen bestimmte Einschränkungen auf. In der Natur existieren offenbar nur solche Zönosen, die genügend stetig sind. Deshalb muß man sich bei der mathematischen Modellierung von Zönosen auf Modelle beschränken, die zu stetigen Prozessen führen. Wenn die Zönosen durch Systeme von Differentialgleichungen beschrieben werden, ist die Frage nach der Stetigkeit der Lösungen dieser Gleichungen wichtig. In vielen Fällen ist das System der Elementarbeziehungen, die in einer gegebenen Zönose herrschen, nur annähernd bekannt. Deshalb muß man einige mögliche Funktionsschemata des betreffenden Typs der Zönose analysieren. Die Existenz stetiger Lösungen der entsprechenden Gleichungen kann häufig als Kriterium zur Aussonderung der einen oder anderen Variante dieser Schemata dienen, zum Beispiel die von Bulgakowa [26] und Kalmykow durchgeführte Analyse einiger Modellzönosen. Hier war es möglich, einige der denkbaren Funktionsschemata dieser Zönosen auszusondern.
Bei der Koordinationsmethode zur Untersuchung der Kinetik von Zönosen ergeben sich spezifische Aufgaben, die die Stetigkeit der einen oder anderen Grenze berühren, die die eine Zönose von der anderen trennt. Bei einem solchen Heran-

gehen muß man drei Typen von Veränderungen der Zönosen, die im Laufe der Zeit vor sich gehen können, unterscheiden:

a) die Veränderung der Anzahl der Komponenten, die unter der Einwirkung eigener Gleichgewichtsbeziehungen erfolgt;
b) die Veränderung der Zusammensetzung der Zönosen, die durch die Evolution der sie bildenden Formen hervorgerufen wird;
c) eine Veränderung der Zusammensetzung der Zönose, die durch die Verschiebung ihrer Grenzen oder durch den Bruch ihrer Grenzen und das Eindringen neuer Formen in das entsprechende Territorium bedingt ist.

Die ersten geschlossenen Modelle von Biogeozönosen konstruierte VOLTERRA mit seiner mathematischen Theorie des Existenzkampfes. In diesen Modellen wurden trophische, d. h. Nahrungsbindungen, die Intensität der Vermehrung und in einigen Fällen in allgemeinen Zügen die Einwirkung der individuellen Entwicklung und der Auslese berücksichtigt. Die Kinetik der Zönosen wurde in dieser Theorie durch ein System von Differential- oder Integralgleichungen beschrieben. Der Konstruktion dieser Gleichungen in Form eines Funktionsmodelles liegen bestimmte Vorstellungen vom Funktionieren einer Zönose zugrunde. Die Wechselwirkung der lebenden Komponenten einer Zönose mit den konservativen Komponenten wurde hier vernachlässigt.

VOLTERRA stützt sich ursprünglich auf Material über den Fischfang im Mittelmeer. Ihm gelang die Erklärung der Veränderungen der Stärke und Zusammensetzung des Fangs, die in der Zeit unmittelbar nach dem ersten Weltkrieg auftraten. Später wandte man die Methoden von VOLTERRA mehrfach erfolgreich bei der Prognose der Ertragsfähigkeit von Fischschwärmen, aber auch in der Jagdwirtschaft an. In dieser Verbindung kann man an die Arbeiten MENSCHUTKINS [28] zur Untersuchung der Biozönose einiger Seen erinnern, in denen außer Plankton nur einige Barsche lebten, wobei den größeren die kleineren als Nahrung dienten. MENSCHUTKIN gelang es, die Kinetik der Stärke solcher Zönosen, aber auch die Veränderungen der Verteilung der Barschpopulationen in Abhängigkeit vom Alter zu untersuchen. GAUSE und ALPATOW erzielten sehr interessante Resultate bei Experimenten mit Populationen von Einzellern. Sie erhielten künstliche Populationen, in denen man zyklische Prozesse beobachten konnte, deren Existenz durch die Volterra-Theorie vorausgesagt wurde.

Der Anwendungsbereich der Volterra-Theorien hat jedoch seine Grenzen. Eine Gegenüberstellung mit der Wirklichkeit ist nur bei der Betrachtung kleiner Zeitabschnitte möglich. Bei vielen Modellzönosen findet man, daß die Volterra-Gleichungen keine stationären Lösungen haben. Andererseits führt die Herausbildung der natürlichen Zönosen durch den langandauernden Prozeß einer natürlichen Auslese dazu, daß diese Zönosen stationär sein müssen.

SUKATSCHEW wies mehrfach auf die Notwendigkeit einer gemeinsamen Betrachtung der biotischen und abiotischen Komponenten einer Zönose hin. POLETAJEW und seine Mitarbeiter setzten diesen Standpunkt in mathematische Modelle der Biozönose um [2, 26, 29, 30]. Dabei stellte sich heraus (BULGAKOWA), daß, wenn eine der Komponenten der Zönose zur Photosynthese fähig ist und sich andere von den Chlorophyll enthaltenden Lebewesen selbst oder von Zwischenräubern ernähren, denen diese autotrophen Komponenten als Nahrung dienen, die Gleichungen, die eine Zönose beschreiben unter hinreichend allgemeinen Bedingungen, stationäre Lösungen haben können.

Das gleiche Resultat erhält man, wenn man anstelle des für die Photosynthese erforderlichen Lichtstroms einen sich verändernden, aber nicht selbsttätig vermehrenden Vorrat von Nährstoffen im Boden betrachtet. Aus diesen Ergebnissen folgt, daß man die mathematischen Modelle von Biogeozönosen den natürlichen Zönosen während bedeutend größerer Zeitabschnitte gegenüberstellen kann, als die mathematischen Modelle der Biozönose. Man muß daher hinzufügen, daß in den Biozönosen ein anderer limitierender Umstand eintreten kann, und zwar daß die charakteristischen Zeiten der Stabilität der äußeren Bedingungen in vielen Fällen kleiner als die Zeitabschnitte sind, in denen die Kinetik einer realen Zönose mit dem mathematischen Modell gegenübergestellt werden kann. In Verbindung damit ist es von Nutzen, mathematische Modelle von Biogeozönosen zu betrachten, bei denen die systematische Veränderung der äußeren Bedingungen berücksichtigt wird. GILDERMANN untersuchte einige solcher Fragen [30].

In allen diesen Modellen ist ein konstantes Verhalten der Lebewesen, die die betreffende Zönose bilden, die Hauptvoraussetzung. Andererseits wird in der Natur diese Bedingung bei weitem nicht immer befolgt, weil sich in Abhängigkeit von dem einen oder anderen Umstand — Jahreszeit, die zur Verfügung stehende Menge der einen oder anderen Nahrungsart u. a. — das Verhalten vieler Lebewesen verändert; unter gewissen Bedingungen bevorzugen sie eine bestimmte Nahrung, unter anderen Umständen eine andere. Diesen Umstand berücksichtigte POLETAJEW bei einer anderen Klasse von Modellzönosen [25]. Es sind Modelle eines Mischtypus, sog. diskret-stetige Modelle. Sie werden durch Systeme von Differentialgleichungen beschrieben, deren Koeffizienten die Lösungen von Aufgaben einer linearen Programmierung sind, bei denen unbekannte Funktionen von Differentialgleichungen als Koeffizienten auftreten. Damit wird die Kinetik einer Zönose durch Differentialgleichungen beschrieben, deren Struktur sich in einigen Zeitmomenten auf diskrete Weise verändert. Die Momente, aber auch der Charakter dieser Strukturveränderung hängen vom Wert der Lösungen dieser Gleichungen ab. Sie werden von der Lösung der Aufgabe des Typs der linearen Programmierung bestimmt.

Bei allen diesen Methoden wird angenommen, daß sich die Komponenten der Zönose so schnell miteinander vermischen, daß zu jedem Zeitpunkt die Zusammensetzung der Zönose im Lebensraum homogen ist; es sind Fälle bekannt, bei denen eine derartige Annahme der Wirklichkeit schlecht entspricht, z. B. bei Wasserzönosen, bei denen die Intensität des Lebens stark von der Tiefe abhängt, weil eine der Hauptquellen des Lebens, das Licht, vom Wasser stark absorbiert wird. Außerdem hängt der Ablauf der Prozesse der Lebenstätigkeit stark von der Wassertemperatur ab, welche ihrerseits eine Funktion der Tiefe des Wasserreservoirs ist. Aus diesem Grund macht sich die Konstruktion eines mathematischen Modells von Biogeozönosen erforderlich, in denen die Konzentration der einen oder anderen Komponenten, sowohl der biotischen als auch der abiotischen, orts- und zeitabhängig sind. Eines der einfachsten Beispiele hierfür ist das mathematische Modell einer Meeresbiogeozönose. Betrachten wir einen Ozean unendlicher Tiefe, Breite und Länge. Wir werden das Sonnenlicht, das vertikal von oben einfällt, das im Wasser gelöste und auch in der Atmosphäre über dem Ozean befindliche Kohlendioxid, die den Ozean bevölkernden autotrophen Organismen sowie die Leichen dieser Organismen berücksichtigen. Diese Leichen werden teilweise zersetzt und geben erneut Kohlendioxid ab, das wieder in Lösung geht. Auf das gelöste Kohlendioxid sind die Diffusionsgesetze anwendbar. Lebewesen vollführen eine ungeordnete Bewegung, die auch als Diffusion beschrieben wird. Die Veränderung der Biomasse der Lebewesen durch die Photosynthese ist äußerst spezifisch. Hier wird sowohl die Ernährung als auch die Vermehrung berücksichtigt. Wir werden voraussetzen, daß die Wachstumsgeschwindigkeit der Biomasse dem Produkt der vorhandenen Biomasse und der kleinsten zweier Größen proportional ist: der Intensität des Sonnenlichts (in Spezialeinheiten gemessen) und der Kohlendioxidmenge. Der Bildungsprozeß neuer Biomasse erfordert mit anderen Worten Sonnenlicht, Kohlendioxid und Lebewesen. Dabei spielt je nach dem, in welcher Menge sie vorhanden sind, entweder das Sonnenlicht oder das Kohlendioxid die einschränkende Rolle. Wir nehmen ein Koordinatensystem, bei dem die x-Achse (Abszisse) von der Oberfläche des Ozeans nach unten gerichtet ist. In Abhängigkeit von der Zeit werden in der Tiefe x folgende Größen beobachtet: die Intensität des Sonnenlichts $S(x,t)$, die Konzentration des Kohlendioxids $c(x,t)$ die Dichte der Verteilung der autotrophen Lebewesen $\varphi(x,t)$ und die Dichte $F(x,t)$ der abgestorbenen Lebewesen.

Diese Aufgabe stellt ein vom geometrischen Standpunkt eindimensionales Problem dar, wenn wir alle Größen nur als Funktion der Wassertiefe x auffassen. Die Kinetik einer derartigen Zönose kann durch folgendes System von Differentialgleichungen beschrieben werden:

$$-\frac{\partial S}{\partial x} = (k + \alpha\varphi)\, S \tag{1}$$

wo k der Absorptionskoeffizient des Lichts für Wasser ist und $\alpha \cdot \varphi$ der Absorptionskoeffizient des Lichts durch die lebende Materie

$$\frac{\partial \varphi}{\partial t} = [n \cdot \min(AS, C) - l]\, \varphi + \beta\, \frac{\partial^2 \varphi}{\partial x^2} \tag{2}$$

Hier ist A ein Koeffizient, der festlegt, welche Sonnenlichtintensität S erforderlich ist, um die Kohlensäure der Konzentration c durch die Photosynthese umzuwandeln. (Für die Assimilation einer Kohlensäurekonzentration c ist die Sonnenlichtintensität AS erforderlich).

n ist der spezifische Koeffizient der Zunahme der Biomasse, l ist der Sterblichkeitskoeffizient der Lebewesen und β der Diffusionskoeffizient der Lebewesen.

$$\frac{\partial c}{\partial t} = -m \cdot \min(AS,c) \cdot \varphi + \delta \frac{\partial^2 c}{\partial x^2} + h^* F \tag{3}$$

Hier bedeutet $m \cdot \min(AS,c)$ einen Koeffizienten, der den Kohlendioxidverbrauch bei der Synthese einer Biomasseeinheit charakterisiert. δ stellt den Diffusionskoeffizienten für Kohlendioxid in Wasser dar. Der Koeffizient h^* charakterisiert die Abgabe von Kohlendioxid aus den sich zersetzenden abgestorbenen Lebewesen. Es gilt

$$\frac{\partial F}{\partial t} = e\varphi + \gamma \frac{\partial F}{\partial x} - hF \tag{4}$$

$l \cdot \varphi$ bedeutet den Zuwachs an Leichen durch absterbende Lebewesen. γ stellt die Sinkgeschwindigkeit der abgestorbenen Lebewesen infolge Gravitation dar und h die Zersetzungsintensität der Leichen.

Für das System der Gleichungen 1—4 gelten folgende Randbedingungen:

1. Gegeben sind die Anfangsverteilung $c(x,o)$, $\varphi(x,o)$ $F(x,o)$.
2. Gegeben ist die Intensität des Sonnenlichts an der Oberfläche des Ozeans $S(o,t)$
3. Der Fluß von Lebewesen durch die Oberfläche des Ozeans ist gleich Null:

$$\left.\frac{\partial \varphi}{\partial x}\right|_{0t} = 0 \quad F(0,t) = 0$$

4. Auf der Oberfläche des Ozeans muß eine Bedingung, die das Kohlendioxid betrifft, erfüllt sein, und die man auf verschiedene Weise formulieren kann:

α) Fehlen des Stroms $\left.\frac{\partial c}{\partial t}\right|_{0t}$. Dem würde entsprechen, daß die Kohlendioxidkonzentration in der Luft vernachlässigbar klein ist.

β) $c(o,t) = \text{const.}$
Diese Bedingung entspricht dem Fall, daß die Kohlendioxidkonzentration in der Atmosphäre um vieles größer ist als im Ozean. Ein Fall, der im allgemeinen nicht zutrifft.

γ) Die Funktion $c(x,t)$ ist auch für negative x definiert und befriedigt die Diffusionsgleichung

$$\frac{\partial c}{\partial t} = \theta \frac{\partial^2 c}{dx^2}$$

Auf der Oberfläche $x = 0$ haben wir $c^+ : c^- = \text{const.}$ Mit c^+ und c^- werden die Grenzwerte der Konzentration für die Atmosphärenseite und die Wasserseite

bezeichnet. Wahrscheinlich ist bei dieser Annahme die zusätzliche Forderung nach Konstanz der Kohlendioxidmenge im gesamten System notwendig.
Man kann dieses Modell erweitern. Wir setzen voraus, daß die Geschwindigkeiten der Prozesse, d. h. die Koeffizienten der Gleichungen von der Temperatur abhängen, die sich ihrerseits wieder mit der Zeit und der Tiefe verändert. Man kann eine größere Anzahl von Arten von Lebewesen sowie auch eine größere Menge von anorganischen, im Wasser gelösten Stoffen, berücksichtigen. Man kann chemische Austauschreaktionen in der Lösung berücksichtigen, man kann eine endliche Tiefe des Wasserreservoirs einführen und die Anhäufung der Ablagerungen am Boden und den mit einer teilweisen wiederholten Lösung des Stoffes verbundenen Prozeß ihrer chemischen Zersetzung berücksichtigen. Schließlich kann man dreidimensionale Aufgaben betrachten und damit die Zirkulation des Wassers innerhalb des Wasserreservoirs in Betracht ziehen und weiter die durch einen ständigen Zufluß löslicher Stoffe durch die Uferlinie bedingten Ufereffekte berücksichtigen. Besonders wesentlich sind in diesen Gleichungen die von Poletajew eingeführten Glieder der Art

$$\min\,(AS, c)$$

Eine ausführliche Beschreibung der Gleichungen, die hier gewonnen werden, stellen wir zunächst zurück. Es ist wichtig, daß man die einzelnen Parameter der Wasserzönosen so gut kennt, daß die Aufstellung einer ganzen Reihe verschiedener Varianten abgeschlossener mathematischer Modelle dieser Zönosen möglich ist. Der Versuch, ein geschlossenes Modell einer Landzönose in ähnlicher Weise aufzubauen, ist ebenfalls reizvoll. Hier stoßen wir jedoch auf ein zusätzliches Problem. In den Austauschprozessen einer Landzönose spielt das Umpumpen von Flüssigkeit durch die Pflanze eine große Rolle. Hierher gehören die Aufnahme der Flüssigkeit durch die Wurzeln der Pflanzen, das Umpumpen der Flüssigkeit durch die Pflanzenwurzeln, das Umpumpen der Flüssigkeit aus den Wurzeln in die oberirdischen Teile und umgekehrt und die Verdunstung des Wassers durch die oberirdischen Teile der Pflanzen. Dabei werden die im Bodenwasser gelösten Stoffe von der Pflanze aufgenommen und auf die verschiedenen Teile der Pflanze verteilt. Genauso wird der in den grünen Teilen der Pflanze synthetisierte organische Stoff durch den ganzen Pflanzenkörper transportiert und abgelagert.
Offenbar erfolgt im Stamm der Pflanze ein gleichzeitiger Transport verschiedener Lösungen in verschiedenen Richtungen. Die Hauptmechanismen, die diesen Transport bedingen, sind, soweit uns bekannt, noch nicht untersucht worden. In jedem Falle halten die in einigen Handbüchern der Pflanzenphysiologie zu findenden Behauptungen, daß die Saftbewegung durch Kapillarkräfte im Körper der Pflanzen bestimmt würde, der Kritik nicht stand. Wenn die Ursache des Flüssigkeitstransports Kapillarkräfte wären, dann müßte die Feuchtigkeit der Blätter im unteren Teil der Baumkrone um vieles höher sein als die der Blätter in den oberen Teilen der gleichen Krone. Außerdem wäre es schwierig, das schnelle Austrocknen gefällter Bäume zu erklären. Bleibt doch die geometrische Struktur des größeren Teils der Kapillaren bei einem toten Baum die gleiche wie bei einem

lebenden Baum. Schließlich ist von diesem Standpunkt die gleichartige Bewegung der Pflanzensäfte durch den Stamm in verschiedenen Richtungen völlig unerklärlich.
Es ist eher anzunehmen, daß die Bewegung der Säfte einer Pflanze durch irgendeinen chemischen Prozeß, der zur Lebenstätigkeit der Pflanze gehört, unterstützt wird. Soweit uns bekannt ist, wurde diese Fragestellung noch nicht behandelt. Zu diesem Problem führt auf natürliche Weise der Versuch der Konstruktion eines abgeschlossenen mathematischen Modells einer Landbiogeozönose. An diesem Beispiel tritt mit besonderer Klarheit der Umstand in Erscheinung, daß selbst die Möglichkeit der Konstruktion eines abgeschlossenen mathematischen Modells einer gewissen Erscheinung als Kriterium dafür dienen kann, wie weit die betreffende Erscheinung bereits untersucht wurde. Allein hieraus ergibt sich schon die Notwendigkeit einer systematischen Entwicklung der mathematischen Modellierung von Lebenserscheinungen.[1])

Über die mathematische Modellierung in der Biologie

Wir wollen versuchen, einige Schlußfolgerungen zu ziehen. Die bei weitem noch nicht endgültig formierte theoretische Biologie muß nach unseren Vorstellungen aus zwei Teilen bestehen. Aufgabe des physikalisch-chemischen Teils ist die Aufklärung der elementaren Mechanismen, durch die gewisse fundamentale biologische Vorgänge realisiert werden. Aufgabe des mathematisch-kybernetischen Teils ist die Erklärung, wie aus diesen Elementarvorgängen die wichtigsten Lebensprozesse aufgebaut werden. Das Herausfinden dieser Elementarvorgänge selbst, die Isolierung und Beschreibung der Prozesse der Lebenstätigkeit, gehören zum empirischen Teil der Biologie.
In vorliegender Arbeit berühren wir gerade den mathematisch-physikalischen Teil der theoretischen Biologie. Aufgabe dieses Gebietes ist die Untersuchung eines gewissen Prozesses der Lebenstätigkeit, dessen integraler Verlauf bekannt ist. Es existieren Vorstellungen über die Elementarakte, aus denen er zusammengesetzt ist und über einen gewissen Komplex ihrer Charakteristika. Man formuliert die Hypothese, daß der gesamte Ablauf des betreffenden Komplexes von Elementarvorgängen gerade zu dem zu beobachtenden Bild führen muß. Hier entsteht die mathematische Aufgabe, aus der Gesamtheit der Elementarprozesse, die unter bestimmten Bedingungen ablaufen, das Bild zu erklären, zu dem diese Elementarvorgänge führen müssen.
Außerordentlich wichtig ist die Frage, wie diese Elementarvorgänge untereinander kombiniert werden. Man unterscheidet zwei Grundarten der Kombination der Elementarvorgänge. Eine von ihnen, die Strukturmethode, besteht darin, daß alle Elementarvorgänge ein determiniertes System bilden, die zweite Methode ist

---

[1]) Bos entwickelte seinerzeit analoge Standpunkte und bestätigte sie durch eine Reihe von Experimenten [32]. Leider sind diese Arbeiten heute fast vergessen.

eine statistische Konzeption. Wenn z. B. die Synthese eines Eiweißmoleküls auf dem Ribosom erfolgt, dann folgen die einzelnen Vorgänge in determinierter Ordnung aufeinander; wenn dagegen der Wechsel einer Generation in einer Population erfolgt, dann müssen die einzelnen Prozesse des Todes und der Vermehrung der Individuen als zufällig betrachtet werden.

Auf dieser Grundlage lassen sich mathematische Modelle der Lebenserscheinungen aufstellen. Es sind abstrakte Systeme, in denen die Elementarprozesse durch Analoga genau dargestellt werden und die Art der Wechselbeziehungen dieser Elementarvorgänge im Gesamtprozeß genau modelliert werden muß. Durch derartige Modelluntersuchungen ist es möglich, die Richtigkeit einer Ausgangshypothese über den Ablauf des betrachteten Prozesses der Lebenstätigkeit zu prüfen. Solche Modelle können sich natürlich mathematisch weitgehend voneinander unterscheiden. So tragen zum Beispiel die mathematischen Modelle der Kreuzungssysteme, die die Neuverteilung der Gene und Mutationsprobleme berücksichtigen, statistischen Charakter. Das mathematische Herangehen an die Konstruktion des Modells kann auf verschiedene Weise erfolgen:

A. Aufstellen von Gleichungen für die statistischen Erwartungen der Konzentration der Genotypen.

B. Untersuchung der Fluktuationen in der Verteilung der Genotypen mit analytischen Methoden.

C. Realisierung der entsprechenden Modelle durch die Monte-Carlo-Methode.

Andererseits spielen bei der Modellierung von Erscheinungen, wie der Funktion der Erbinformation während der Lebenstätigkeit einer Zelle, bei der eine große Menge verschiedenartiger Vorgänge miteinander auf diskrete Weise in Wechselwirkung tritt, logische Modelle diskreten Charakters eine bedeutende Rolle. Hierher gehören solche Fragen wie die Übereinstimmung des Kodes der Nukleotidsequenzen und der Aminosäurensequenzen, der Wechselbeziehungen des Gesamtprozesses der Enzyme, der Metaboliten und der Informationsträger bei der Eiweißsynthese, ebenso die Funktionsweise der Operons und der Operongruppen bei der Lebenstätigkeit der Zelle.

Vom biologischen Standpunkt lassen sich diese Modelle zweckmäßig unterteilen, indem man von den Naturerscheinungen ausgeht, für deren Untersuchung diese Modelle geschaffen wurden. In erster Linie muß man hier an das Organisationsniveau der belebten Natur denken, für das das betreffende Modell aufgestellt wird, und zwar an die Zell- und Molekularebene, an die organismische Ebene, an die Populations- oder die Zönoseebene. Es kann auch eine noch ausführlichere Unterteilung zweckmäßig sein. Vom mathematischen Standpunkt ist eine Klassifizierung nach der mathematischen Aufgabenstellung und den Untersuchungsmethoden der entsprechenden Modelle möglich. So lassen sich die Modelle in diskrete und stetige, in determinierte und zufällige, in theoretische und praktische, in Analog- und Digitalmodelle einteilen.

In einigen Fällen kann der gleiche mathematische Formalismus zur Untersuchung verschiedener biologischer Erscheinungen benutzt werden. So können z. B. Wahrscheinlichkeitsmodelle der Erscheinungen der Auslese und Entwicklung sowohl

für die Untersuchung der Kinetik der Zellgemeinschaft im Organismus als auch für die Untersuchung der Populationen verwendet werden. Ebenso können die Gleichungssysteme vom Volterra-Typ sowohl zur Beschreibung einiger Stoffwechselprozesse im Organismus als auch zur Beschreibung einer Biozönose dienen. Es ist offenbar zweckmäßig, mathematische Modelle von Lebenserscheinungen sowohl vom mathematischen als auch vom biologischen Standpunkt zu systematisieren. Der mathematischen Modellierung biologischer Erscheinungen wurde bisher bei weitem nicht genügend Aufmerksamkeit geschenkt. Auf diesem Gebiet ist die Entwicklung eines ganzen Komplexes spezieller Arbeiten erforderlich, an denen sich Mathematiker und Biologen gemeinsam beteiligen müssen. Dabei muß die reale Möglichkeit bestehen, weitgehend leistungsfähige Großrechenanlagen einzusetzen.
Wir wollen nur eine Übersicht biologischer Fragen geben, zu deren Lösung die mathematische Modellierung als ein äquivalentes Verfahren einsetzbar ist:

1. Quantitative Prognosen der Ertragsfähigkeit natürlicher Zönosen, z. B. bei der Jagdwirtschaft, beim Fischfang u. a.
2. Quantitative Aufgaben über die Verbreitung gewisser neuer Formen in der Natur. Hierzu gehört insbesondere das Problem der Ausbreitung von Epidemien.
3. Ein qualitatives Urteil über die Möglichkeit der Existenz von Zönosen des einen oder anderen Typs in der Natur, aber auch über die Möglichkeiten der Existenz gewisser konkreter Typen von Prozessen, die im Organismus ablaufen.
4. Überprüfung einiger logischer Hypothesen zur Übereinstimmung von Struktur und Funktion natürlicher Gemeinschaften und ebenso die Frage nach der Art von Experimenten, die derartige Komplexe von Hypothesen präzisieren können.
5. Überprüfung der Vollständigkeit der Kenntnisse über den Ablauf einiger Naturprozesse.
6. Ausarbeitung allgemeiner quantitativer Methoden zur Untersuchung des Entwicklungsprozesses der belebten Natur und der Organisation der Steuerung in der belebten Natur.
7. Erarbeitung spezieller statistischer Methoden zum Vergleich theoretischer Vorstellungen mit den Beobachtungen.

Zum Schluß möchten wir noch einmal darauf hinweisen, daß es unbedingt notwendig ist, die Aufmerksamkeit der Biologen und Mathematiker auf die Erarbeitung der wissenschaftlichen Grundlagen der mathematischen Modellierung von Lebenserscheinungen und auf die umfangreiche praktische Anwendung der bereits ausgearbeiteten und erprobten Methoden der mathematischen Modellierung biologischer Prozesse zu lenken und sowohl aus dem Kreis der Biologen als auch aus dem Kreis der Mathematiker die Ausbildung geeigneter Kader zu gewährleisten.
In Verbindung damit sollte eine bedeutende Erweiterung der mathematischen Ausbildung der Biologen erfolgen, ebenso müßten biologisch interessierte Mathematiker über einen gewissen Komplex biologischer Kenntnisse verfügen.

Literatur

1. W. I. WERNADSKY, Gesammelte Werke, Band 1. Moskau 1960.
2. LJAPUNOW, A. A., „Über Steuerungssysteme der belebten Natur und das allgemeine Verständnis von Lebensprozessen" in „Probleme der Kybernetik" (Sammelband), Heft 10, Moskau 1964, S. 179–194.
3. POLETAJEW, I. A., Artikel im vorliegenden Sammelband.
4. TIMOFÉEFF-RESSOWSKY, N. W., Einige Probleme der Strahlungsbiogeozönologie, in: „Probleme der Kybernetik", (Sammelband), Heft 12, Moskau 1964, S. 201–232.
5. RATNER, W. A., Artikel im vorliegenden Sammelband.
6. RATNER, W. A., Genetische Steuerungssysteme, Nowosibirsk, 1966.
7. SCHMALHAUSEN, I. I., Grundlagen der vergleichenden Anatomie der Wirbeltiere, Moskau 1947.
8. NEUMANN, J. v., Der Rechenautomat und das Gehirn, in „Kybernetischer Sammelband", Heft 1, Moskau 1960, S. 11–60.
9. BERNSTEIN, N. A. Anordnungsprobleme der Physiologie der Aktivität, in „Probleme der Kybernetik", Heft 6, Moskau 1961, S. 101–160.
10. LASAREW, P. P., Ionentheorie der Erregung lebender Gewebe. Gesammelte Werke, Band 2, Moskau—Leningrad, 1950, S. 7–188.
11. JARBUS, A. L., Die Rolle der Augenbewegung im Sehprozeß, Moskau 1955.
12. FREUD, S., Introduction a la Psychoanalyse, N 6, Petite Bibliotheque Payot, Paris.
    FREUD, S., Essais de Psychoanalyse, N 44, Petite Bibliotheque Payot, Paris.
    FREUD, S., Cinq Lecons sur la Psychoanalyse, N 84, Petite Bibliotheque Payot, Paris.
13. KEMPTHORN, O., An Introduction to Genetic Statistics, 1967.
14. MORAN, P. A. P., The Statistical Processes of Evolutionary theory. Oxford, 1962.
15. KIMURA, M., Diffusion models in population genetics, in „J. Appl. Probability", 164, 1, 2, p. 177–232.
16. FISHER, R. A., Genetical theory of the Natural Selection, 2-th ed., N. Y., Dower Publ., 1958.
17. LI, C. C., Biometrics, 1967, 23, 3, p. 297–484.
18. BAZYKIN, A. D., Über die Möglichkeiten sympatrischer Artenbildung, in „Bulletin MOIP (Moskauer Gesellschaft für Naturforscher), Biologische Abteilung, 1965, Band 70, (1), S. 161–165.
19. SWIRESHEW, J. M., TIMOFÉEFF-RESSOWSKY, N. W., Über den entgegengesetzten Druck der Auslese auf den Genotyp und das Merkmal bei der mit dem Geschlecht gekoppelten Mutation. In: „Probleme der Kybernetik" (Sammelband), Heft 18, 1967, S. 155–174.
    Über ausreichende Bedingungen für die Existenz des Polymorphismus für Mutationen, die mit dem Geschlecht gekoppelt sind (ebenda).
    TIMOFÉEFF-RESSOWSKY, N. W., SWIRESHEW, J. M., Über das Gleichgewicht der Genotypen in Modellpopulationen von *Drosophila melanogaster* in „Probleme der Kybernetik" (Sammelband), Heft 16, 1966, S. 123–146; Der Adaptionspolymorphismus in Populationen von *Adalia bipunctata* (ebenda).
20. ULAGINA, O. S., LJAPUNOW, A. A., Zur Modellierung des Evolutionsprozesses, in: „Probleme der Kybernetik" (Sammelband), Heft 1b, Moskau, 1960
21. KULAGINA, O. S., LJAPUNOW, A., ULGAKOWA, T. I.. Zur Modellierung von Evolutionsprozessen in: „Probleme der Kypernetik" (Sammelband), Heft 20, im Druck.
22. VOLTERRA, V., Lecons sur la theorie mathematique de la lutte pour la vie, Paris, Gauthier-Villars, 1931

23. BASYKIN, A. D., Die Wirkung einer schwachen disruptiven Auslese auf räumlich ausgedehnte Populationen. In: „Entwicklungsprobleme“, (Sammelband), Heft 2, im Druck.
24. FELLER, W., Einführung in die Wahrscheinlichkeitstheorie und ihre Anwendung, Moskau 1967.
25. I. A. POLETAJEW, Über mathematische Modelle elementarer Prozesse in den Biogeozönosen, in: „Probleme der Kybernetik“ (Sammelband), Heft 16, Moskau 1966, S. 171—191.
26. BULGAKOWA in EMAN, T. I., Zu einigen mathematischen Modellen von Biogeozönosen. In: „Probleme der Kybernetik“ (Sammelband), Heft 16, Moskau 1966, S. 191—202.
27. KALMYKOW, W. D., Mathematische Modelle einiger Infektionsherde. In: „Probleme der Kybernetik“ (Sammelband), Heft 20, im Druck.
28. MENSCHUTKIN, W. W., Über den Kannibalismus der Barsche im Baikalsee, „Materialienkonferenz über Anwendung der Mathematik in der Biologie“, (Sammelband), Heft 2, Leningrad 1962.
29. GORSTKO, A. B., Über ein mathematisches Modell der Regelung einer Biogeozönose. In: „Probleme der Kybernetik“, (Sammelband), Heft 1, Moskau 1966, S. 217—220.
30. GILDERMAN, J. I., Über ein Modell der Koexistenz zweier biologischer Arten. In: „Probleme der Kybernetik“ (Sammelband) Heft 16, S. 208—216.
31. WRIGHT, S., Ann. Eugenics. 1951, 15, p. 323—354.
32. BOS, J., Ausgewählte Werke zur Erregbarkeit von Pflanzen. Band 1, 2, Moskau 1964.

A. M. Kasatkin

HEURISTISCHE METHODEN BEI DER UNTERSUCHUNG KOMPLIZIERTER SYSTEME

Beim Studium der Lebensprozesse erweist es sich oft als zweckmäßig, den Organismus als ein gewisses kompliziertes System zu betrachten. Das gibt die Möglichkeit, bei der Untersuchung des Organismus den in der Kybernetik entwickelten Begriffsapparat anzuwenden, der für die Analyse komplizierter Systeme geeignet ist. In der vorliegenden Arbeit werden einige Fragen betrachtet, die mit der Spezifik der Vorstellung des Organismus als kompliziertes System und den Möglichkeiten seines Studiums mit Hilfe heuristischer Untersuchungsmethoden verbunden sind.

Komplizierte Systeme. Ein kompliziertes System kann unter funktionellen und strukturellen Aspekten betrachtet werden. Die Arbeit des Systems verstehen, bedeutet, seine Funktion als Resultat bestimmter Strukturänderungen und intrastruktureller Wechselwirkungen zu beschreiben. Für komplizierte Systeme erweist sich eine solche Beschreibung in der Regel nicht möglich ohne die Anwendung spezieller Untersuchungsmethoden, die unter Berücksichtigung der Spezifik komplizierter Systeme als Versuchsobjekt ausgearbeitet wurden. Dabei hängt das Gelingen oft von der Art der Aussonderung und Aufgabe des komplizierten Systems ab. Betrachten wir das ausführlicher.

Als Struktur bezeichnet man die Gesamtheit einiger Elemente, zwischen denen bestimmte Beziehungen existieren. Um eine Struktur zu beschreiben oder vorzugeben, ist es nötig, auf irgendeine Art eine Auswahl von Elementen und sie verbindende Beziehungen zu bestimmen. Die Eigenschaften dieser Beziehungen stellen das Axiom der Struktur dar und dienen als Basis ihrer theoretischen Untersuchung. Diese Art von Definition wurde von Burbaki [1] für mathematische Strukturen vorgeschlagen. Wir werden als Struktur eine in einem bestimmten Zeitmoment betrachtete Gesamtheit von Elementen bezeichnen, die untereinander durch gewisse Beziehungen verbunden sind. Eine solche Vorstellung erweist sich bei der analytischen Untersuchung komplizierter Systeme als sehr geeignet.

Die Tätigkeit des Menschen ist notwendigerweise mit dem Studium und der Benutzung der dynamischen Eigenschaften von aus der äußeren Umwelt herausgesonderten Objekten verbunden. Die Betrachtung der Dynamik wird möglich im Rahmen des Begriffs des Systems. Mit dem Terminus „System" beschreibt man die in der Zeit betrachtete Gesamtheit von Elementen und der Beziehungen zwischen ihnen. Auf diese Weise entspricht das Studium des Zustandes des Systems im bestimmten Moment dem Studium seiner Struktur. Ein System vorzugeben

ist möglich, indem man eine ganze Auswahl seiner Strukturen in der Zeit vorgibt. Gewöhnlich wendet man jedoch eine einfachere Methode an, die darin besteht, daß man sich die Struktur des Systems in einem bestimmten Moment „null“ und die Gesetze seiner zeitlichen Umwandlung vorgibt. Die Axiome der Ausgangsstruktur und die Gesetze der zeitlichen Umwandlungen bilden die Axiome des Systems und erlauben eine Theorie aufzubauen, welche sein Zeitverhalten beschreibt. Bezeichnen wir eine solche Art der Vorgabe von Systemen als strenge Vorgabe. Die Gesamtheit der Einwirkungen, welche das System durch seine Ausgänge auf die Umwelt ausübt, bezeichnen wir als vollständige Funktion des Systems. In der Praxis untersucht man gewöhnlich, aus diesen oder jenen, den Forscher interessierenden Gründen, nur einen bestimmten Teil der gesamten Funktion. Solch einen Teil nennen wir aktuelle Funktion oder einfach Funktion.
Bei der Wechselwirkung mit der Umwelt empfindet und studiert der Mensch nur einzelne Teile, Fragmente der äußeren Umwelt. Gewöhnlich sind solche Fragmente mehr oder weniger klar in der Umwelt abgegrenzt oder sie werden zur Untersuchung absichtlich vom Menschen herausgelöst. Es können drei Grundtypen der Aussonderung unterschieden werden, deren Anwendung durch das Untersuchungsziel bedingt ist und die Methodologie der Untersuchung bestimmen.

1. *Aussonderung nach einer fixierten Auswahl von Elementen.*
Bei dieser Art wird eine gewisse Vielzahl von Objekten der äußeren Umwelt fixiert, welche im weiteren als Elemente des untersuchten Systems betrachtet werden. Beim Funktionsablauf des Systems werden alle Beziehungen und Verbindungen verfolgt, die zwischen seinen Elementen entstehen. Diese Art wird z. B. in der Physiologie beim Studium des Funktionsmechanismus irgendwelcher Organsysteme angewendet: Auf Grund von Informationen über die Anatomie des Organismus sondert sich ein System heraus und es werden die funktionellen Beziehungen zwischen den ausgesonderten Organen untersucht. Als Resultat dieser Untersuchungen wird die Beschreibung des Verhaltens von Gruppen von Organen als Ganzes und die Bestimmung der Funktion des Systems, welches früher nach einer fixierten Auswahl von Elementen ausgesondert wurde, möglich.

2. *Aussonderung nach der Funktion* (nach einer fixierten Auswahl von Programmen).
Diesen Typ der Aussonderung wendet man dann an, wenn die Funktionsmechanismen eines gewissen Systems von anderen dynamischen Prozessen, die sich in der Umwelt abspielen, abgegrenzt werden können. Die ausgesonderten Prozesse werden als Funktion (im allgemeinen Fall als aktuell) eines gewissen Systems betrachtet, dessen Struktur und Gesetzmäßigkeiten des Funktionierens noch unbekannt sind. Weiter unterwirft man der Untersuchung Elemente, die an der Bildung der ausgewählten Funktion beteiligt sind und die zwischen ihnen bestehenden Beziehungen. Die Beteiligung dieses oder jenes Elementes an der Tätigkeit des nach der Funktion ausgesonderten Systems kann ungleichmäßig, episodisch, sogar einmalig sein. Das gleiche gilt auch für die Verbindungen zwischen den Elementen.

3. *Aussonderung nach einer fixierten Auswahl von Beziehungen.*
Bei dieser Art wird ein System ausgesondert, das aus allen Elementen besteht, die mit einer gewissen, früher fixierten Auswahl in Beziehungen treten; es werden die möglichen Programme eines solchen Systems untersucht.
Auf diese Weise kann die Aussonderung des Systems aus der Umwelt auf dem Weg der Vorgabe der Gesamtheit der Elemente des Systems in irgendeiner Form nach seinen Funktionen oder einer Auswahl von Beziehungen durchgeführt werden. Die Vorgabe des Systems nach einer der aufgezeichneten Arten werden wir als nicht exakte Vorgabe bezeichnen.
Charakteristisches Merkmal komplizierter Systeme ist die Unmöglichkeit ihrer exakten Vorgabe. Dieser Umstand bedingt eine bestimmte Spezifik der Untersuchungsmethoden komplizierter Systeme.
Heuristische Untersuchungsmethoden. Die Eigenschaft des Menschen, Entscheidungen auf der Grundlage nicht vollständiger Information tu treffen, „Eingebungen" zu haben, „die Wahrheit direkt zu ermessen" und ähnliches, ist bekannt. Diese Art von Denktätigkeit bezeichnet man gewöhnlich als heuristisch. Die heuristische Tätigkeit des Menschen ist Objekt der Untersuchungen in der Psychologie, die experimentell deren Gesetzmäßigkeiten studiert; es sind eine Reihe von Versuchen der Systematisierung der Heuristik bekannt. In diesem Zusammenhang ist das Problem, die menschliche Fähigkeit heuristisch tätig zu sein, zum Aufbau spezifischer Anlagen, zur Lösung einer Reihe intellektueller Aufgaben zu nutzen, von großem Interesse. Eine dieser Aufgaben ist die der Untersuchung komplizierter Systeme. Man geht dabei von der Idee aus, die Schwierigkeiten der Objekte und folglich die Unmöglichkeit ihres Studiums mit „klassischen" Methoden der menschlichen Fähigkeit, wahrheitsähnliche Hypothesen, Vermutungen und ähnliches zu produzieren, d. h. der Heuristik, gegenüberzustellen. Methoden, die auf der Ausnutzung dieser Fähigkeit beruhen, bezeichnet man als heuristisch.
Jede wissenschaftliche Forschung ist mit dem Aufstellen einer Hypothese und ihrer darauffolgenden Prüfung verbunden. Den heuristischen Methoden sind in der Regel folgende spezifische Besonderheiten eigen:
1. Die Hypothesen über die Natur komplizierter Systeme sind selbst kompliziert, was den traditionellen Weg: Hypothese — Vorhersage — experimentelle Prüfung ausschließt und prinzipiell neue Maßnahmen fordert, sie glaubwürdig zu machen. Diese Maßnahmen sind heute mit der Konstruktion effektiver Modelle der Hypothesen auf elektronischen Rechenmaschinen und nachfolgendem experimentellem Studium der Modelle verbunden. Demzufolge sind die heuristischen Methoden der Erforschung komplizierter Systeme Modellmethoden.
2. Eine beliebige heuristische Annahme kann sich als unwahr erweisen. Darum ist eine charakteristische Besonderheit heuristischer Methoden der mehrfach ausgeführte Übergang vom Operieren mit dem Modell zum unmittelbaren Studium des modellierten Systems. Dieser Übergang erfolgt, indem man das Verhalten des Modells und des Systems vergleicht, das Modell nach den Resultaten des Vergleichs korrigiert, das Verhalten des korrigierten Modells untersucht, wieder

vergleicht usw. In den aufgezeigten Zyklen vollzieht sich die stetige Annäherung an die gewünschten Resultate.
In unserer Zeit sind die heuristischen Methoden am Forschungsmaterial eines der kompliziertesten Systeme — dem Gehirn des Menschen — entwickelt worden. Die Forschungen in dieser Richtung sind im allgemeinen dem Studium verschiedener Erscheinungen der Gehirntätigkeit, d. h. dem Verhalten, gewidmet.
Die Erarbeitung adäquater Modelle des Verhaltens des Menschen macht die Konstruktion einer ganzen Reihe technischer Apparaturen und Programme für ERM möglich, die in der Lage sind, bestimmte „menschliche" Funktionen schneller, zuverlässiger und in einer Reihe von Fällen optimaler als der Mensch auszuführen. Die Grundforderung an die Untersuchungen in dieser Richtung besteht darin, daß das Verhalten der geschaffenen Modelle möglichst vollständig dem Verhalten der modellierten Objekte entsprechen soll. Charakteristisch ist, den Menschen als kompliziertes System anzusehen, das eine Information empfängt, speichert, verarbeitet und nach außen abgibt. Dieses System ist in ein gewisses Medium eingebettet. Es ist möglich, die Wechselwirkungen des Systems mit der Umwelt zu beobachten oder in einem speziell angelegten Experiment zu studieren. Es wird gefordert, ein Systemmodell zu konstruieren, das mit der Umwelt in Wechselwirkung steht, d. h. sich in ausgewählten Bedingungen so verhält, wie das Originalsystem.
Es ist offensichtlich, daß in einer derartigen Aufgabenstellung das phänomenologische Herangehen an die Untersuchung des Verhaltens des Menschen fixiert ist. Im Rahmen einer solchen Modellkonzeption können verschiedene Forderungen entstehen. So kann vom Modell nur ein Zusammenfallen der Resultate seines Verhaltens mit den Resultaten einer bestimmten Tätigkeit des Menschen gefordert werden. In diesem Falle haben wir es mit einem Problem zu tun, das als „künstlicher Intellekt" deffiniert wurde. Außer adäquaten Resultaten des Verhaltens kann an das Modell auch die Forderung des Menschen erhoben werden, Suchverfahren bei den Lösungen einer bestimmten Klasse von Aufgaben wiederzugeben. Ein solches Modell muß die Aufgaben lösen, indem es die gleichen Methoden und Verfahren der Informationsverarbeitung verwendet, die der Mensch benutzt. Auf diesem Wege entsteht das Problem des Studiums der Algorithmen der Informationsverarbeitung durch den Menschen, das Problem der menschlichen Heuristik. Die Aufgabe der Untersuchung solcher Algorithmen löst die heuristische Programmierung, die man als Theorie der phänomenologischen Modellierung bezeichnen kann. Außer dem Aufbau von Algorithmen, die das äußere Verhalten beschreiben, ist das Studium der Struktur der inneren Mechanismen des Gehirns, die das Verhalten bestimmen, von Interesse. Da sich im Verhalten die Wechselwirkung aller Programme der menschlichen Psyche am vollständigsten ausdrückt, kann die Modellierung der Prozesse der Informationsverarbeitung durch das Gehirn, verbunden mit dem Zustandekommen des Verhaltens, als Grundlage für die Entdeckung wichtiger Gesetzmäßigkeiten der Gehirntätigkeit und der Schaffung eines Funktionsmodells als ganzes System dienen. Für die Untersuchungen in dieser Richtung ist die Betrachtung des Gehirns als eine gewisse

Strukturbildung charakteristisch, deren innere Organisation und Funktionsgesetze eine zweckmäßige Wechselwirkung mit der Umwelt hervorrufen.

Bei einem derartigen Vorgehen wird auch der Mensch als gewisses Informationssystem betrachtet, das in die Umwelt eingebettet ist und mit ihr in Wechselbeziehungen steht. Es ist anzunehmen, daß über die Eigenschaften der Strukturelemente des Systems und über gewisse Prinzipien und Mechanismen ihrer Wechselwirkung, d. h. über Neurophysiologie und Physiologie des Gehirns, keine vollständigen Daten vorliegen. Bekannt sind auch einige Algorithmen der Wechselwirkung des Systems mit der Umwelt, d. h. des Verhaltens des Systems (Psychologie, heuristische Programmierung). Es ist erforderlich, ein Systemmodell aufzubauen, dessen Struktur und Verhalten in einem gewissen gegebenen Verhältnis dem Niveau der Beschreibung der Struktur und dem Verhalten des Systemoriginals entspräche.

In einer so gestellten Aufgabe ist ein strukturfunktionales Vorgehen zur Untersuchung des Verhaltens des Menschen fixiert. In Verbindung mit der Unzulänglichkeit der Ausgangsdaten über das Gehirn als Informationssystem und der unvollständigen algorithmischen Beschreibung des Verhaltens ist die Lösung der gestellten Aufgabe mit der Aufstellung bestimmter Hypothesen verbunden. Im weiteren werden die Modelle solcher Hypothesen als Programme für Elektronenrechner (ERM) realisiert und das Verhalten der Modelle mit dem Verhalten des Menschen verglichen. Nach den Resultaten des Vergleichs werden die Ausgangsannahmen der Hypothese korrigiert. Auf diese Weise kann man von einer Methode sprechen, die zweifellos heuristisch ist. Im Unterschied zur heuristischen Programmierung, bei der die Hypothese nur über die Funktion des untersuchten Objekts aufgestellt wird, werden wir sie als Methode der heuristischen Modellierung bezeichnen. Die heuristische Modellierung ist demnach eine Methode, deren Spezifität im Aufbau effektiver Modellhypothesen (an ERM) über die Struktur des untersuchten Systems mit nachfolgendem Vergleich der Verhaltensweisen von Modell und Original besteht.

Das strukturfunktionelle Vorgehen bei der Modellierung des Verhaltens führt zu einer Reihe produktiver Hypothesen über das Wesen der Information und die strukturellen Besonderheiten der wichtigsten Mechanismen und Programme des Gehirns. Die auf der Grundlage dieser Hypothese geschaffenen Modelle sind in technischer Hinsicht und im Erkenntnisprozeß sehr wichtig. Die im Vorangehenden betrachtete Modellierung des Verhaltens gehört aus diesem Grunde zu drei unterschiedlichen Ebenen der Beschreibung des Menschen als Subjekt der Handlung.

Die erste Ebene ist mit der Fixierung des Resultats irgendeiner Tätigkeit des Menschen und mit dem Aufbau von Modellen des Typs „künstlicher Intellekt“ verbunden, die analoge Aufgaben lösen. Dabei werden den Algorithmen und der Struktur der Modelle keinerlei Begrenzungen auferlegt.

Die zweite Ebene sieht das Studium von Prozessen der Informationsverarbeitung vor, die im Menschen bei der Lösung bestimmter Klassen von Aufgaben ablaufen. Die Modelle werden mit der Methode der heuristischen Programmierung geschaffen und genügen zwei Forderungen: sie machen das, was der Mensch macht,

und so, wie er es macht. Der Struktur der Modelle werden keine Begrenzungen auferlegt. Die Modelle der ersten zwei Ebenen sind eigentlich Modelle des Verhaltens, bzw. seiner Phänomenologie.
Die dritte Ebene ist mit der Betrachtung sowohl von Algorithmen und Verhaltensarten des Menschen bei der Lösung von Aufgaben verbunden als auch von möglichen Mechanismen höherer Nerventätigkeit, die für die Formierung des Verhaltens verantwortlich sind. Die Modelle werden mit der heuristischen Modellierung geschaffen und erfüllen die Forderung, daß die Struktur des Modells der angenommenen Struktur der inneren Informationsmechanismen entspricht. Die Übereinstimmung des Verhaltens des Modells mit dem Verhalten des Menschen ist hier abgeleitet und wird zum Prüfen der Entsprechung und zur Korrektur des Modells verwendet. Die Modelle der dritten Ebene sind Modelle der Mechanismen der höheren Nerventätigkeit, die für die Formierung des Verhaltens verantwortlich ist.
In unserer Zeit sind dem Problem des künstlichen Intellekts eine bedeutende Anzahl von Arbeiten gewidmet. Einen Überblick über die wichtigsten von ihnen kann man in dem interessanten Artikel von Minskij [2] finden. Auf dem Gebiet der heuristischen Programmierung werden Untersuchungen sowohl von ausländischen als auch von sowjetischen Gelehrten durchgeführt. Der Analyse des derzeitigen Zustandes des Problems ist die Arbeit Napalkow und Orfejew [3] gewidmet. Die Autoren dieser Arbeit stellen die Grundaufgaben heraus, die vor der heuristischen Programmierung stehen, und analysieren die Wege ihrer Lösung; u. a. die Aufgabe, effektive Methoden der experimentellen Entdeckung der Heuristik zu erarbeiten und eine strenge Klassifizierung der Informationsaufgaben zu schaffen, die durch das Gehirn gelöst werden. Die angeführten Arbeiten enthalten eine ausreichend vollständige Beschreibung der Vorstellungen und Annahmen der Forschung auf den entsprechenden Gebieten, darum sei die weitere Darlegung der genaueren Betrachtung der Besonderheiten der Methode der heuristischen Modellierung gewidmet.
Methode der heuristischen Modellierung. Im nachstehenden Schema sind die Grundetappen des Prozesses heuristischer Modellierung schematisch dargestellt. Zuerst sondert man aus der Vielzahl psychischer Funktionen des Menschen eine gewisse aktuelle Funktion F aus, deren nervale Mechanismen der Formierung untersucht werden. Zur Beschreibung der Funktion F benutzt man Angaben über sie aus der Psychologie. Wenn nötig, führt man spezielle Untersuchungen durch, darunter auch solche mit Hilfe der Methode der heuristischen Programmierung. Auf diese Weise wird in der Etappe der Aufgabenstellung nach der Funktion ein gewisses System S ausgesondert.
In der folgenden Etappe beschäftigt man sich mit dem Studium der Nervenmechanismen, die für die Formierung von F verantwortlich sind. Dabei benutzt man die Daten aus der Neurophysiologie und Physiologie des Gehirns. Es gibt zwei Gruppen von Daten. Die erste enthält Angaben über die Eigenschaften und Gesetzmäßigkeiten der hauptsächlichen Strukturelemente des Gehirns und die Arten ihrer Wechselwirkung, die zweite Angaben über die für F spezifischen Mechanismen. In einigen Fällen kann sich eine spezielle experimentelle Erforschung

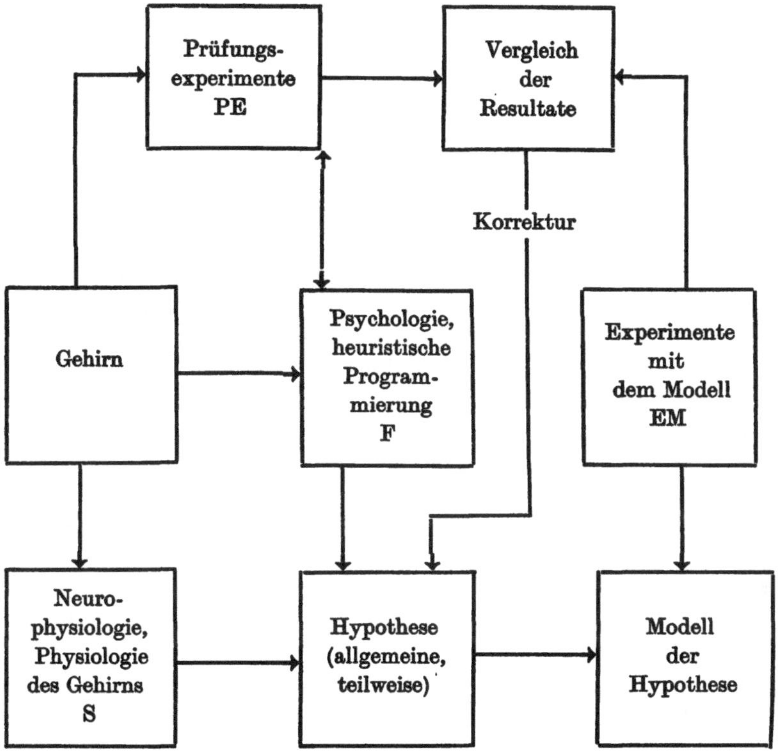

Schema des Prozesses heuristischer Modellierung

der untersuchten Mechanismen als zweckmäßig erweisen. Oft benutzt man auch Ergebnisse der Pathologie. Auf diese Weise unternimmt man in der zweiten Etappe den Versuch einer Vorgabe des Systems, welches nach Elementen ausgesucht wurde. In der Regel erweisen sich die vorhandenen Angaben zur Vorgabe eines Systems mit der nötigen Vollständigkeit als nicht ausreichend. Darum nimmt man eine Ergänzung durch heuristische Hypothesen vor.

Abhängig von ihrem Inhalt können letztere unterteilt werden in allgemeine Hypothesen, welche die Eigenschaften der Strukturelemente und die Gesetzmäßigkeiten ihrer Informationsverarbeitung beschreiben und in spezielle, welche die Besonderheiten der Mechanismen, die die Funktion F realisieren, berühren. Das Aufstellen der Hypothesen stellt eine der wichtigsten Etappen der heuristischen Modellierung dar. In Verbindung mit dem gegenwärtigen noch unvollständigen Wissen über das Gehirn erweist sich das Aufstellen sowohl allgemeiner als auch spezieller Hypothesen als notwendig. Eine unerläßliche Forderung an die vorgeschlagenen Hypothesen ist ihre Konstruktivität, d. h. die strenge Eindeutigkeit der Behauptungen und die Möglichkeit, quantitativ alle eingeführten Größen auszudrücken. Die Hypo-

these wird auf dem Wege des Aufbaus ihres Informationsmodells geprüft. In der Regel wird ein solches Modell als Programm für eine ERM ausgeführt und eine experimentelle Untersuchung seines Verhaltens vorgenommen (EM). Gleichzeitig läuft ein Prüfexperiment (PE), mit dem Ziel die Entwicklung der modellierten Funktion unter einigen fixierten Bedingungen zu beschreiben. Die Experimente mit dem Modell und die Prüfexperimente müssen so angelegt sein, daß ihre Ergebnisse vergleichbar sind. Dafür realisiert man auf der ERM ein Informationsmodell der Bedingungen des Prüfexperimentes und nimmt das Experiment mit dem Modell auf diese Weise unter Bedingungen vor, die bei Durchführung des Prüfexperiments fixiert wurden. Die Resultate beider Experimente werden verglichen. Nach den Vergleichsresultaten korrigiert man die Ausgangshypothese, trägt entsprechende Änderungen in ihr Modell ein, und der Zyklus wiederholt sich, bis man zufriedenstellende Resultate erhält.
Beim Aufbau von Informationsmodellen werden Funktions- und Strukturmodelle unterschieden. Das Funktionsmodell ist ein auf beliebige Weise gegebener Algorithmus, der das Verhalten des modellierten Systems beschreibt. Das Strukturmodell ist ein System, das die Bedingung der Entsprechung erfüllt: jedes Element des strukturellen Modells ist aufgestellt in Entsprechung zum einzigen Element der hypothetischen Struktur des modellierten Objekts. Auch das Strukturmodell enthält einen Algorithmus, der den Funktionsmechanismus der Modellelemente und ihrer Wechselwirkungen beschreibt.
In der Regel kann jeder Algorithmus durch eine gewisse Struktur ausgedrückt werden, was oft zu einer nicht klaren Unterscheidung zwischen funktionellem und strukturellem Modell führt. Als Hauptkennzeichen einer solchen Unterscheidung kann die Erfüllung der Bedingung der Entsprechung dienen. Für Strukturen funktioneller Modelle ist diese Bedingung nicht erfüllt. Es liegt auf der Hand, daß die heuristische Programmierung notwendigerweise mit der Betrachtung von Systemen, die nach der Funktion ausgesondert wurden, und dem Aufbau funktioneller Modelle, die heuristische Modellierung jedoch mit der Betrachtung von Systemen, die nach Elementen ausgesondert wurden, und dem Aufbau ihrer strukturellen Modelle verbunden ist. Entsprechend der vor dem Forscher stehenden Aufgaben muß diese oder jene Methode ausgewählt werden.
Präzisieren wir den Inhalt der Grundetappen des oben beschriebenen Prozesses der heuristischen Modellierung für den Fall der Untersuchung mehrschichtiger komplizierter Systeme. Die bekannten Arbeiten auf dem Gebiet der heuristischen Modellierung sind im allgemeinen der Modellierung bestimmter psychischer Funktionen des Menschen gewidmet. Hierbei ist die Aufgabenstellung mit der Aussonderung gewisser Systeme nach der Funktion verbunden. Es kann jedoch die in gewissem Sinne „umgekehrte Aufgabe" gestellt werden: die Programme für den Funktionsablauf zu bestimmen, welche nach Elementen ausgesondert wurden. Diese Aufgabe entsteht z. B. bei der Modellierung sozialer Systeme, deren Elemente einzelne Individuen sind, beschrieben durch eine Auswahl verallgemeinerter Charakteristiken. Sie entsteht dann, wenn es nötig ist, die möglichen Programme des Verhaltens des Kollektivs bei verschiedenen äußeren Einwirkungen zu unter-

suchen. Unabhängig vom Typ der gestellten Aufgabe werden folgende Etappen der Modellierung erfüllt:

1. Auswahl der Ausgangselemente E auf irgendeinem fixierten Niveau des betrachteten Systems. Je niedriger das Niveau, desto ausführlicher wird das Modell.
2. Definition der Eigenschaften der Elemente E. Dabei betrachtet man jedes der Elemente als ‚black box'. Die Eigenschaften von E können konkreten Wissenschaften entnommen sein, welche E in funktioneller Hinsicht studieren, oder es kann die Methode der heuristischen Programmierung angewendet werden.
3. Auswahl des Elementes des nächsten Niveaus E'. Sie wird auf der Grundlage der Analyse der strukturellen Besonderheiten des Systems vorgenommen. Die Auswahl erfolgt heuristisch und kann sich als unwahr erweisen.
4. Definition der Struktur von E', deren Elemente E sind. Die nötigen Angaben können den konkreten Wissenschaften entnommen sein, die E' in struktureller Hinsicht studieren. Auch für komplizierte Systeme ist eine Hypothese über die Struktur nötig. Erweisen sich die Grundlagen zum Aufstellen der Hypothese als ungenügend, kann das von einer nicht richtigen, zu „hohen" Auswahl von E' zeugen, z. B. dem Versuch, sich vollständig die neuronale Organisation der Hirnrinde vorzustellen. Wenn die Hypothese über die Struktur nicht nötig ist, d. h. die Struktur von E' genügend vollständig studiert, ist, so ist E' zu „niedrig" ausgewählt und kann folglich als Ausgangselement E betrachtet werden.
5. Aufbau des Informationsmodells des Elementes von E' als Struktur, deren Elemente Informationsmodelle von E sind. Es wird die Hypothese über die Struktur modelliert, die in Punkt 4 modelliert wurde.
6. Untersuchung der Eigenschaften von E' an dessen Modell. Es wird der heuristische Zyklus der Modellierung durchgeführt, d. h. Vergleich und Korrektur des Modells. Dabei sind offensichtlich die Eigenschaften von E' vollständig unbekannt. Im entgegengesetzten Fall muß es als Ausgangselement gewählt werden. Bei Gegenüberstellung von E' und seinem Informationsmodell werden Hypothese und Modell auf die Weise korrigiert, daß die bekannten Eigenschaften von E' mit gewissen Eigenschaften des Modells zusammenfallen. Die übrigen Eigenschaften können als wahrscheinlich angenommen werden.
7. Auswahl der Elemente des nächsten Niveaus E''.
8. Definition der Struktur von E'', dessen Elemente E' sind.
9. Aufbau des Informationsmodells von E''.
10. Untersuchung der Eigenschaften von E'' am Modell. Bei Korrektur der Hypothese und des Informationsmodells des Elementes von E'' werden auch die Fehler, die bei Erfüllung des Punktes 6 gemacht wurden, korrigiert.
11. Auswahl des Elementes des folgenden Niveaus E''' usw.

Bestimmen wir die Bedingung der Beendung des Prozesses:

1. wenn das modellierte System nach einer fixierten Funktion ausgesondert ist, gelangen wir auf irgendeiner Etappe zur Untersuchung eines Elementes $E^{(n)}$ — (n) heißt auf dem n-ten Niveau —, dessen Funktion mit der früher ausgesonderten zusammenfällt und der Prozeß ist beendet.

Damit ist die Struktur des modellierten Systems beschrieben.

2. wenn das modellierte System nach fixierten Elementen ausgesondert ist, kommen wir auf irgendeiner Etappe zur Untersuchung eines Elementes $E^{(n)}$, dessen Strukturelemente $E^{(n-1)}$ sind und zusammenfallen mit der früher ausgesonderten Auswahl von Elementen, und der Prozeß ist beendet. Damit sind Struktur und Funktion des modellierten Systems beschrieben.

Die Punkte (3, 4, 5, 6), (7, 8, 9, 10) bezeichnen wir als Tetraden. Die Anzahl der Tetraden bestimmt den „Rang" des Modells. Je weniger Tetraden, desto „stärker" ist das Modell, d. h. um so weniger heuristische Annahmen sind bei seiner Konstruktion verwendet worden. Offensichtlich besteht ein beliebiger Zyklus einer heuristischen Modellierung mindestens aus einer Tetrade.

Wie schon erwähnt, entwickelt sich die heuristische Modellierung heute zu einer der Methoden der Modellierung psychischer Funktionen des Menschen. Charakterisieren wir kurz die prinzipiellen Schwierigkeiten, die dabei auftreten.

Vor allem ist es notwendig, das Fehlen einer einigermaßen vollständigen Beschreibung des Objekts der Modellierung, des bewußt handelnden Menschen, als Informationssystem zu beachten. Deshalb bleibt die Rolle der einzelnen Formationen des ZNS bei der Oranisation psychischer Funktionen ungeklärt. Das führt dazu, daß die Bemühungen vieler Forscher auf das Studium und die Modellierung einzelner Mechanismen gerichtet sind, und es kann sich herausstellen, daß man den Grundfragen keine Beachtung schenkt, weil sie schlecht formuliert sind. Auf der Ebene der heuristischen Programmierung wird das analoge System durch eine Klassifizierung der Informationsaufgaben gelöst, die durch den Menschen bestimmt werden. Für die heuristische Modellierung ist, wie gezeigt wurde, eine solche phänomenologische Beschreibung nicht ausreichend. Es ist eine allgemeine Hypothese notwendig, die das Gehirn als strukturelles Gebilde beschreibt, dessen Funktionieren zu einem bewußten Verhalten führt. Einen wichtigen Beitrag in dieser Richtung leistete Amossow [4], der die Hypothese von der Zusammensetzung der hauptsächlichsten Informationsprogramme der psychischen Funktionen des Menschen aufstellte. Wir glauben, daß die Vorstellung von der vernunftsmäßigen Tätigkeit wie vom Prozeß der Wechselwirkung bestimmter Informationsprogramme Grundlage der Theorie der heuristischen Modellierung sein kann. Eine der wichtigsten derzeitigen Aufgaben ist die Fortsetzung der Arbeiten in der aufgezeigten Richtung.

Eine andere Gruppe von Schwierigkeiten ist mit den Einschränkungen verbunden, die bei der Realisierung heuristischer Modelle der psychischen Funktionen auf ERM entstehen. Die Begrenzung des Umfangs des operativen Speichers und der Rechengeschwindigkeit der vorhandenen Rechenanalysen führt häufig dazu, daß der Aufwand an Maschinenzeit derart zunimmt, daß eine experimentelle Untersuchung der Modelle praktisch nicht zu verwirklichen ist. In Verbindung damit ist es erforderlich, effektive Verfahren der Realisierung der Modelle zu erarbeiten. Es ist zu erwarten, daß die Lösung dieser Aufgabe durch die gleichzeitige Verwendung von Digital- und Analogrechnern bzw. Hybridrechnern ermöglicht wird.

Bestimmte Schwierigkeiten treten auch in Verbindung mit dem Fehlen von

Methoden auf, die für eine Analyse und eine Beschreibung von Strukturmodellen geeignet sind. Die gegenwärtig zur Beschreibung von Neuronennetzen entwickelte Sprache erweist sich auf Grund der großen Kompliziertheit der psychischen Modelle als unbrauchbar. Die Überwindung der aufgezeigten Schwierigkeiten ist mit dem Erarbeiten spezieller mathematischer Verfahren verbunden.

Einige heuristische Modelle des Gehirns. Im Rahmen der beschriebenen Methode der heuristischen Modellierung arbeitet man heute an der Modellierung einiger Prozesse der Informationsverarbeitung in der Gehirnrinde des Menschen und höherer Lebewesen. Die Grundlage der Arbeiten ist die Hypothese von der Struktur der Nervenmechanismen und von den Informationsprogrammen der Psyche, die von Amossow [4] formuliert wurde. Im Verlauf der Arbeiten wurden auf ERM eine Reihe heuristischer Modelle zweiten Ranges geschaffen und realisiert.

Eine der grundlegenden theoretischen Ausgangsbasen der durchgeführten Arbeit ist die Vorstellung über die Formierung des Informationsmodells des Objekts der äußeren Umwelt, der Erscheinungen, Begriffe und ähnlichem in der Gehirnrinde, deren Wechselbeziehung auch den Inhalt des Prozesses der Informationsverarbeitung durch den Menschen ausmacht. Es wird angenommen, daß der Änderung einzelner Informationsmodelle lokale Strukturveränderungen der Gehirnrinde entsprechen.

Vorausgehende Untersuchungen der Neuronennetze zeigten, daß sich beständige strukturelle Gebilde formieren, sog. Nervenensembles, wenn dem Netz mehrmals ein gewisses Muster vorgelegt wird.

Es wurden bedingt reflektorische und assoziative Verbindungen zwischen den Ensembles beobachtet. Das Vorhandensein einer Entsprechung zwischen den Nervenensembles und bestimmten Formen der äußeren Umwelt erlaubt, ein semantisches Netz zu betrachten, dessen Elemente Ensembles sind, und eine Analogie zwischen Neuronenensembles und den Informationsmodellen herzustellen, die sich vermutlich in der Gehirnrinde im Prozeß der Wechselwirkung des Menschen mit der Umwelt formieren.

Auf der Grundlage der Forschungen wurde die Schlußfolgerung über die Zweckmäßigkeit der Betrachtung psychischer Funktionen des Niveaus der Neuronenensembles als Arbeitsniveau bei der Modellierung gezogen. Semantische Netze, deren Elemente Ensembles sind, werden als M-Netze bezeichnet. Eines der wichtigsten Organisationsprinzipien der M-Netze ist das Prinzip der Hierarchie, das erlaubt, die M-Netze zur Wiedergabe recht komplizierter Aspekte der Gehirntätigkeit zu benutzen. Einen bedeutenden Einfluß auf die Prozesse der Verarbeitung von Informationen, die aus der äußeren Umwelt in M-Netze eingehen, zeigt ein hypothetisches System Verstärkung — Hemmung (SVH) [4], das den Mechanismus der Aufmerksamkeit imitiert.

Strukturmodelle psychischer Funktionen auf der Basis eines M-Netzes mit einem für sie bestimmten SVH werden als vollständige M-Automaten bezeichnet. Manchmal erweist sich die Realisierung des vollen Umfangs der modellierten Funktionen in M-Netzen als nicht ökonomisch oder schwierig in technischer Hinsicht. In diesen Fällen kann ein Teil der Funktionen als Algorithmen beschrieben werden, die an den Umfang der Informationen mit einem Grund-M-Netz angepaßt sind. Solche kombinierten Systeme werden unvollständige M-Automaten genannt. In Abhängigkeit von der Vollständigkeit der Wiedergabe der Mechanismen des Gehirns kann man auch nichtlernende, selbstoptimierende und selbstorganisierende M-Automaten unterscheiden.

Mit dem Aufbau von M-Automaten ist die Verwirklichung der zweiten Tetrade der heuristischen Modellierung verbunden. Auf dieser Etappe der Arbeiten wird ein unvollständiger M-Automat geschaffen, der die Verarbeitung der Informationen durch das Gehirn im Prozeß der Organisation des motorischen Verhaltens modelliert. Ein M-Automat besteht aus zwei hauptsächlichen Blöcken — dem Block des Aufbaus eines vorläufigen Plans des Verhaltens an einem gewissen bedingten Ort und dem Block, der die Informationsverarbeitung durch das Gehirn im Prozeß des motorischen Verhaltens wiedergibt.

Der erste Block stellt eine algorithmische Beschreibung des Aufbaus des vorläufigen Plans des motorischen Verhaltens in statischen Milieus bestimmter Klassen durch den Menschen dar. Der durch den M-Automaten formierte Plan ist auf das Erreichen eines bestimmten Ziels in der Umwelt gerichtet, das durch den Experimentator vorgegeben ist und verbunden mit der Auswahl der Hierarchie der Zwischenziele. Es wurde eine experimentelle Untersuchung des Aufbaus der Pläne des Verhaltens durch M-Automaten, die unterschiedliche Charaktertypen des Menschen imitieren, vorgenommen. Der Vergleich der Pläne, die vom Menschen in physiologischen Experimenten analogen Inhalts ausgewählt wurden, zeigte gute Übereinstimmung.

Der zweite Block des M-Automaten stellt ein M-Netz dar und ist das Strukturmodell der Informationsverarbeitung bei Realisierung des ausgearbeiteten Plans des Verhaltens. Die Aufeinanderfolge der durch das System von Verstärkung — Hemmung ausgesonderten Elemente des M-Netzes wird als „Verlauf des Überlegens" des M-Automaten interpretiert. Das Vorhandensein einer semantischen Interpretation der Elemente des M-Netzes erlaubt es, die Motivation der Auswahl dieser oder jener Handlungen durch den Automaten zu verfolgen und die Logik seines „Verlaufs der Überlegung" zu beurteilen. Die Veränderung der Ebenen der Aktivität der Elemente des M-Netzes, das nicht durch ein SVH ausgesondert ist, wird einer unterbewußten Informationsverarbeitung gegenübergestellt. Man untersucht den Einfluß der Parameter des SVH, die die Mechanismen der Aufmerksamkeit imitieren, auf den Prozeß der Informationsverarbeitung. Im Resultat der Veränderungen der Charakteristiken der M-Netze wurden M-Automaten erhalten, die die Informationsverarbeitung durch Menschen mit verschiedenen Typen des Charakters wiedergeben.

Eine genauere Beschreibung des Modells ist in der Arbeit von L. M. Kasatkina und A. M. Kasatkin [5] angeführt, einige Resultate ihrer experimentellen Untersuchung im Artikel von L. M. Kasatkina [6].

Gegenwärtig führt man Arbeiten mit weiterer Kompliziertheit des beschriebenen M-Automaten durch, verbunden mit der Einführung der Selbstoptimierung in das Modell, dem Einführen von Elementen der Selbstorganisation und der Vervoll-

kommnung der Planungsprozesse. Die Forschungen lassen annehmen, daß die Methode der heuristischen Modellierung sehr aussichtsreich für das Studium der höheren Funktionen des Nervensystems ist.
Wir glauben, daß die bei der Modellierung des Hirns beschriebene heuristische Methode auch mit Erfolg für die Modellierung komplizierter Systeme anderer Natur, z. B. ökonomischer und sozialer, angewendet werden könnte.

Literatur

1. Burbaki, N., Die Architektur der Mathematik. — „Mathematische Aufklärung", (Sammelband), 1960, Nr. 5.
2. Minskij, M., Auf dem Wege der Schaffung eines künstlichen Verstandes. — „Rechenmaschinen und Denken", (Sammelband). M., 1967.
3. Napalkow, A. W., Orfejew, J. W., Aktuelle Aufgaben der heuristischen Programmierung. — „Fragen der Philosophie", 1965, Nr. 6.
4. Amossow, N. M., Die Modellierung des Denkens und der Psyche. Kiew, 1965.
5. Kasatkin, A. M., Kasatkina, L. M., Ein heuristisches Modell gewisser Informationsverarbeitungsprozesse des Gehirns. — „Modellierung in Biologie und Medizin", (Sammelband). Kiew, 1966.
6. Kasatkina, L. M., Experimente mit einem vollständigen M-Automaten. Materialien des Seminars „Einige Probleme der Biokybernetik, Anwendung der Elektronik in Biologie und Medizin", Ausgabe 3, 1967.

R. S. Person

EINIGE ALLGEMEINE FRAGEN DER MATHEMATISCHEN ANALYSE BIOELEKTRISCHER PROZESSE

Eines der umfangreichen Gebiete der modernen Elektrophysiologie ist das Studium der bioelektrischen Potentiale, die von komplizierten, heterogenen Gebilden abgeleitet werden. Elektroenzephalogramm (EEG), Elektromyogramm (EMG), Elektrokardiogramm (EKG) und Neurogramm (NG) spiegeln die intimen physiologischen Prozesse der Organe und Systeme wider, die die Physiologen von jeher interessieren. Vieljährige Erfahrung zeigte jedoch, daß es ungewöhnlich kompliziert ist, aus dem Spannungs-Zeitdiagramm dieser Prozesse, eine physiologische Information zu erhalten. Das ist hauptsächlich mit der ungenügenden Klarheit ihrere Genese verbunden. So lösten sich im Verlauf der letzten Jahrzehnte und lösen sich weiterhin die verschiedensten Theorien der Herkunft des EEG ab, die die Entstehung der Potentialschwankungen mit der Arbeit der Nervenzellen, der Dendriten, mit den Eigenschaften des Gehirns als Raumleiter u. a. verbinden. Im Zusammenhang mit der Unklarheit der Herkunft des EEG ruft seine Auslegung viele Differenzen hervor. Dank der analytischen Untersuchungen ist jetzt die Genese des von der Haut abgeleiteten Interferenz-EMG besser verständlich, obwohl viele Besonderheiten dieses komplizierten Prozesses und der Charakter seiner Veränderungen bei unterschiedlichen Bedingungen der Muskelfunktion noch unklar erscheinen. Die gleichen Schwierigkeiten gibt es bei der Auslegung des EKG und NG.

Es ist nicht verwunderlich, daß man auf die Methoden der mathematischen Bearbeitung bioelektrischer Prozesse, deren Anwendung schon in den dreißiger Jahren begann, große Hoffnungen setzte. Besonders in letzter Zeit entwickelten sich die Arbeiten in dieser Richtung. Wenn man die laufende wissenschaftliche Literatur durchsieht, kann man sich überzeugen, wie viele verschiedene Methoden der mathematischen Bearbeitung in den modernen elektrophysiologischen Untersuchungen angewendet werden. Unter ihnen sind Integration und Differentiation, Periodometrie, verschiedene Varianten der Frequenz- und Korrelationsanalyse, die Bestimmung der Parameter, die die Asymmetrie einzelner Wellen und Gruppen von Wellen charakterisieren, und vieles andere. Die Anzahl der mathematischen Bearbeitungsmethoden nimmt weiter zu, zumal die moderne Rechentechnik alle Möglichkeiten dafür bietet.

Die mathematische Analyse bioelektrischer Prozesse kann man unter bestimmtem Aspekt als Modellierung oder als erster notwendiger Schritt zur Modellierung betrachten. Eine beliebige Methode einer mathematischen Analyse stellt die Aufgabe, eine mathematische Beschreibung des bioelektrischen Prozesses zu geben.

Manchmal ist eine vollständigere Beschreibung „ohne Informationsverlust“ möglich, manchmal umgekehrt, eine das übermäßig komplizierte Bild der bioelektrischen Aktivität, z. B. des EEG, auf dem Wege des Aussonderns irgendwelcher beständiger Parameter in dem unregelmäßigen Prozeß, welche aus diesen oder jenen Erwägungen wesentlich sind, vereinfachend. Die mathematischen Methoden erfüllten im bekannten Umfange die Hoffnungen, die die Elektrophysiologen auf sie setzten. Es gibt Erfolge auf dem Gebiet der Anwendung der Integration, der Korrelationsanalyse, der Untersuchung der Asymmetrie u. a. Wenn man jedoch berücksichtigt, wie weitverbreitet die Methoden der mathematischen Bearbeitung sind — in Verbindung mit der entsprechenden Apparatur benutzen sie zur Zeit fast alle führenden Laboratorien —, muß man die bisherigen Resultate bescheiden nennen. Da die Geschichte der Anwendung mathematischer Methoden in der Elektrophysiologie schon einige Jahrzehnte zählt, ist es zweckmäßig, zu versuchen, die Gründe dafür zu erkennen, um Wege zu finden, die es erlauben, die weitere Arbeit nicht nur zu extensivieren, sondern auch zu intensivieren.

Wozu braucht die Physiologie eine mathematische Bearbeitung bioelektrischer Prozesse, welches sind die Kriterien, die helfen könnten, aus der Vielzahl der vorgeschlagenen Methoden die effektivsten auszuwählen? Die Kenntnis der einschlägigen Literatur zeigt, daß bei aller Trivialität diese Frage nicht unnütz ist.

Der Umstand, daß in einer Vielzahl von Arbeiten, die den neuen Methoden der mathematischen Analyse gewidmet sind, der mathematische Aspekt klar vor dem physiologischen dominiert, lenkt die Aufmerksamkeit auf sich und alarmiert. Nicht selten laufen die Aufgaben der mathematischen Analyse im Wesen nur auf die Suche einer Methode mathematischer Beschreibung bioelektrischer Prozesse hinaus. Indessen ist es vollkommen klar, daß die Übersetzung dieses oder jenes physiologischen Prozesses in die Sprache der Mathematik nur ein erster Schritt der Analyse ist, auf den die Rückkehr zur Sprache und zu den Begriffen der Physiologie erfolgen muß. Diese zweite Etappe — das physiologische Verständnis der Parameter und Funktionen, die mit den Methoden der mathematischen Analyse erhalten wurden — bleibt gegenwärtig spürbar zurück. Es kommt häufig dazu, daß eine mathematische Beschreibung bioelektrischer Prozesse von der Untersuchungsmethode zum Untersuchungsziel wird. Bei der Ausarbeitung neuer mathematischer Methoden der Analyse überholt der Ingenieur manchmal den Physiologen: noch bevor der Erkenntniswert der Methode für die Physiologie geklärt ist, werden komplizierte technische Mittel ihrer Verwirklichung konstruiert. Physiologe und Arzt jedoch sind oft nicht in der Lage, den Informationsfluß vollständig auszunutzen, den sie von den Rechenmaschinen erhielten, — die digitalen Werte sind für sie noch rätselhafter als die Ausgangskurve. Die Mathematiker bemerken richtig, daß eine der Nöte der modernen Physiologie darin besteht, daß sie überfüllt mit Erscheinungen und arm an begründeten Erklärungen dieser Erscheinungen ist. Gerade die mathematische Modellierung ist berufen, die Mittel der Erkenntnis der physiologischen Verbindungen und Wechselbeziehungen zu bereichnern. Indessen vollzieht sich die mathematische Bearbeitung bioelektrischer Prozesse auf phänomenologischem Niveau. In vielen gegenwärtigen Übersichtsartikeln und Anleitungen zur Anwendung der mathematischen Analyse in der Elektrophysiologie beschreiben die Autoren — oft Physiologen — gelassen dutzende von Methoden der Bearbeitung bioelektrischer Prozesse, wobei sie fast gar nicht die Frage des Erkenntniswertes berühren. Auf den physiologischen Symposien und Konferenzen, die der Modellierung und der mathematischen Analyse gewidmet sind, führt man manchmal Debatten über die mathematische Besonderheit dieses oder jenes Parameters bioelektrischer Prozesse ohne irgendeinen Versuch der Analyse seiner physiologischen Bedeutung. Es stellt sich heraus, daß einer der wesentlichen Gründe für diese Situation jene psychologischen Schwierigkeiten sind, welche in Verbindung mit dem immer tieferen Eindringen der Mathematik in die Physiologie entstanden. Indem er in Kontakt mit dem Mathematiker kommt, leidet der Physiologe nicht selten unter einem „Minderwertigkeitskomplex" und bemüht sich, um diese Minderwertigkeit zu überwinden, ein größerer Mathematiker zu sein, als der Mathematiker selbst. Das führt dazu, daß sich in der Symbiose zwischen Physiologie und Mathematik gerade die Physiologie als schwaches Glied erweist.

Eine Vielzahl neu eingeführter mathematischer Parameter, die in modernen elektrophysiologischen Arbeiten zu finden sind, haben nicht selten nur eine physiologische Begründung — sie nehmen gesetzmäßig verschiedene Zahlenwerte bei unterschiedlichen physiologischen Bedingungen oder bei unterschiedlichen Erkrankungen an. Diese Angaben können sehr nützlich sein, wenn sie Ausgangspunkt für die Aufdeckung der physiologischen Bedeutung des gegebenen Parameters sind. Es ist jedoch bei weitem nicht immer so. Wie schon gesagt, nicht selten wird diese Frage gar nicht gestellt.

Es ist außerordentlich wichtig, darauf hinzuweisen, daß nicht alle mathematischen Parameter bioelektrischer Prozesse direkte physiologische Korrelate besitzen und sich einer direkten physiologischen Auslegung unterwerfen. Sie können nur eine mathematische, aber keine physiologische Bedeutung besitzen. Als Beispiel kann die Spektral-(Frequenz-)Analyse des Interferenz-EMG angeführt werden. Die FOURIER-Analyse der Funktion besteht im Auffinden der Gesamtheit der sinusförmigen Schwingungen verschiedener Periode und Amplitude, deren Summe die gegebene Funktion ergibt. Es kann gesagt werden, daß diese Methode Parameter sinusförmiger Schwingungen ergibt, aus welchen die gegebene Funktion zusammengesetzt sein könnte, wenn sie aus sinusförmigen Schwingungen zusammengesetzt wäre. Das EMG ist nach seiner Form bei weitem nicht sinusförmig. Die Autokorrelationsanalyse zeigte, daß es keine periodischen Prozesse beinhaltet. Das EMG ist kein Resultat einer physikalischen Summierung der Schwingungen des Potentials, da die Potentiale der Handlung motorischer Einheiten, aus welchen es sich reell zusammensetzt, eine vollkommen andere Form besitzen und im mathematischen Sinne dieses Wortes nicht periodisch sind; die Intervalle einzelner Impulse ändern sich ständig. Darum ist die Zerlegung des EMG in sinusförmige Bestandteile ein künstliches mathematisches Verfahren, welches keinen direkten physikalischen und physiologischen Sinn hat.

Im allgemeinen ist die Vorstellung falsch, daß jeder FOURIER-Komponente ein reeller, zusammengesetzter physikalischer Schwingungsprozeß entspricht. Als anschauliches Beispiel — banal für Mathematiker und Physiker, aber nicht ohne Interesse für den Physiologen — kann die Amplitudenmodulation angeführt werden. Wenn die sinusförmige Trägerschwingung der Fequenz φ mit anderen sinusförmigen Schwingungen der Frequenz ω moduliert wird, so ergibt das eine gewisse modulierte Schwingung. Ihre FOURIER-Analyse ergibt drei Frequenzen: φ, $\varphi - \omega$, $\varphi + \omega$. Die letzten zwei Bestandteile fehlten in den physikalischen Ausgangsprozessen. Das ist natürlich nicht mehr als ein Beispiel, welches keine direkte Analogie mit den Prozessen der Bildung bioelektrischer Kurven beansprucht.

Das Frequenzspektrum des Prozesses hängt nicht nur von der Folgefrequenz der Schwingungen in ihm ab, sondern auch von der Breite und dem Anstieg. In sinusförmigen Schwingungen sind diese Charakteristiken fest verknüpft. In physiologischen Kurven jedoch können Breite und Form der Impulse nicht von der Folgefrequenz abhängen, wie es z. B. bei einer Serie einzelner Spikes der Fall ist. An den Modellen des EMG wurde anschaulich gezeigt, wie kompliziert die Verbindung des Frequenzspektrums mit solchen Charakteristiken des Prozesses ist, wie Form, Breite, Amplitude und Folgefrequenz der Impulse [1]. Das Frequenzspektrum ist eine komplizierte Erscheinung und nicht selten sehr schwierig für eine physiologische Auslegung. Obwohl diese Schwierigkeiten der Anwendung der Spektralanalyse in bioelektrischen Prozessen nicht nur einmal von kompetenten Elektrophysiologen besprochen wurden (2, 3, 4), beachten sie noch lange nicht immer die bei der Auslegung erhaltenen Fakten. Natürlich wird in den qualifizierten, modernen Untersuchungen die Frequenzmethode korrekt angewendet. Es wurde die mehr physiologische Methode der Breitbandanalyse des EEG [5] entwickelt. Wenn man jedoch über die begrenzte Bedeutung spricht, dann beiläufig. In einigen experimentellen physiologischen Untersuchungen erwirbt das Frequenzspektrum bei der Besprechung der Fakten, die mit der Methode der Spektralanalyse erhalten wurden, den Anschein einer physikalischen und physiologischen Realität.

Die FOURIER-Methode ist ein universelles mathematisches Instrument, mit dessen Hilfe ein beliebiger Prozeß durch die Summe sinusförmiger Schwingungen modelliert werden kann, was jedoch nicht bedeutet, daß dieser Prozeß reell aus den gegebenen physikalischen Gliedern zusammengesetzt ist. Die Benutzung dieses Modells in der Elektrophysiologie ist ein Beispiel für ein rein mathematisches Vorgehen, bei dem nicht physiologische Überlegungen die Grundlage für das Aufstellen eines Modells sind, sondern wo umgekehrt aus der Tatsache, daß das Modell ein gewisses Experiment oder eine Serie von Experimenten gut beschreibt, eine Schlußfolgerung über seine physiologische Bedeutung gezogen wird. Die Methode des Zerlegens bioelektrischer Prozesse in sinusförmige Glieder demonstriert klar die empfindlichste Stelle der Methode der Modellierung im allgemeinen. Die Achillesferse der Modellierung ist es, daß jedes Modell nicht auf die Frage „wie ist es?", sondern auf die Frage „wie kann es sein?" antwortet. BERNSTEIN schrieb, daß eine gelungene Wiedergabe dieses oder jenes physiologischen Prozesses im

Modell nur eine geringfügige Erkenntnisbedeutung besitzt, weil ein und derselbe Prozeß in der Regel durch verschiedene Modelle beschrieben werden kann [6]. Wie die Erfahrung über die Modellierung in der Physiologie zeigt, muß sich das Modell, damit es möglichst vollständig die wahre Natur der Erscheinung widerspiegelt, auf der Basis eines breiten Kreises physiologischer Informationen über die gegebene Erscheinung aufbauen. Die Materialien der physiologischen Untersuchungen sind das Grundkriterium der Auswahl wesentlicher Anzeichen, welche die Grundlage des Modells bilden müssen.

Es ist sehr wichtig, zu unterstreichen, daß, wenn irgendein mathematischer Parameter des bioelektrischen Prozesses auch keine direkten physiologischen Korrelate besitzt, er sich doch gesetzmäßig bei bestimmten physiologischen Veränderungen auf Grund seiner indirekten Verbindungen mit diesen oder jenen physiologischen Parametern verändern kann. So verschiebt sich dasselbe Frequenzspektrum des Interferenz-EMG bei den physiologischen und pathologischen Zuständen, die von einer Synchronisation der Entladungen der motorischen Einheiten begleitet werden, gesetzmäßig in die Richtung niedriger Frequenzen. Das ist durch die Abhängigkeit des Spektrums von der mittleren Schwingungsdauer bedingt, die in diesen Fällen zunimmt. Auch ein indirektes Merkmal kann in physiologischen Untersuchungen benutzt werden, es ist jedoch in der Regel zweckmäßiger, mit direkten, physiologisch verständlichen, quantitativen Kriterien dieser oder jener physiologischer Veränderungen zu arbeiten. Im einzelnen ist die mittlere Folgefrequenz der Schwingungen des EMG ein wesentlich adäquateres und bequemeres Merkmal der Synchronisation als das Frequenzspektrum.

Wenn diese oder jene Methode der mathematischen Bearbeitung bioelektrischer Prozesse mathematische Parameter aussondert, deren Wesen sich noch nicht oder überhaupt nicht physiologisch deuten läßt, so ist die Möglichkeit der Benutzung dieser Methode verhältnismäßig gering. Ihre Anwendung bleibt auf dem Niveau der Phänomenologie stehen. Die mathematische Beschreibung von Prozessen kann in diesem Falle nur die Tatsache eines Unterschiedes aufzeigen oder die Veränderung des Prozesses zu dem Zeitpunkt der Untersuchung, zu dem die Bedeutung dieses Unterschiedes oder dieser Veränderung unklar bleibt. Der Wert einer solchen Methode der mathematischen Analyse kann nur darin bestehen, daß sie die Variationen des biologischen Prozesses feiner, glaubwürdiger und objektiver zeigt und außerdem automatisiert sein kann. Eine effektive praktische Nutzung phänomenologischer Methoden in der Klinik ist nicht ausgeschlossen, da auch die Anzeichen einen diagnostischen Wert haben können, deren Bedeutung unbekannt ist.

Einen unvergleichbar höheren Grad der Nutzung der Methoden der mathematischen Analyse der bioelektrischen Prozesse zeigt die Erfassung von Parametern und Funktionen, die sich direkt einer physiologischen Auslegung unterwerfen lassen. Die Erarbeitung solcher Methoden vollzieht sich hauptsächlich auf zwei Wegen.

Der erste basiert auf der Benutzung von Daten über die physiologische Bedeutung der Struktur des Elektrogramms, die von den Physiologen durch visuelle

Methoden der Analyse gesammelt wurden. Die Maßnahmen visueller und einfachster graphischer Analysen des EEG, EKG, EMG und anderer Elektrogramme wurden von vielen Generationen von Elektrophysiologen erarbeitet. Es existieren entweder gesichertes Wissen oder mehr oder weniger glaubwürdige Hypothesen über die Bedeutung der verschiedenen Strukturelemente dieser bioelektrischen Kurven. Für die automatische Aussonderung und zur genauen mengenmäßigen Bewertung dieser schon studierten Parameter wird die maschinelle mathematische Analyse angewendet. Als Beispiel kann die Frequenzanalyse zur Aussonderung des Rhythmus — mit Benutzung eines Breitbandanalysators — angeführt werden.

Der zweite, wie uns scheint, der interessantere Weg der Nutzung mathematischer Methoden für die physiologische Analyse ist der, durch den man vollständig neue, physiologisch bedeutende Charakteristiken bioelektrischer Prozesse, die für eine visuelle Analyse nicht oder schwer erreichbar sind, erhält. In diesem Fall sind oft umfangreiche Forschungen notwendig, um den physiologischen Sinn der neuen Methode der Analyse zu zeigen und zu begründen.

Als Beispiel einer solchen Methode kann die Integration des EMG dienen. Mit einem speziellen physiologischen Experiment wurde gezeigt, daß die Fläche unter dem EMG in einem weiten Bereich der zur Kontraktion führenden Kraft direkt proportional der vom Muskel entwickelten Kraft ist [7]. Diese Abhängigkeit ist dadurch bedingt, daß bei Vergrößerung der Kontraktionskraft die Anzahl der arbeitenden motorischen Einheiten und die Frequenz ihrer Entladungen, sowie auch der Synchronisationsgrad verschiedener motorischer Einheiten zunimmt. Auf der Grundlage von Untersuchungen, die die Abhängigkeit zwischen Verkürzungskraft und Fläche des EMG feststellen, wurde die Integration des EMG zu einer allgemein angewandten Methode der quantitativen Bewertung der funktionalen Aktivität des Muskels.

Eine andere ähnliche Methode ist die Kreuzkorrelationsanalyse des EMG zweier Muskeln. Wie spezielle Untersuchungen zeigten, charakterisiert die Korrelationsfunktion in diesem Fall statistisch das Verhältnis der motorischen Neuronen, die diese zwei Muskel innervieren, in der Zeit der Entladungen, was vollständig neue Möglichkeiten der Untersuchung der zentralen Prozesse im motorischen Apparat des intakten Tieres und Menschen eröffnet [8, 9]. Von großem Interesse ist die automatisch verwirklichte Analyse der Spikesintervalle, die die Möglichkeit gibt, auf der Grundlage einer statistischen Untersuchung vieler stereotyper Situationen oder Reaktionen quantitativ solche komplizierten und außergewöhnlich wichtigen physiologischen Merkmale der Arbeit der Nervenzelle auszudrücken, wie die Wahrscheinlichkeitsverteilung der Entladungen in der Zeit, die Abhängigkeit des folgenden Intervalls vom vorhergehenden und anderes mehr. Gerade die ähnliche, zielgerichtete Nutzung mathematischer Methoden ist am interessantesten und fruchtbarsten. Die Mathematik kann hier vollkommen neue Wege der Analyse eröffnen und als Instrument für das Auffinden neuer Erscheinungen dienen, die für andere Untersuchungsmethoden nicht zugänglich sind.

Eine intensive Suche mathematischer Methoden ist notwendig; für eine weitere

Entwicklung der gesamten mathematischen Richtung in der Elektrophysiologie jedoch muß die Aufmerksamkeit verstärkt auf den physiologischen Aspekt der Fragestellung gerichtet werden, welcher heutzutage merklich auf den zweiten Platz zurückgetreten ist. Wenn auch verschiedene Autoren die allgemeinen Forderungen an die Methoden der mathematischen Analyse bioelektrischer Prozesse unterschiedlich formulieren, so konzentriert doch die Mehrheit die Aufmerksamkeit auf die mathematischen Eigenschaften der ausgesonderten Parameter [10, 11]. Es zeigt sich, daß bei der Bewertung der Nützlichkeit neuer Methoden einer mathematischen Analyse die Betonung auf ein anderes Kriterium gesetzt werden muß — auf ihre Fähigkeiten, Parameter und Funktionen anzugeben, die sich einer physiologischen Auswertung unterwerfen. Es müssen mathematische Modelle gesucht werden, die nicht nur phänomenologisch sind, sondern einen realen physiologischen Inhalt haben. Die physiologische Begründung neuer Methoden der mathematischen Analyse fordert pezielle Forschungsarbeit und wenigstens die gleiche konzentrierte Aufmerksamkeit, die man jetzt auf dem Gebiete der Elektrophysiologie für die mathematische Forschung aufbringt. Nur bei Erfüllung dieser Bedingung verwandeln sich die mathematischen Methoden der Analyse bioelektrischer Prozesse für den Physiologen aus einer „Sache an sich“ in eine „Sache für uns“.

Literatur

1. CENKOVICH, F. S., GERSTEN, G. W., FOURIER analysis of the normal human electromyogram. — „Amer. J. Phys. Med.“, 1963, 42, N 5, p. 192—204.
2. KOGAN, A. B., Elektrophysiologische Untersuchungen zentraler Mechanismen einiger komplizierter Reflexe. M. 1949.
3. O'LEARY, J. L., Bishop G. H. Book Review „ESSG. A Symposium on its various aspects“. „EEG and Clin. Neurophysiol.“, 1951, 3, 1, p. 116—118.
4. WALTER, W., Gray. Frequency analysis. Computer techniques in EEG analysis. Suppl. 1961, N 20, „EEG and Clin. Neurophysiol.“, p. 14—21.
5. KOSCHEWNIKOW, W. A., Eine Methode automatischer Analyse von Bioströmen (Ein elektronischer Analysator der Bioströme des Gehirns). — „Physiologische Zeitschrift der UdSSR“, 1954, Nr. 4, S. 487—492.
6. BERNSTEIN, N. A., Modelle als Mittel des Studiums nerval-motorischer Prozesse. — „Vorträge d. Akad. d. Päd. W. der RSFSR“, 1958, Nr. 2, S. 89.
7. LIPPOLD, O. C. J., The relation between integrated action potentials in human muscle and its isometric tension. — „J. Physiol.“, 1952, p. 117, p. 492—499.
8. PERSON, R. S., MISCHIN, L. N., Autokorrelations- u. Kreuzkorrelationsanalyse der elektrischen Aktivität der Muskeln. — „Physiologische Zeitschrift der UdSSR“, 1963, 49, Nr. 9, S, 1050—1058.
9. PERSON, R. S., Untersuchung der Zeitverhältnisse der Entladungen von motorischen Neuronen der Muskelantagonisten beim Menschen (Mit der Methode der Kreuzkorrelationsanalyse von Elektromyogrammen). — „Physiologische Zeitschrift“, 1965, 51, Nr. 1, S. 71—75.
10. KOSCHEWNIKOW, W. A., Meßmethoden und Analyse bioelektrischer Potentiale. — In: „Gegenwärtige Probleme elektrophysiologischer Untersuchungen des Nervensystems“. M., S. 508—518.
11. USOW, W. W., Einige Besonderheiten statistischer Charakteristiken des EEG. — „10. Kongreß der Allunionsgesellschaft für Physiologie namens I. P. PAWLOW“, (Sammelband), Bd. I, 1964, S. 19—20.

N. D. NJUBERG

ÜBER DIE ERKENNTNISMÖGLICHKEITEN DER MODELLIERUNG[1])

Ziel der vorliegenden Arbeit ist nicht die Beschreibung irgendwelcher neuer Ergebnisse, sondern nur die Betrachtung bekannter Fragen und in erster Linie solcher, worauf die Antworten sich gewöhnlich „von selbst verstehen", jedoch nicht in klarer Form formuliert werden.

Der wissenschaftliche Erkenntnisprozeß geht häufig nach folgendem Schema vor sich: Das Verhalten des untersuchten Objektes wird beobachtet; eine Hypothese über den Grund, d. h. über die Gesamtheit bestimmter — wesentlicher — Eigenschaften des Objektes und bestimmter äußerer Umstände, deren Reproduzierung gerade ein solches Verhalten des Objektes gewährleistet, wird aufgestellt. Für die Überprüfung der Hypothese schafft man ein Modell des Objektes, d. h. *ein System, das sich von dem modellierten Objekt bezüglich gewisser Eigenschaften, die als „wesentliche" Eigenschaften betrachtet werden, nicht unterscheidet und nach anderen „unwesentlichen" Eigenschaften unterschiedlich von ihm ist.* Dann bringt man das Modell in die entsprechende Umgebung und wenn sein Verhalten mit dem Verhalten des Objektes übereinstimmt, so betrachtet man das als Beweis für die Richtigkeit der Hypothese oder zumindest als Argument zugunsten derselben. Ein wesentlicher Unterschied im Verhalten des Modells und des Objekts hingegen beweist die Unrichtigkeit der Hypothese.

Das durch Kursivschrift Hervorgehobene werden wir als Definition des Begriffs „Modell" betrachten. Im weiteren wird diese Definition präzisiert werden. Im Moment ist für uns wesentlich zu unterstreichen, daß ihr zweiter Teil nicht weniger wichtig ist als der erste: die unwesentlichen Eigenschaften von Modell und Objekt müssen verschieden sein. Der Erklärung der Notwendigkeit dieser Forderung wird ein großer Teil der Arbeit gewidmet sein.

Die Modellierung setzt irgendeine Beschreibung des modellierten Objektes voraus. Deshalb soll einiges über die Beschreibung von Beobachtungen gesagt werden. Man muß feststellen, daß alle wissenschaftlichen Überlegungen streng genommen nicht unmittelbar mit Fakten operieren, sondern nur mit Aussagen, die die Fakten wiedergeben und Beschreibungen von Beobachtungen darstellen, die bereits durchgeführt oder vorausgesagt worden sind. Was bedeutet die Behauptung: „Die Be-

[1]) Der Artikel wurde von SMIRNOW — wissenschaftlicher Oberassistent des Laboratoriums, das NJUBERG leitete, des Institutes für Probleme der Informationsübertragung der Akademie der Wissenschaften der UdSSR — beendet.

schreibung entspricht der Tatsache“? Muß sie erschöpfend sein? Keineswegs. Alle Eigenschaften des Objektes überhaupt kann man weder beobachten noch beschreiben. Jede Beschreibung oder Aussage ist unvollständig: sie erwähnt nur einige Umstände und läßt andere aus. Welche Umstände müssen nun erwähnt werden und welche können oder müssen entfallen? Im allgemeinsten Fall kann man von keinem Merkmal sagen, daß es immer ein wesentliches oder immer ein unwesentliches ist. Diese Frage kann nur nach der vorläufigen Angabe eines bestimmten Zieles der Beschreibung gelöst werden.

Ziel der Beschreibung ist es, den Ausgang irgendwelcher anderer, gewöhnlich noch nicht durchgeführter Experimente mit maximaler Wahrscheinlichkeit vorauszusagen. Die Vorhersage ist gleichfalls eine Beschreibung und unvermeidbar unvollständig. Wesentlich sind jene Merkmale, die die Beschreibung des Ausganges verändern; unwesentlich sind jene, die ihn nicht ändern. Das Ziel der Vorhersage kann stark variieren. Deshalb kann ein und dasselbe Merkmal des gleichen Objektes in der einen Aufgabengruppe wesentlich und in der anderen unwesentlich sein.

Die Unvollständigkeit der Aussage betrachtet man gewöhnlich als einen, wenn auch unvermeidlichen, so doch vorhandenen Defekt der Beschreibung. Man nimmt an, daß eine Beschreibung um so besser ist, je vollständiger sie ist. Aber das ist grundfalsch. Das Fehlen unwesentlicher Elemente in der Beschreibung ist nicht weniger wichtig als die Anwesenheit aller wesentlichen Elemente. Für die Aussage ist nicht nur ihr Informationsgehalt, sondern auch eine Verallgemeinerung wichtig, die im Weglassen dessen besteht, was unwesentlich für das gegebene Ziel oder für die gegebene Aufgabengruppe ist. Je weniger Merkmale sich als wesentlich erweisen und in der Beschreibung erwähnt werden, um so weiter ist der Aufgabenkreis, um so häufiger kann die Aussage benutzt werden. Eine erschöpfend vollständige Beschreibung erwiese sich, sogar wenn sie in einem begrenzten Sinne möglich wäre, als absolut nutzlos, da sich nichts zweimal genau wiederholt.

Die Aufnahme einer möglichst großen Anzahl von Merkmalen in die Beschreibung ist verbunden mit dem Bestreben, die Hinlänglichkeit des Systems der Merkmale zu gewährleisten, ohne danach zu fragen, ob sie alle notwendig sind. Damit wird — und sei es mit unnötigen Einschränkungen — der Wunsch befriedigt, einen bestimmten Ausgang des Experimentes vorauszusagen oder zu gewährleisten. Für das Auffinden der Ursachen von Erscheinungen ist jedoch die Prüfung der Notwendigkeit der eingeführten Parameter besonders wichtig. Namentlich dadurch wird die Art der Kenntnisse charakterisiert, die als Wissenschaft bezeichnet wird.

Die Schamanen und Kurpfuscher wenden z. B. häufig nützliche Kräuter an, die bestimmte Krankheiten heilen, begleiten jedoch die Heilung mit Beschwörungen, Gebeten und anderen Zauberhandlungen. Das Ziel wird dabei nicht selten erreicht, da das Einnehmen der Kräuter die Hinlänglichkeit des gesamten Heilungssystems im ganzen gewährleistet. Bei der Interpretation der Ursachen macht man indes einen Fehler. Wir sagen, die Kurpfuscher sehen im Erfolg der Heilung den Beweis für die Richtigkeit der Theorie und die Wichtigkeit der magischen Vorstellungen. Die Heilung mit den gleichen Kräutern wird erst wissenschaftlich nach dem Ausschluß alles Unwesentlichen aus den „Theorien“ der Kurpfuscher.

Nur auf dem Wege der Herausarbeitung der notwendigen Parameter werden die Ursachen der Heilung geklärt, wird die Richtigkeit der Theorie geprüft.

Die Geschichte der Entwicklung des Wissens zeigt, daß das Fortlassen sogar einiger wesentlicher Merkmale der Entwicklung der Wissenschaft wenig schadet, während der Einschluß unwesentlicher Merkmale häufig unzulässig ist. Die Quantenmechanik ergänzte die NEWTONsche Mechanik durch neue wesentliche Parameter, lehnte sie jedoch als Wissenschaft nicht ab. Die Medizin hingegen lehnte entschieden die Kurpfuscherei ab, nachdem sie die Beschwörungen als unwesentliche Bedingung ausgeschlossen hatte, obwohl sie gleichzeitig Kräuter benutzt, die auch von den Kurpfuschern zur Anwendung gebracht wurden.

Die Forderung nach dem Informationsgehalt, d. h. nach einer möglichst großen Menge von Mitteilungen über das Objekt und die Allgemeinheit der Aussage ist antagonistisch. Das ist im Grunde die alte These der formalen Logik bezüglich des Umfangs und des Inhalts eines Begriffes. Je größer der Umfang des Begriffs, die Allgemeinheit der Aussage ist, umso geringer ist sein Inhalt, d. h. die Menge der Informationen, durch die er bestimmt wird. Deshalb wird bei der Beschreibung, wie auch bei der Modellierung gefordert, daß alles Wesentliche für das gestellte Ziel eingeschlossen oder bewußt in das Modell eingeführt und alles das ausgeschlossen wird, was für dieses Ziel unwesentlich ist.

Die Analogie zwischen einer beliebigen Beschreibung, die diese Forderung erfüllt, und einem Modell wie es oben definiert wurde, ist leicht zu bemerken. Genauer gesagt sind die Beschreibung des Modells und die Beschreibung des Objektes selbst in all den Fällen identisch, in denen das Modell erfolgreich die Aufgaben löst, für die es geschaffen wurde, d. h. die gegebenen Aspekte des Objektverhaltens gut reproduziert und es das Ziel beider Beschreibungen ist, gerade diese Aspekte wiederzugeben.

Im Hinblick auf diese enge Verbindung werden wir im weiteren häufig über Modelle und Beschreibungen gleichzeitig sprechen.

Wie oben festgestellt wurde, operiert ein Wissenschaftler, der sich bemüht, den beobachteten Fakten einen Sinn zu geben, nicht mit den Fakten selbst, sondern nur mit Aussagen darüber. Deshalb ist die Frage danach, was es heißt, daß die „Beschreibung der Beobachtung entspricht“ und wie dies überprüft werden kann, von großer Wichtigkeit. Das ist im wesentlichen die Frage danach, welche Aussage als wahr und welche als falsch betrachtet werden muß.

Wenn die Beschreibung des Objektes erfolgt oder sein Modell geschaffen worden ist, so sind irgendwelche Parameter, Eigenschaften des Objektes in der Beschreibung festgelegt oder bewußt im Modell reproduziert worden, während die übrigen nicht erwähnt oder nicht eingeführt worden sind. Dieses „Übrige“ ist immer sehr viel. Das Problem der Übereinstimmung der Beschreibung oder des Modells mit dem Objekt ist die Frage danach, ob es nicht irgend etwas Wesentliches inmitten dessen gibt, was nicht in die Beschreibung eingeschlossen ist und ob nicht in die Beschreibung irgend etwas Unwesentliches eingeführt wurde[1]).

---

[1]) Es wird angenommen, daß in der Beschreibung nichts wesentlich Falsches existiert.

Diese Frage ist unlösbar, solange nicht das Ziel formuliert worden ist. Dann fragt man sich jedoch befremdet, ob folglich die Wahrhaftigkeit der Aussage davon abhängt, welches Ziel man sich gestellt hat. Ja, das ist tatsächlich so. Darin besteht eben die Relativität der von uns geäußerten Wahrheiten. Das beeinträchtigt jedoch nicht im mindesten ihre Objektivität, wenn die Beschreibung alles Wesentliche und nichts Unwesentliches für ein bestimmtes, klar formuliertes Ziel enthält. Die Kontrolle der Übereinstimmung der Beschreibung mit der Beobachtung besteht in der Überprüfung der Objektivität der Beschreibung und nicht in ihrer erschöpfenden Vollständigkeit. Wie überprüft man nun das Übereinstimmen der Beschreibung mit den Beobachtungen in der Naturwissenschaft?

Für eine solche Überprüfung können Modelle dienen: Wortmodelle, mathematische und materielle Modelle. Die Überprüfung des Übereinstimmens der Beschreibung mit der Beobachtung ist eine der wichtigsten Funktionen eines Modells. Sie besteht in der Prüfung des Übereinstimmens des Modellverhaltens mit dem Verhalten des Objektes unter bestimmten Bedingungen oder für eine bestimmte Gruppe von Aufgaben. Dabei wird das Ziel, das als Beschreibung des Ausgangs in einer bestimmten Aufgabengruppe gegeben ist, in Form einer Aufzählung der Parameter, die für das gegebene Ziel wesentlich und unwesentlich sind, entschlüsselt.

Eines der einfachsten Verfahren zum Überprüfen der Vollständigkeit der Beschreibung ist die „Reproduzierbarkeit des Experimentes". „Das gleiche" Experiment wird viele Male wiederholt und dabei wird gefordert, daß der Ausgang reproduzierbar sei. Ein in allen Beziehungen überhaupt vollkommen gleiches Experiment kann niemals wiederholt werden. Wir nehmen jedoch an, daß das Experiment das gleiche ist, wenn die Parameter kontrolliert und innerhalb der Toleranzen gehalten werden, die in der zu überprüfenden Aussage als wesentliche für das Ergebnis festgelegt worden sind. Wenn bei vielfacher Wiederholung das Ergebnis innerhalb der Grenzen der festgelegten Genauigkeit reproduzierbar ist, so ist die Beschreibung des Experimentes hinreichend vollständig und alle Parameter, die für das gegebene Ziel wesentlich sind, sind umfassend und die Aussage ist wahr.

In welchem Maße ist ein solcher Schluß begründet und worauf basiert er? Die Forderung nach der Reproduzierbarkeit beruht, wie es uns scheint, auf der Vorstellung, daß alle Parameter, die in die Beschreibung nicht eingeschlossen sind und nicht kontrolliert werden, bei wiederholten Versuchen innerhalb weiter Grenzen stochastisch variieren werden. Deshalb wird irgend ein Parameter, der für das Ergebnis wesentlich ist, wenn er nicht berücksichtigt wird, das Ergebnis beeinflussen und die Reproduzierbarkeit verderben, indem er verschiedene Werte annimmt. In dem Maße, in dem es Gewißheit darüber gibt, daß bei der Wiederholung der Versuche die Parameter, die nicht vorgesehen sind, sich jedoch als wesentlich erweisen können, bei der Wiederholung der Versuche nicht unverändert bleiben, kann die Reproduzierbarkeit als Beweis dafür dienen, daß alles Wesentliche berücksichtigt wurde. Auf die gleiche Weise muß auch überprüft werden, „ob die Beschreibung nicht überflüssig ist". Dazu ist die Variation eines jeden der als wesentlich angenommenen Parameter erforderlich.

Eine analoge Rolle können Modelle spielen, falls es ausreichende Gewißheit dafür gibt, daß keinerlei Parameter, die nicht bewußt in das Modell eingeführt wurden, bei Modell und Objekt ähnlich sein können. In diesem Fall kann die Ähnlichkeit im Verhalten von Objekt und Modell unter den vorgesehenen und festgelegten Bedingungen als Beweis dafür dienen, daß durch die Eigenschaften des Objektes, die bewußt in das Modell eingeführt wurden, das betrachtete Verhalten des Objektes bestimmt wird. Um die Zuverlässigkeit einer solchen Schlußfolgerung zu gewährleisten, ist es besonders wichtig, daß bei der Reproduzierbarkeitsprüfung die als unwesentlich vorausgesetzten Parameter so weit wie möglich variiert werden und daß sich das Modell nach diesen nicht festgelegten Parametern maximal vom Objekt unterscheidet. In allem, was als unwesentlich betrachtet wird, muß sich das Modell so stark wie möglich vom Objekt unterscheiden.
Nehmen wir an, die getroffenen Maßnahmen sind unzureichend und es hat sich erwiesen, daß im Modell zufällig Eigenschaften des Objektes reproduziert worden sind, die nicht bewußt in das Modell eingeführt wurden, und daß sich unter ihnen eine Eigenschaft befindet, die wesentlich für das Verhalten des Objektes ist, jedoch in der Beschreibung irrtümlicherweise ausgelassen wurde. Das Verhalten von Objekt und Modell werden dann zusammenfallen und der Konstrukteur des Modells zieht die falsche Schlußfolgerung, daß sich mit den Eigenschaften, die in der Beschreibung aufgezählt und bewußt modelliert worden sind, alle für das gegebene Ziel wesentlichen Eigenschaften erschöpfen. Die Zuverlässigkeit der Hypothesenprüfung am Modell ist unmittelbar mit der Zuverlässigkeit der Nichtwiedergabe wesentlicher Eigenschaften des Objektes im Modell, mit Ausnahme der bewußt eingeführten, verbunden.
Die Nichtwiedergabe dessen im Modell, was nicht vorgesehen ist, ist keine leichte Aufgabe, da die Eigenschaften, die nicht reproduziert werden sollen, zum großen Teil unbekannt sind. Wäre es anders, so könnte man sie leicht bewußt festlegen. Besonders schwer läßt sich dies bei der Konstruktion materieller Modelle, die eine Unmenge eigener Eigenschaften besitzen, durchführen. Deshalb sind die Modelle am effektivsten, in denen anstelle der Kopierung der wesentlichen Eigenschaften des Objektes nur ein *System von eindeutigen Entsprechungen zwischen den Parametern, den Arbeitsformen und dem Ausgang für das Objekt einerseits und für das Modell andererseits festgelegt wird*[1]). Dieser Art sind z. B. alle mathematischen Modelle, die, wie man sagen kann, überhaupt keine nichtvorhergesehenen Eigenschaften besitzen[2]), da alles nicht Festgelegte in solchen Modellen keinen Sinn hat. So gewährt die Unähnlichkeit der Elemente, aus denen Modell und Objekt bestehen, eine gute Garantie dafür, daß nicht zufällig Eigenschaften im Modell wieder-

---

[1]) Wir bemerken sogleich, daß unter der letzten Formulierung eine breitere Definition des Begriffs „Modell“ als die eingangs des Artikels gegebene zu verstehen ist. Wie diese neue Definition lautet, geht aus dem kursiv Gedruckten hervor.

[2]) Genauer gesagt sind alle Eigenschaften eines mathematischen Modells notwendige Folgen der vorgesehenen klar festgelegten Eigenschaften. Diese Folgen können indes lange unzugänglich für das Verständnis bleiben.

gegeben werden, die als unwesentlich für das gegebene Ziel betrachtet werden. Die entsprechenden Elemente des Objektes und des mathematischen Modells sind einander in keinem Sinne ähnlich. So ist z. B. die Aufzeichnung einer funktionellen Abhängigkeit in Form einer graphischen Darstellung der gleichen Abhängigkeit oder den physikalischen Prozessen, welche durch sie beschrieben werden, nicht ähnlich. Die Ähnlichkeit besteht nur im Vorhandensein eines Systems eindeutiger Entsprechungen.

Bis jetzt sprachen wir über die Anforderungen an die Modelle bei ihrer Benutzung zum Prüfen von Theorien oder Hypothesen, d. h. zur Prüfung des Übereinstimmens der Beschreibung mit der Beobachtung. Eine andere Funktion ähnlicher Modelle ist die „Voraussage entfernter Folgen". Falls die Übereinstimmung der Beschreibung mit dem Objekt bereits keine Zweifel hervorruft, so wird das nach dieser Beschreibung konstruierte Modell häufig für das Aufsuchen entfernter, aber unvermeidlicher Folgen der wesentlichen Eigenschaften des Modells benutzt. Diese Folgerungen können stets auf rein logischem Wege erhalten werden, das Modell erlaubt es jedoch häufig, das Gleiche ohne geistige Anstrengung und viel schneller zu tun. In ähnlicher Weise benutzt man graphische Lösungsverfahren, elektronische Rechenmaschinen u. ä. Die Anforderungen an die Modelle sind hier die gleichen wie im vorangegangenen Fall: die Wiedergabe alles Wesentlichen und maximale Unähnlichkeit mit allem, was nicht in der Beschreibung festgelegt ist.

Schließlich weisen wir noch auf eine weitere Art der Modellierung hin, die Nachbildungsmodelle. Als Beispiel dafür können die Modelle von Wasserkraftwerken in verkleinerten Dimensionen oder die Modelle von Flugzeugen, die im Windkanal erprobt werden, u. ä. dienen. Während in Modellen des oben beschriebenen Typs eine begrenzte Anzahl von wesentlichen Merkmalen wiedergegeben wird und die unwesentlichen nicht festgelegt werden, wird in Nachbildungsmodellen ein Unterschied vom Objekt in einigen wesentlichen Merkmalen zugelassen, deren Einfluß mit Gewißheit bekannt ist und durch Berechnungen berücksichtigt werden kann. In allem Übrigen wiederholt das Nachbildungsmodell materiell nach Möglichkeit das Objekt. So reproduziert man im Modell eines Wasserkraftwerkes sorgfältig die Form des Flußbettes, aller vorgesehenen Konstruktionen, möglicherweise sogar die Reibungskoeffizienten, läßt echtes Wasser hinein u. ä. Grundsätzlich unterscheidet sich ein solches Modell eines Wasserkraftwerkes von dem Kraftwerk selbst nur durch die Abmessungen und andere Parameter, deren Einfluß bekannt ist. Ein Versuch an einem solchen Modell ist analog der Erforschung des Objektes in einer günstigeren Umgebung.

Über Nachbildungsmodelle werden wir nicht weiter sprechen. Für alle übrigen Modelle ist indes eine möglichst große Unähnlichkeit mit dem Objekt in allem, ausgenommen einige festgelegte Parameter, die wichtigste Forderung. Daraus folgt jedoch, daß auch für unsere Sinnesorgane das Modell dem Objekt möglichst nicht ähnlich sein soll.

Die Aufmerksamkeit des Lesers sei nun auf folgende Umstände gelenkt: Mathematische Modelle sind nicht nur Modelle, sondern auch einfach gute Beschreibungen. Da Beschreibungen und Modelle nicht nur stets eng verbunden, sondern manchmal auch nicht voneinander zu unterscheiden sind, so folgt dann nicht etwa, daß man die Beschreibung so zusammenstellen muß, daß beim Bekanntmachen damit keinerlei überflüssige Assoziationen entstehen, daß die Beschreibung durch nichts außer durch die klar festgelegten Parameter an das Objekt erinnert? Im weiteren bemühen wir uns, zu zeigen, daß das tatsächlich so ist. In vielen Fällen gilt die paradoxe Behauptung: die Beschreibung muß Anschaulichkeit vermeiden. Um sie zu erklären, müssen wir uns der Betrachtung einer viel allgemeineren Frage zuwenden.

Bei der Beschreibung von Beobachtungen wird, wie gesagt, eine Unterteilung der Merkmale in wesentliche und unwesentliche vorgenommen: die als wesentlich angenommenen Merkmale werden erwähnt, die übrigen Merkmale ausgelassen. Aber woher wird dieser primäre Komplex der Merkmale genommen, aus denen die Auswahl getroffen wird? Es kann keine Objekteigenschaft in die Beschreibung gelangen, wenn uns nicht die Sinnesorgane, diese primären Geber im Erkenntnisprozeß, darüber berichtet haben. Der Komplex der Sinnesorgane ist nicht zufällig. Er ist dadurch bestimmt, welche Eigenschaften der Außenwelt, in der die Evolution verlief, für die Erhaltung der Art wesentlich und welche unwesentlich waren. Die ersteren blieben im genetischen Gedächtnis in Form der Sinnesorgane und im Aufbau des Organismus erhalten, die letzteren wurden nicht in das Gedächtnis eingeprägt.

Für jeden Organismus existiert ein Ziel — die Erhaltung der eigenen Existenz — das nur teilweise mit dem „Ziel" der Arterhaltung zusammenfällt. In Übereinstimmung damit wird auf die phylogenetische Erfahrung die individuelle, ontogenetische Erfahrung des einzelnen Individuums aufgeprägt. Das ist ein schmiegsames System eines ganzen Komplexes von Algorithmen, die zur Lösung der verschiedenen Teilaufgaben, in welche die Aufgabe der Erhaltung des Individuums in veränderlicher Umgebung zerfällt, eingeschaltet sind. Zu ähnlichen Aufgaben zählen auch die vor der Wissenschaft stehenden. Bestimmte, vorzugsweise physikalische Aufgaben förderten die Schaffung von Meßgeräten — analog den Sinnesorganen— und die Einführung entsprechender Größen, wesentlicher Parameter, mit denen es dann gebräuchlich wurde, in der Wissenschaft Beobachtungen zu beschreiben. In Übereinstimmung damit akkumulierten Menschen, die sich mit der Lösung bestimmter Aufgaben beschäftigten, im Gedächtnis eine eigene Berufserfahrung. Fast die gesamte derartige Erfahrung wird im Gedächtnis unbewußt aufbewahrt und sogar die Schlußfolgerungen, die anfangs bewußt formuliert worden waren, „sinken" dann oft in das Unterbewußtsein und werden automatisch benutzt.

Sobald der Mensch beginnt, eine Beobachtung zu beschreiben oder sich ihrer sogar nur bewußt zu werden, erwähnt oder bemerkt er etwas von dem Beobachteten streng vorrangig und vernachlässigt etwas anderes. Diese Auswahl ist auf dem begründet, was der Mensch sah oder empfand und was in seinem Gedächtnis erhalten blieb. Das, was in einem vorhergehenden Versuch wesentlich war oder als wesentlich erschien, wird am wahtscheinlichsten auch bei einer neuen Beobachtung bemerkt. Je ähnlicher die vorliegende Situation der aus dem vorher-

gehenden Versuch bekannten scheint, um so sicherer wird der Komplex der Merkmale ausgewählt, die in die Beobachtung eingehen. Die Ähnlichkeit der Situation wird in erster Linie durch die Ähnlichkeit der Reaktionen der Sinnesorgane bestimmt. Deshalb ist an dieser Primärauslese sowohl die persönliche, ontogenetische Erfahrung als auch die vererbte phylogenetische Erfahrung beteiligt.
Bei der Beschreibung von Beobachtungen ist, wie auch bei der Modellierung, die Anzahl der verworfenen Parameter außerordentlich groß im Vergleich zu den als wesentlich hervorgehobenen. Sie ist das Resultat der gewaltigen Sichtung, des kollossalen Umfangs des „Gedächtnisses", das während des riesigen Zeitabschnittes, in dem das Leben auf der Erde existiert, akkumuliert wurde; das ist das Resultat der Sichtung, die parallel an Milliarden einzelner Individuen im Zeitraum von Milliarden Jahren verlief. Jeder Experimentator benutzt sowohl beim Versuchsansatz als auch bei der Auslese der zu registrierenden Parameter bewußt und vorwiegend unbewußt das gewaltige Material, das im Gedächtnis aufbewahrt wird. Die endgültige Auswahl der Merkmale, die für die zu lösende Aufgabe wesentlich sind und die auf dem Wege von Schlußfolgerungen getroffen wird, ist verbunden mit einer Sichtung innerhalb der Grenzen einer beschränkten Menge. Deshalb kann man die Information, die die vom Experimentator durchgeführte experimentelle Arbeit für bestimmte Schlüsse liefert, mit der Arbeit eines Relais vergleichen, in dem mit geringem Energieaufwand große Leistungen geregelt werden. Auf diese Weise ist das Experiment nicht die Hauptinformationsquelle, es befreit und steuert vielmehr im Prozeß der Formierung der Aussage die gewaltige Information, die sich im Gedächtnis des Experimentators angesammelt hat.
Dabei muß man bemerken, daß die erwähnte riesige Erfahrung, insbesondere die phylogenetische, nach einem bestimmten Merkmal oder, wie man sagt, für ein bestimmtes Ziel — die Arterhaltung — ausgewählt wurde. Das erforderte die Lösung einer gewaltigen Menge von Aufgaben in verschiedenartiger Umgebung. Hieraus resultiert auch die Notwendigkeit eines großen Gedächtnisbestandes. In einzelnen Fällen jedoch, z. B. in wissenschaftlichen Untersuchungen, wird ein weit engerer Kreis von Aufgaben gelöst, d. h. es wird ein anderes, enges Ziel gestellt. Das verändert den Begriff des Wesentlichen und des Unwesentlichen, vermindert die Anzahl der wesentlichen Parameter. Hier spielt die individuelle Erfahrung, speziell die Berufserfahrung, die es häufig erlaubt, automatisch oder fast automatisch die Parameter zu verwerfen, die wesentlich für andere Aufgaben, jedoch unwesentlich innerhalb der gegebenen Aufgabengruppe sind, eine besonders große Rolle.

* * *

Viele Biologen blicken mit Besorgnis auf das Eindringen mathematischer Methoden in Wissenschaften, die als beschreibende Wissenschaften bezeichnet werden. Sie fürchten die Einschätzung derselben als nutzlose Wissenschaften. Ähnliche Befürchtungen sind unbegründet. Für den Erfolg der mathematischen Methoden oder der Modellierungsmethoden sind nicht nur die Daten notwendig, die explizit formuliert wurden, sondern auch jene unterbewußte Erfahrung, die spezifisch ist

für das gegebene Gebiet und in großer Menge von den Vertretern der entsprechenden Wissensgebiete angehäuft wurde. Diese Erfahrung existiert nicht in einer Form, die für ihre Eingabe in eine Maschine geeignet ist, sie ist nicht formalisiert. In dieser nichtformalisierten Form nährt sie die Intuition, ohne die auch die Mathematik nicht auskommt. Es ist nutzlos, nur das zu modellieren, was in der Biologie bereits formalisiert worden ist und alles andere zu verwerfen. Die Mathematiker sollten nicht die Biologen selbst zwingen, ihre Behauptungen zu formalisieren. Der Mathematiker, der der Biologie wirklichen Nutzen bringen will, muß sich selbst die auf diesem Gebiet gesammelte Erfahrung in einem solchen Maße aneignen, daß er in der Lage ist, sie zu formalisieren.
Quelle der Information, die eine so wichtige Rolle in einer beliebigen Untersuchung spielt, ist, wie bereits gesagt, die im Gedächtnis gespeicherte, aber zum großen Teil außerhalb des Bewußtseins verbleibende Erfahrung. Die Intuition drückt sich darin aus, daß die riesige Menge verschiedenartiger Umstände in der Beschreibung der beobachteten Erscheinungen nicht erwähnt wird, obwohl der Beobachter in der Lage ist, sie wahrzunehmen. Sie werden verworfen, da ihre Unwesentlichkeit für die zu lösende Aufgabe selbstverständlich ist. Es gibt keine Möglichkeit, den Informationsumfang abzuschätzen, der in dem enthalten ist, was sich von selbst versteht. Er ist indes gewaltig! Die Wichtigkeit dieses Moments kann man bequem anhand der Legende von der Affenpfote demonstrieren, die WIENER in dem Buch „Schöpfer und Roboter“ erwähnt. Die Zauberpfote erfüllt genau drei Wünsche, die von ihrem Besitzer geäußert werden. Diese Wünsche werden jedoch in einer solchen Art erfüllt, daß sie nur Kummer bringen. Auf welcher Grundlage geht das vor sich? Der böse Geist, der mit der Affenpfote verbunden ist, ist verpflichtet, alle Bedingungen genau zu beobachten, die explizit im Wunsch festgelegt sind. In allem übrigem handelt er nach eigenen Gutdünken. Er nutzt die Tatsache aus, daß eine beliebige Äußerung unvermeidlich unvollständig ist und nicht nur unwesentliche Umstände, sondern auch sehr wesentliche Umstände, die sich jedoch von selbst verstehen, nicht erwähnt. Die Affenpfote legt diese sich von selbst verstehenden, jedoch nicht festgelegten Umstände als unwesentlich aus, bedient sich ihrer in bösem Sinne, und die Erfüllung des Wunsches verwandelt sich in ein Unglück[1]). Keinerlei Vorbehalte können das verhindern, da jede beliebige Aussage unvermeidlich an die unterbewußte Lebenserfahrung appelliert und selbst das Verstehen des Sprechenden durch den Zuhörer nur in dem Maße der Gemeinsamkeit ihrer Lebenserfahrung, d. h. der Information, die unbewußt im Gedächtnis eines jeden aufbewahrt wird, möglich ist.
Hier ist es an der Zeit, eine Korrektur an der Definition des Modellbegriffes, die anfangs gegeben wurde, anzubringen. Nicht alle Parameter, die nicht bewußt in

---

[1]) So sagt in der Legende der Besitzer der Pfote: „Ich will 200 Pfund Sterling erhalten“. Nach zwei Stunden kommt ein Vertreter der Firma, in der der Sohn des Besitzers der Pfote arbeitet, in das Haus und teilt mit: „Ihr Sohn ist soeben infolge eigener Nachlässigkeit umgekommen. Die Firma trägt keine Verantwortung, überreicht Ihnen aber zum Zeichen des Beileids mit der Familie des Umgekommenen 200 Pfund Sterling“.

das Modell eingeführt oder in der Aussage, d. h. in der Beschreibung des Experimentes festgelegt wurden, sind unwesentlich für die Vorhersage des Ausganges. Es werden auch sehr wesentliche Umstände nicht festgelegt, die sich von selbst verstehen, d. h. Parameter, bezüglich derer die Überzeugung besteht, daß sie in allen denkbaren Fällen der Benutzung des gegebenen Modells oder der gegebenen Aussage unveränderlich bleiben. Ohne das, was sich von selbst versteht, ist das Verstehen keiner Aussage möglich. Nehmen wir z. B. die Entwicklung der Physik. Die klassische Physik stützte sich auf eine Reihe sich von selbst verstehender Thesen — auf Naturgesetze, die immer unveränderlich schienen. Dann stellte die Wissenschaft jedoch dieses „immer" in Zweifel. Sie verwarf die Gesetze der klassischen Physik nicht, sondern wies nur auf neue Parameter hin, die früher infolge ihrer Unveränderlichkeit in klassischen Aufgaben nicht beachtet wurden, sich jedoch bei der Erweiterung des Kreises der zu lösenden Aufgaben als veränderlich und wesentlich erwiesen.

Ein anderes Beispiel für die Unvermeidlichkeit der Berufung auf das, was sich von selbst versteht, d. h. auf die Lebenserfahrung, ist die Axiomatik der mathematischen Gebiete. Alle diese Gebiete, ausgenommen die festgelegten Axiome, stützen sich auf die Axiome der Arithmetik, deren System nach dem GÖDELschen Theorem nicht so begründet werden kann, wie das für ein vollständiges Axiomensystem erforderlich ist.

Kehren wir nun zur Betrachtung der Beziehungen zwischen anschaulichen und formalisierten Beschreibungen zurück. Die Anschaulichkeit einer Beschreibung wird auf dem Wege einer möglichst starken Einbeziehung der unterbewußten Lebenserfahrung erreicht; ihre Stärke besteht darin, daß sie in impliziter Form eine große Menge von Informationen enthält, die im Gedächtnis gespeichert werden. Aber ein großer Teil dieser Informationen liegt nicht in expliziter Form vor, man macht ihn sich nicht bewußt, und er kann deshalb nicht für logische Operationen mit Aussagen benutzt werden. Anschauliche Beschreibungen rufen reiche Assoziationen hervor und liefern damit Material für die Intuition. Beim Aufstellen von Theorien und Hypothesen erlaubt es die Intuition, das in expliziter Form zu formulieren, was sich namentlich für die zu lösende Aufgabe als wesentlich erweist. Ohne dies kommt keine Beschreibung von Beobachtungen und keine Formulierung von Hypothesen aus! Intuitive Funde sind nicht die logische Folge bereits formulierter Aussagen, deren Richtigkeit überprüft worden ist, sondern nur eine Äußerung der unbewußten Erfahrung. Deshalb erfordert auch all das, was von der Intuition eingegeben wurde, eine experimentelle Überprüfung[1]). Ausgehend von diesem Gesichtspunkt ist es nicht schwer zu verstehen, weshalb eine gewisse Berufserfahrung auf einem bestimmten Gebiet, in expliziter Form so

---

[1]) Die Intuition beeinflußt außerdem die unmittelbare Vorhersage des Ausgangs auf der Grundlage nicht vollständig bewußtseinsmäßig erfaßter Merkmale; so sagt ein erfahrener Matrose oder Hirt häufig das Wetter richtig voraus und kann nicht vollständig erklären, wie er das macht. Die Intuition kann sich auch unmittelbar in zweckdienlichen Handlungen äußern.

wichtig ist. Die unbewußte und nicht festgelegte Wiedergabe der wesentlichen Parameter birgt die Gefahr von Fehlern bei der Hypothesenprüfung in sich.
Anschauliche Beschreibungen haben den Vorteil, daß ihnen viele Informationen über das Objekt innewohnen, die obwohl nicht in expliziter Form formuliert, häufig sehr wesentlich sind. Jedoch gerade diese Eigenschaft anschaulicher Beschreibungen pflegt sehr gefährlich zu sein; wenn man nach einer anschaulichen Beschreibung ein Modell mit dem Ziel der Überprüfung einer Hypothese konstruiert, so ist die Wahrscheinlichkeit des unbewußten Hinzufügens von Objektparametern, die wesentlich für den Ausgang, aber nicht durch die Hypothese oder durch die Theorie in expliziter Form festgelegt worden sind, sehr groß. Wir sahen bereits, daß solche Umstände zu fehlerhaften Schlüssen bezüglich der Richtigkeit einer Hypothese, die in Wirklichkeit falsch ist, führen. Die Geschichte der Wissenschaft ist reich an Beispielen von Fehlern solcher Art. Gerade deshalb fürchten die Theoretiker und in erster Linie die Mathematiker die Anschaulichkeit und bemühen sich, die Theorien, die einer Überprüfung unterliegen, möglichst abstrakt und formal darzulegen. Darüber empören sich viele ohne Grund, da ohne dieses Verfahren eine zuverlässige Überprüfung einer Theorie unmöglich ist.
Sobald jedoch die Überprüfung abgeschlossen ist und man nicht an der Richtigkeit der strengen Formulierung zu zweifeln braucht, ist es nützlich, ihr eine anschauliche Form zu verleihen. Das erleichtert das Einprägen in das Gedächtnis und liefert neues Material für die weitere Arbeit der Intuition. Aus den analysierten Eigensc haftenanschaulicher und formaler Beschreibungen folgen bestimmte Empfehlungen für die Konstruktion von Modellen. Es ist nützlich, ein Modell aus Elementen zu konstruieren, die den Elementen des Objektes nicht ähnlich sind. Das erhöht die Wahrscheinlichkeit dafür, daß im Modell nur explizit festgelegte Objektparameter wiedergegeben werden.

* * *

In den letzten Jahren läßt man sich häufig von der Modellierung komplizierter, speziell biologischer Systeme hinreißen, wobei man die Modellierung mit unähnlichen Elementen, z. B. an Elektronenrechnern, anwendet und hofft, daß man an einem solchen Modell neue Eigenschaften des Objektes entdecken kann, die z. B. sein Verhalten unter Bedingungen bestimmen, die nicht bei der Modellierung vorgesehen sind oder daß sie Aufgaben lösen können, die nicht durch das gestellte Ziel vorgesehen sind. Es scheint uns, daß diese Arbeiten keinerlei Perspektive haben. Das Problem besteht darin, daß die Wahrscheinlichkeit, mit Hilfe eines richtig konstruierten Modells Aufgaben zu lösen, die nicht schon bei dessen Konstruktion vorgesehen sind und die sich nicht logisch darauf zurückführen lassen, als ausgeschlossen betrachtet werden muß.
Mit dieser Behauptung sind möglicherweise viele nicht einverstanden. Verweilen wir deshalb bei ihrer Begründung, obwohl diese dem Wesen nach nur eine Umformulierung von bereits Gesagtem sein wird. Die Lösung einer Aufgabe, die man nicht in expliziter Form bei der Konstruktion des Modells im Auge hatte, aber durch dieses Modell lösen will, muß in der Regel zu dem Schluß führen, daß diese

neue Aufgabe eine, möglicherweise auch entfernte, aber unvermeidliche Folge der Aufgaben ist, für deren Lösung das Modell gemacht wurde. Dieser Schluß ist richtig, wenn die Theorie, die dem Modell zugrunde gelegt wurde, und die auf ihrer Basis ausgewählten wesentlichen Parameter nicht nur hinlänglich sondern auch notwendig waren. Wenn man sich bei der Schaffung des Modells nur um die Hinlänglichkeit des Parametersystems sorgte, so wird die Arbeit des Modells der Heilung einer Krankheit durch einen Kurpfuscher vergleichbar, bei der zwar ein Effekt erreicht wird, die Theorie jedoch falsch ist. Die Versuche, an einem solchen Modell Verbindungen von Ursache und Wirkung zu untersuchen, können zu den gröbsten Fehlern führen.
So seltsam es auch ist, geraten viele von der Modellierung mit nicht ähnlichen Elementen, z. B. an Elektronenrechnern, in große Begeisterung, wenn ein Modell, das für die Lösung der einen Aufgaben angefertigt wurde, Aufgaben löst, deren Unabhängigkeit von den ursprünglichen Aufgaben mit Gewißheit auf anderem Wege gezeigt wurde, obwohl das beweist, daß im Modell Parameter wiedergegeben sind, die für die vorgesehenen Aufgaben nicht notwendig sind. Das ist immer schlecht, denn falls die Parameter explizit in der Hypothese über die Eigenschaften des Objektes festgelegt und als wesentlich angenommen worden waren, so zeugt das Ergebnis von der Fehlerhaftigkeit der Hypothese; falls indes diese Parameter nicht als wesentlich festgelegt worden waren, so sollten sie nicht im Objekt wiedergegeben werden; da sie sich jedoch als im Modell befindlich erwiesen, so heißt das, daß das Modell nicht in Übereinstimmung mit der Hypothese angefertigt wurde.
Manchmal sagt man: „Laßt uns ein Modell herstellen, das einen gewissen Komplex von Eigenschaften des Objektes wiedergibt. Möge dieser Komplex von Eigenschaften sogar nicht die Folge einer bestimmten Theorie über das Verhalten des Objektes, sondern nur die Widerspiegelung dessen sein, was aus einem bestimmten Grunde wichtig und interessant erscheint. Anschließend untersuchen wir das Modell so detailliert wie möglich. Vielleicht wird das Modell interessante Eigenschaften besitzen, die auch das Modellierungsobjekt selbst aufweist, die jedoch im Objekt noch nicht entdeckt worden sind. Wir finden sie zuerst im Modell und dann im Objekt".
Was kann man zu solchen Überlegungen sagen? Die heuristische Bedeutung ähnlicher Aussagen und Versuche ist unbestritten. Auch nicht sehr scharfe Überlegungen und Aussagen, die in impliziter Form das unbewußte Gedächtnis, die Intuition, benutzen, führen nicht selten zur richtigen Vorhersage neuer Erscheinungen; das ist nur eine zusätzliche Bestätigung des Informationsreichtums, der unbewußt im Gedächtnis aufbewahrt wird. Namentlich das haben wir im Auge, wenn wir sagen, daß das Experiment nicht so viele neue Informationen liefert, wie es Informationen, die im Gedächtnis aufbewahrt werden, freisetzt und in die Bewußtseinssphäre überführt. Es ist jedoch notwendig, sich daran zu erinnern, daß Fakten, die auf diese Weise nachgewiesen worden sind, nur dann zu einer echten Wissenschaft werden, wenn sie eine Erklärung erhalten, d. h. auf eine Aufzählung wesentlicher und nur wesentlicher Parameter in expliziter Form zurück-

geführt werden. Zum Abschluß einige Worte über „denkende Maschinen“. Ist die Schaffung von Maschinen möglich, die bei der Lösung eines beliebig weiten Aufgabenkreises denken?

Der Mensch entstand wie alles Lebende letzten Endes aus Unbelebtem. Das, was schon einmal vor sich ging, kann sich noch einmal ereignen und ein Denken, ähnlich dem menschlichen, wird sich von neuem entwickeln, nachdem es seine Evolution wiederum von unbelebten Elementen ausgehend begann. Die ganze Frage besteht darin, ob man das bewußt tun kann. Wir sahen bereits, bis zu welchem Grade das Denken des Menschen, das in Aussagen ausgedrückt wird, unvermeidlich mit der Einbeziehung des Unterbewußtseins, dessen, was sich von selbst versteht, verbunden ist. Für eine Maschine versteht sich nichts von selbst; beim Menschen ist dieser Begriff mit seiner phylogenetischen und ontogenetischen Erfahrung, die die Maschine nicht hat, verbunden[1]). Um in die Maschine bewußt die gesamte unbewußte Erfahrung des Menschen einzuführen, die für die Kopierung des menschlichen Denkens durch die Maschine erforderlich ist, muß man zunächst diese gesamte Erfahrung in das Bewußtsein überführen. Diese Aufgabe ist derart schwierig, daß die Fristen ihrer Lösung sich kaum von dem unterscheiden lassen, was wir unter dem Wort „niemals“ zu verstehen gewöhnt sind.

Außerdem existiert hier auch ein formallogisches Hindernis. Man kann sich vorstellen, daß irgend ein zukünftiger Mensch in expliziter Form all das formulieren kann, was der zeitgenössische Mensch im Denkprozeß aus seinem Unterbewußtsein schöpft. Aber dieser zukünftige Mensch wird kaum ohne neue unterbewußte Erfahrung existieren, die der zeitgenössische Mensch nicht besitzt. Dementsprechend muß auch sein Denken in gewissem Maße anders sein. Möge er eine Masche schaffen, die das Denken des derzeitigen Menschen modelliert, so wird das bereits nicht sein eigenes Denken, das Denken eines im Verhältnis zu ihm zeitgenössischen Menschen sein. Deshalb scheint es uns, daß das Problem der denkenden Maschine zu einem circulus vitiosus führt. Diese allgemeine Überlegung lehnt durchaus nicht die zweifellos vorhandene Möglichkeit ab, an der Maschine eine beliebige, für sich genommene und explizit formulierte Form des menschlichen Denkens zu modellieren. Nur über solche Maschinen lohnt es sich zu reden und damit die Idee künstlicher Homunculi dem Goetheschen Wagner und anderen Alchimisten zu überlassen.

---

[1]) Die Maschine ist ebendiese „Affenpfote“, nur ist sie nicht so vorsätzlich böse. Eine Maschine zu schaffen, die wie in Mensch denkt, ist nicht weniger schwer, als einen Wunsch so zu formulieren, daß die Affenpfote ihn nicht entstellen kann. So helfen nicht einmal nichtformalisierte Aussagen der folgenden Art: „Mache es so, daß ich zufrieden bin“. In der Tat verbietet diese Formulierung die Anwendung „ungesetzlicher“ Mittel nicht: die Verheimlichung aller Unannehmlichkeiten, oder die Änderung der Psyche selbst auf eine solche Weise, daß man z. B. beginnt sich über das zu freuen, was einem z. Z. bekümmert oder empört.

I. B. Nowik

DIE ROLLE KYBERNETISCHER MODELLE BEI DER ERKENNTNIS DER LEBENSERSCHEINUNGEN UND DER PSYCHE

In der gegenwärtigen Epoche der unentwegten Verstärkung der Tendenz zur Synthese von Kenntnissen gewinnt die Methode der Modellierung entscheidende Bedeutung in den fortgeschrittensten Erkenntniszweigen der Naturwissenschaft. Offensichtlich kommt in dieser Tendenz in bestimmter Weise die Idee der materiellen Einheit der Welt zum Ausdruck. Als eine der Realisierungsformen dieser Idee auf dem Gebiet der Untersuchung von Lebenserscheinungen dienen kybernetische Modelle, die die bekannte Analogie lebender und nichtlebender Systeme ausnutzen. Kybernetische Modelle der Erscheinungen, die sich auf der Grenze von Neurophysiologie, Psychologie und Soziologie befinden, sind ein wichtiges Element der zeitgenössischen wissenschaftlichen Kenntnisse. Bei der Erarbeitung exakter Methoden des Studiums der Lebenserscheinungen wird die Perspektive dieser Modellierungsform in der Praxis bestätigt. „Die Modellierung", schrieb P. K. Anochin, „das ist der Begriff, mit dem gegenwärtig die Hoffnungen auf ein kybernetisches Herangehen und die mathematische Untersuchung der Lebensprozesse und -funktionen am engsten verbunden sind" [1].

Für die weitere Vervollkommnung der Methoden der Modellierung von Lebenserscheinungen kann die philosophische Analyse der Ursachen für die zunehmende Bedeutung der Modelle in der modernen Wissenschaft, ihrer gnoseologischen Funktionen, ihrer Stellung im dialektischen Prozeß der Erkenntnis der Wahrheit, wesentliche Bedeutung haben. Der Ausarbeitung dieser Probleme wird in den letzten Jahren naturgemäß große Aufmerksamkeit in unserer philosophischen und naturwissenschaftlichen Literatur gewidmet [2].

In vorliegender Arbeit unternehmen wir den Versuch, einige methodologische Aspekte der Modellierung herauszulösen, die am spezifischsten für die Modelle von Lebenserscheinungen, jedoch natürlich auch für andere Gebiete der Wissenschaft gültig sind.

Einige methodologische Charakteristika von Modellen. Uns scheint, daß man ohne auf eine Analyse der Nuancen verschiedener Formulierungen einzugehen, den Schluß ziehen kann, daß der Begriff des Modells selbst in der modernen Wissenschaft in seinen fundamentalen Zügen mit einem hinreichenden Grad von Allgemeinheit bestimmt worden ist. In gnoseologischer Hinsicht dient als entscheidender Zug in der Charakteristik dieses Begriffes die Fähigkeit des Modells, das untersuchte Objekt in bestimmten Etappen der Erkenntnis zu ersetzen und gleichzeitig Informationen über das modellierte Objekt selbst zu liefern, das nicht unmittelbar im Erkenntnisprozeß anwesend ist. Hier ist die Rede von der sogenannten ersetzend-heuristischen Funktion des Modells. Jedoch ist für sich genommen das Herauslösen dieser führenden gnoseologischen Charakteristik des Modells noch unzureichend für die Überwindung der Vieldeutigkeit des Terminus „Modell“, die wiederholt in der Literatur vermerkt wird. Tatsächlich versteht man unter dem Modell die Theorie des Objektes [3], die Beschreibung, die Wiedergabe, ein formales System; unter einem mathematischen Modell wird z. B. eine mathematische Beschreibung, ein Formalismus, verstanden.

Indem er feststellt, daß dieser Umstand, d. h. die Vieldeutigkeit, nicht nur „diesen Terminus der in der Wissenschaft geforderten Eindeutigkeit beraubt und auf diese Weise zu methodologischer Verwirrung führt, sondern auch der gnoseologischen Spezifik im Vergleich zu anderen Formen und Mitteln der Erkenntnis“ [4], schlägt Stoff vor, als Grundlage für die Zusammenfassung aller Bedeutungen des Terminus „Modell“, die seine Spezifik hervorheben, den Vorschlag von Sapps anzunehmen, und den Modellbegriff wie eine mögliche Realisierung, der alle wahren Behauptungen der Theorie genügen, zu benutzen. Das Modell wird dabei als ein gewisses nichtlinguistisches Wesen, in dem die Theorie erfüllt wird, interpretiert. Weiter werden wir zeigen, daß ein solches Herangehen an das Modell nicht ausreicht, um als einheitliche synthetisierende Grundlage seiner mannigfaltigen Definitionen zu dienen.

Ein auf dem Vorhandensein einer bestimmten Übereinstimmung zwischen dem Modell und dem zu untersuchenden Objekt begründetes Herangehen ist natürlich gerechtfertigt. Jedoch wird es nach unserer Ansicht außerordentlich eingeengt, wenn eine solche Übereinstimmung nur in Hinsicht auf den genau umrissenen Begriff des Homomorphismus behandelt wird. Kurz gesagt, scheint es uns, daß damit übermäßige Klagen über die Vielschichtigkeit des Terminus „Modell“, die obligatorischen Forderungen nach vorausgehender mathematischer oder mathematisch-logischer Genauigkeit und nach der Formalisierung dieses Begriffes vor Operationen in der wissenschaftlichen Sprache die Gefahr in sich tragen, die ganze Eigentümlichkeit der gegenwärtigen Tendenz des Eindringens „der Genauigkeit in das Intuitive“, die Verschmelzungen von formalisierten und nichtformalisierten Erkenntnismethoden, zu verwischen. Nach unserer Ansicht kann der intuitiv eingeführte und bei weitem noch nicht formalisierte Begriff des Modells durchaus als gnoseologische Grundlage der Tendenz der Formalisierung, des Eindringens exakter Methoden in „empirische“ Disziplinen dienen.

In dieser Formalisierung des Wissens, im Eindringen exakter Methoden in Biologie, Psychologie und Soziologie mittels des definierten Begriffs „Modell“ bemerken wir die Erscheinung der Dialektik des Erkenntnisprozesses und namentlich das Hervortreten der Einheit und des Widerspruchs formalisierter, genauer und nichtformalisierter, intuitiver Methoden des Erkenntnisprozesses. Da wir keineswegs die Absicht derjenigen teilen, die sich bemühen, die Fruchtbarkeit der Tendenz zur Formalisierung und Einführung genauer Methoden in empirische Disziplinen, darunter Biologie, Psychologie und Soziologie, in Zweifel zu stellen, sondern im Gegenteil allseitig beweisen, daß gerade in diesen Tendenzen die Generallinie des

Fortschritts der modernen Wissenschaft liegt, sind wir bestrebt, zu unterstreichen, daß eine gewisse Unbestimmtheit im Begriff des Modells durchaus nicht die Berechtigung seiner Benutzung in der Wissenschaft in Zweifel stellt. Mehr noch war diese Unbestimmtheit selbst, d. h. der Übergang vom eindeutigen MAXWELLschen Begriff des Modells als anschauliches Muster des Objektes zu den modernen vielschichtigen Modifikationen dieses Begriffs, ein origineller negativer Ausdruck für den Fortschritt der wissenschaftlichen Erkenntnis. In der Übergangsperiode, in der die ganze Unvollkommenheit der traditionellen Methoden der qualitativen Beschreibung in ausreichendem Maße sichtbar wurde, in der jedoch die Schaffung strengerer Methoden zur Untersuchung der Lebenserscheinungen, der psychischen und sozialen Erscheinungen auf schwer überwindbare Hindernisse stößt, ist das Herausstellen weniger strenger Erkenntnisoperationen oder solcher mit approximativer Genauigkeit, zu denen vor allem die Modellierung gehört, natürlich.
Wenn auch eine unifizierte mathematische Strenge der Definition des Modellbegriffes noch nicht erreicht wurde, so ist diesem Begriff doch auf intuitiv-philosophischem Niveau durchaus gnoseologische Bestimmtheit eigen. Eine solche Feststellung läßt sich begründen, wenn man sich der Kardinalbeziehung der Modellierung — der Beziehung zwischen Modell und Theorie — zuwendet. Die Schwierigkeiten bei der Behandlung dieses Verhältnisses sind unserer Ansicht nach mit der Ignorierung des genetischen Herangehens verbunden. Tatsächlich führt die Betrachtung der Erkenntnis als Prozeß zu der Vorstellung von einer zweifachen Beziehung des Modells zur Theorie. Das Modell kann auch als nichtlinguistische Realisierung einer bereits zumindest in ihren Grundzügen existierenden Theorie auftreten. Auf diesen Fall bezieht sich offensichtlich die Konzeption von SAPPS. Das Modell tritt hier genetisch als „Nachtheorie“, als Metatheorie auf und erfüllt die „Realisierungsfunktion“ in der Extrapolation und Überprüfung der gegebenen Theorie. Offensichtlich erfaßt diese Konzeption nicht den unserer Ansicht nach gnoseologisch wichtigen Fall, in dem die Rede von der Erkenntnis der Sphäre der Realität ist, die noch nicht von einer logischen Theorie erfaßt worden ist. Uns scheint, daß damit auch die früher in allgemeinphilosophischer Hinsicht bemerkte Unvollständigkeit des Herangehens an das Modell erklärt wird. Daraus folgt, daß die im naturwissenschaftlichen Aspekt vollkommen rechtmäßige Konzeption des Modells, die sich auf dessen Realisierungsfunktion stützt, in allgemein-methodologischer Hinsicht unzureichend ist.
Häufiger operiert man mit dem Modellbegriff dann, wenn es noch keine Theorie gibt; in solchen Situationen tritt das Modell als möglicher Keimling der neuen Theorie auf, d. h. als „Vortheorie“, als hypothetisches Modell. Das Modell erfüllt dabei bezüglich der künftigen Theorie der zu modellierenden Erscheinung eine Konstruktionsfunktion. Da aber gewöhnlich bei der Erkenntnis neuer Phänomene zunächst die Rede von ziemlich unbestimmten und mitunter noch unzureichend begründeten theoretischen Überlegungen ist. Ein Beispiel dafür ist das Modell eines Stückes supraleitenden Metalls in Form eines gigantischen Atoms, um dessen Kern sich die Elektronen ohne Widerstand bewegen. Das Modell tritt insofern gleichsam in der Form einer „anschaulichen Abstraktion“ auf, als „anschauliche“

Abstraktion nicht im Sinne einer gefühlsmäßig erreichbaren, sondern im Sinne des Mittels, mit dessen Hilfe die neuen Vorstellungen mit dem vorhandenen intellektuellen Potential verbunden werden können und das „Gefühl der Nostalgie" des Forschers, dessen Hang zu bereits abgeklärten theoretischen Konstruktionen, von dem Oppenheimer spricht, befriedigt werden kann.

Die Verbindung der vorangegangenen Theorie mit der folgenden ist ihrerseits eine notwendige Bedingung der Vererbbarkeit der Erkenntnis. Mit fortschreitender Entwicklung des Wissens wächst aus einer Vielzahl von Modellhypothesen die neue Theorie, und das Modell tritt in diesem Fall als gnoseologische Übergangsform von der alten Theorie zur neuen, als Form ihrer Verbindung auf. Gleichzeitig ist das Modell bezüglich des theoretischen Erfassens der neuen Wirklichkeitssphäre fähig, als werdende neue Theorie aufzutreten.

Die genetische Betrachtung der Beziehung von Modell und Theorie erlaubt es, die drei nach unserer Ansicht wesentlichsten Formen der Modellformalisierung herauszulösen. Zunächst wollen wir die Modelle betrachten, die das Verhalten des Objektes in Form eines zweidimensionalen Vektors darstellen, dessen eine Komponente durch die Eingangsparameter, d. h. dem Einfluß der Sphäre, und dessen zweite durch die Ausgangsparameter, die Reaktion des Systems, gebildet werden.

In solchen schwach formalisierten, vorwiegend beschreibenden Modellen gelingt es, einige quantitative Abhängigkeiten aufzuspüren. Hier steht jedoch im Mittelpunkt der Aufmerksamkeit noch die Fixierung des Verhaltens eines Objektes in seiner Umgebung, aber noch nicht seiner Theorie. Es ist klar, daß auch diese Anfangsetappe der Formalisierung des Modellverhaltens in praktischer Hinsicht äußerst wertvoll sein kann, da sie die Möglichkeit gibt, eine Taktik der Regelung des Objektverhaltens aufzubauen. Sehr wichtig sind Modelle komplizierter Erscheinungen, die auf der Grundlage der modernen Hilfsmittel der mathematischen Logik konstruiert sind. Verbreitet sind hier die Modelle des Nervennetzes, die mit Hilfe einer Berechnung, die auf das Neuronennetz angewendet wird, konstruiert worden sind. Neuronennetze charakterisieren mit einer gewissen Approximation einige Nervenprozesse, z. B. die Übertragung der Erregung entlang der Neuronenkette. Charakteristisch für solche Modelle ist die Benutzung der traditionellen Methodologie der logischen Analyse, die auf der Herauslösung einer Zelle, eines „Quants" der gegebenen Erscheinungsart begründet ist. Im Falle von Nervenprozessen ist das Neuron eine solche Zelle.

Im Buch von Miller, Galanter, Pribram „Pläne und Struktur des Verhaltens" wird festgestellt, daß es für die Modellierung psychischer Prozesse zweckmäßig ist, einige stetige Elemente herauszulösen, die der Zelle und dem Atom ähnlich sind. Auf dieser Grundlage lassen sich bei „Vorhandensein einer einfachen Einheit komplizierte Erscheinungen als gesetzmäßig aus einfachen Teilen zusammengesetzt beschreiben. Das ist das Wesen einer außerordentlich effektiven Strategie, die als wissenschaftliche Analyse bezeichnet wird" [5]. Natürlich gelingt es nicht, mit Hilfe des verhältnismäßig statischen Modells in Form eines Netzes von Neuronen, die nach dem „Alles- oder nichts-Prinzip" wirken, viele, kompliziertere dynamisch-psychische Prozesse zu charakterisieren.

Einen besonderen Platz nehmen deshalb Modelle von Lebenserscheinungen und psychischen Erscheinungen ein, die mit Hilfe analytischer mathematischer Mittel konstruiert sind. Analytische Ausdrücke sind dabei in der Lage, nicht nur die quantitative Seite der Prozesse zu charakterisieren, sondern auch ihre qualitative Spezifik aufzudecken; ähnlich der Tatsache, daß die Nichtkommutation der Operatoren in der Formel der Unschärferelation die widersprüchliche Korpuskel- und Wellennatur von Mikroobjekten charakterisiert.
In Verbindung mit den Betrachtungen der Modelle von Lebenserscheinungen und psychologischen Erscheinungen, die analytische Formeln darstellen, soll eine methodische Frage berührt werden. In der realen Modellierung ist es häufig wichtig, die Erkenntnisfunktionen des mathematischen Apparates zu differenzieren. Uns scheint, daß, falls die Rede von mathematischen Formeln ist, die die quantitative Charakteristik der Erscheinungen oder ihrer funktionellen Verbindungen im Rahmen einer dieser Klasse von Erscheinungen befriedigend beschreiben, die Notwendigkeit besteht, von dem mathematischen Apparat der Theorie und nicht von einem mathematischen Modell zu sprechen; es wird von der mathematischen Formgebung, der Vervollkommnung einer bereits existierenden Theorie die Rede sein. Dieser Art ist z. B. die Rolle der analytischen Formel des Gesetzes von WEBER-FECHNER, das die Wirkung von Gefühlsanalysatoren beschreibt.
Wenn aber die existierende Theorie die gegebene Erscheinung entweder überhaupt nicht berührt oder sie äußerst allgemein auf verbalem Niveau beschreibt, dann gewinnt der mathematische Formalismus eine relativ selbständige Bedeutung, tritt als Ersatz der Theorie, deren endgültige Form noch nicht klar ist auf, dient als Keimling einer neuen künftigen Theorie. Dabei entwickelt sich diese künftige Theorie nicht nur aus der experimentellen Untersuchung der realen Erscheinungen, sondern auch aus der quasiexperimentellen Analyse der mathematischen Formeln, die als Vertreter der realen Erscheinungen in der Welt der „reflektierten Wirklichkeit" auftreten. Häufig gelingt es, die Besonderheiten eines mathematischen Modells auf die „Realität" zu extrapolieren. So bedeutet z. B. in der Mikrophysik das Vorhandensein von Wurzeln beider Zeichen in der DIRACschen Elektronengleichung die Fixierung des Dualismus—Teilchen und Antiteilchen.
Uns scheint, daß bei der Erkenntnis biologischer, psychophysiologischer Erscheinungen hauptsächlich dann von der mathematischen Modellierung die Rede ist, wenn Suchforschungen auf Gebieten durchgeführt werden, für die noch keine konsequente Theorie geschaffen wurde. Aus einer solchen mathematischen Modellierung muß auch eine neue strenge Theorie der Lebensprozesse und der psychophysiologischen Prozesse hervorgehen.
Es ist ganz offensichtlich, daß diese gewaltige Aufgabe nur im Prozeß der allmählichen Ansammlung immer neuer und neuer Modelle, des Überganges von der ersten unvollkommenen zu den folgenden immer adäquateren und vollständigeren Modellen des Lebens und der Psyche gelöst werden kann.
Die Funktionalität kybernetischer Modelle psychophysiologischer Erscheinungen. Wie allgemein anerkannt, sind biologische, psychische und soziale Objekte komplizierte dynamische Systeme. Wir werden hier den Begriff des Systems nicht be-

trachten, sondern nur bemerken, daß auch er in vieler Hinsicht intuitiven Charakter trägt und daß der Begriff des Modells logisch mit dem Begriff des komplizierten Systems verbunden ist. Besonders die Kompliziertheit biologischer Systeme, die unendliche Zahl untereinander verbundener Parameter, die Adaption an ein zufälliges Milieu u. a., bestimmen den fundamentalen Umstand, daß ihre Modelle von Anfang an vorwiegend funktionalen, d. h. makroskopischen Charakter tragen; man beschreibt ihr Verhalten in einem sich ändernden Milieu. Auf dem Wege der Funktionalmodellierung erhielt man bedeutende praktische und theoretische Resultate, z. B. bionische Modelle, die Analysatoren einer Reihe lebender Wesen, die Untersuchung der Fähigkeit des Erkennens von Mustern auf Perzeptronen, das Modell des „Problemlösers" usw. Die Fruchtbarkeit dieser wissenschaftlichen Methodologie ist unbestreitbar. Mehr noch, unter modernen Bedingungen ist das offensichtlich der optimale Weg des Aufbaus einer ersten exakten Wissenschaft von der Kompliziertheit.

Indem sie den Wert der Funktionalmodelle des Verhaltens in jener Etappe, in der wir die inneren Wirkungsmechanismen nicht vollständig kennen, unterstreichen, schreiben die Autoren der Arbeit „Pläne und Struktur des Verhaltens": „Zum Glück müssen die Regeln, die, wenn große Erfahrung vorhanden ist, festgestellt werden, nicht obligatorisch von Anfang an in rationeller Form bekannt sein: wenn das so wäre, dann wären wenige von uns in der Lage, in der Wiege zu sitzen" [6].

Da das Funktionalmodell auf der Grundlage einer makroskopischen Beschreibung die ganze Steuerungstaktik eines komplizierten Systems angibt, treibt es, obwohl es nicht von Anfang an eine eindeutige Charakteristik der inneren Mechanismen des Systems aufdeckt, die Erkenntnis komplizierter Lebensprozesse bedeutend voran. So erweisen sich bei der Lösung einer Reihe psychischer Probleme halbstrenge heuristische Funktionalmodelle des Prozesses der Informationsverarbeitung als fruchtbar. Es ist wichtig, noch einmal die Richtigkeit der häufig geäußerten Meinung zu unterstreichen, daß die Anwendung exakter Methoden der Mathematik auf dem Gebiet der Lebenserscheinungen die Schaffung einer neuen Richtung in der Mathematik — der Biomathematik — erfordert. Es ist möglich, daß einer der Wege einer solchen Verallgemeinerung mit der Auswechselung einer speziellen genauen Methode der formal-analytischen Beschreibung eines komplizierten Systems durch eine allgemeine exakte Methode der algorithmischen Darstellung seines Verhaltens verbunden ist.

Es ist klar, daß die Frage der Ausarbeitung konkreter Methoden komplizierter Systeme ganz in die Kompetenz von Spezialuntersuchungen gehört. Vor den philosophischen Untersuchungen dagegen erhebt sich vor allem die Frage nach dem Verhältnis der modernen Methode der Funktionalmodellierung und der traditionellen Methode der Aufdeckung innerer Strukturen der Objekte. In unserer Literatur ist in ausreichendem Maße versucht worden, die Haltlosigkeit verschiedener Formen des Phänomenologismus zu beweisen, sowie die Kybernetik und die kybernetische Modellierung des Behaviorismus, Phänomenologismus u. a. zu beschuldigen. Gleichzeitig scheinen uns auch die manchmal anzutreffenden Versuche einer geradlinigen Gleichsetzung der funktionalen Beschreibung des Systemver-

haltens und der Aufdeckung der Struktur eine gewisse Vereinfachung zu sein. Wie wir weiter zeigen werden, ist die Frage nach dem Verhältnis des funktionellen und strukturellen Wissens bedeutend komplizierter.
Berühren wir nunmehr ein leider sehr zähes Überbleibsel in der philosophischen Arbeit auf dem Gebiet der Naturwissenschaften. Lewi läßt in dem Artikel „Die Modellierung von Nervennetzen", der interessantes Material enthält, eine methodologische Ungenauigkeit zu. „Man kann" — schreibt er — „auf zwei sich scharf voneinander unterscheidende Arten des Herangehens an das Problem der Modellierung der Nervennetze — die dialektisch-materialistische und die behavioristische — hinweisen" [7]. Im Verlauf der letzten zwanzig Jahre — und früher — haben wir uns mehr als einmal von der unheilvollen Auswirkung überzeugt, die das Übertragen der Klassifikation entgegengesetzter philosophischer Konzeptionen auf das Gebiet der Spezialwissenschaften hat. In dem Artikel wird weiter gesagt: „Entsprechend der angeführten zwei Arten des Herangehens, der dialektisch-materialistischen und der behavioristischen, existieren in der technischen Modellierung der psychischen Tätigkeit zwei Richtungen — die Bionik und die relationale Biologie" [8].
Offensichtlich haben wir die Elemente eines im ganzen bewältigten und verurteilten Versuches vor uns, nach philosophischen, dazu häufig auch noch ziemlich willkürlichen „Modellen" das naturwissenschaftliche Original einzuschätzen und über Streitgespräche zwischen wetteifernden Richtungen von Spezialdisziplinen zu urteilen. Der Autor identifiziert die Richtung der relationalen Biologie mit dem Behaviorismus in seiner philosophischen Auslegung. Es ist klar, daß unter gegenwärtigen Bedingungen solche philosophischen Einschätzungen der Naturwissenschaft kaum einen wesentlichen Schaden bringen, die Naturwissenschaftler erfahren meistens auch nichts von ihnen. Den philosophischen Arbeiten jedoch fügt eine solche Methode der rein äußerlichen, auf spekulativen Vorurteilen begründeten Gegenüberstellung der Widersprüche und Schwierigkeiten der Wissenschaft fortgesetzt großen Schaden zu, weshalb es auch wichtig ist, ständig die ganze Nichtkonstruktivität eines solchen Herangehens aufzudecken.
Unter dem Leitgedanken seiner einschätzenden Klassifizierung bemüht sich der Autor, a priori eine unserer Ansicht nach recht interessante Idee von Rosen in Verruf zu bringen, die dieser in dem Artikel „Relationale Biologie und Bionik" [9] äußerte. Unter Berücksichtigung der realen Schwierigkeiten bei der Aufdeckung der inneren Strukturen komplizierter Systeme und besonders des Hindernisses beim Feststellen der Übereinstimmung zwischen ihrer funktionalen Beschreibung und der strukturellen Organisiertheit schlägt Rosen, im Gegensatz zum gewöhnlichen bionischen Herangehen, einen abstrakteren Weg vor. Es wird irgendein abstraktes Funktionalschema genommen, das mathematisch gegeben ist. Gedanklich wird das Modell als System und das untersuchte komplizierte System selbst wie die Realisierung dieses mathematischen Systems betrachtet. Wenn sowohl das Modell als auch das Objekt durch ein und dasselbe mathematische funktionale System realisiert werden, so erhalten wir die Möglichkeit, nach dem Modell über das Objekt zu urteilen.

Uns scheint, daß bei dem gegebenen Herangehen der methodologisch interessante Versuch der Aufdeckung dessen unternommen wird, was wir als isofunktionale Übereinstimmung des Modells mit dem Original bezeichnen. Über die mathematische Vollkommenheit dieses Versuches müssen natürlich die Kybernetikspezialisten urteilen und nicht die Philosophen. Es ist möglich, daß diese Versuche ein Moment auf dem Weg zur Wahrheit sind.

In einer Periode, in der es die Aufgabe der Dialektik ist, die Verbindung zweier Momente in der Entwicklung der wissenschaftlichen Erkenntnis — der strukturell-bionischen und der funktionalen, d. h. der relationsbiologischen Richtung in der modernen technischen Modellierung aufzudecken und nicht ihre Gegensätzlichkeit zu verabsolutisieren, in der die direkten Methoden der Aufdeckung der inneren Strukturen komplizierter Systeme noch recht unvollkommen sind, sind unseres Erachtens Versuche aller Art, die Methode der Funktionalmodellierung, die uns heute eine relativ objektive Wahrheit über komplizierte Systeme liefert, in Verruf zu bringen, äußerst haltlos.

Die Modellierung als Prozeß. Bekanntlich beginnt das Eindringen exakter physikomathematischer Methoden in das Gebiet der Untersuchung von Lebenserscheinungen und psychischen Erscheinungen dem Wesen nach erst jetzt. Die materielle Einheit der Welt stützt sich natürlich nicht auf die metaphysische Identität aller Objekte, sondern setzt den Ausdruck der Spezifik des Lebenden selbst in der exakten physiko-mathematischen Sprache voraus. Das ist bisher noch nicht gelungen. Im Resultat werden Abgrenzungen der „deterministischen" Beschreibung einfacher Systeme von der „teleologischen" Beschreibung von Systemen, die einen beträchtlichen Grad von Kompliziertheit erreicht haben, benutzt; WIENER z. B. grenzt die NEWTONsche Zeit der mechanischen Erscheinungen und die BERGSONsche Zeit der lebenden Objekte voneinander ab. Kybernetische Modelle sind bis jetzt nicht mehr als erste Systeme, die eine Brücke von den exakten Wissenschaften zum Gebiet des biologischen Wissens schlagen. Ihre funktional-formalisierte Natur drückt die historisch bedingte Begrenztheit der ersten Etappe der genauen Erkenntnis lebender Systeme aus. Für die moderne Wissenschaft bleiben die Worte KANTS aktuell: „... es möge nicht seltsam erscheinen, wenn ich mir erlaube zu sagen, daß es leichter ist, die Bildung aller Himmelskörper und den Grund ihrer Bewegungen, kurz gesagt die Entstehung der ganzen gegenwärtigen Einrichtung des Weltgebäudes zu verstehen, als auf der Grundlage der Mechanik genau die Entstehung nur eines Gräschens oder einer Raupe aufzuklären" [10].

Entscheidende Bedeutung für den weiteren Fortschritt der Funktionalmodelle haben gehaltvolle Theorien und experimentelle Entwicklungen. Tatsächlich hängt der Erkenntniswert eines formalisierten Modells von jener gehaltvollen Ausgangsinformation ab, auf der das Modell basiert. Eine reichere biologische Information führt zur Schaffung tiefgründigerer kybernetischer Modelle. Die kybernetische Modellierung tritt als sich fortschreitend entwickelnder Erkenntnisprozeß auf. So stützten sich z. B. die anfänglichen kybernetischen Arbeiten (Neuronennetze von MAC-KALLOC-PITTS) auf die äußerst wirksame Approximation — das „Alles-oder-nichts-Prinzip" — in der Arbeit des Neurons. Im weiteren erwies sich die Berücksichtigung der variablen Kontinuität in der Arbeit des Neurons als wesentlich. Es entstand die Notwendigkeit des Überganges von den starren kombinatorischen Modellen zu Kontinualmodellen, die den Apparat der mathematischen Analyse benutzen.

Das Verstehen der kybernetischen Modellierung als dialektischer Prozeß erlaubt es, die Frage nach der Natur des Mechanismus des Modellwechsels selbst bei der Erforschung des Lebenden zu stellen. Die von uns vorgeschlagenen Überlegungen erheben keinen Anspruch auf die Formulierung einer folgerichtigen Theorie der Entwicklung der Modellierung. Eine solche Theorie wird offensichtlich nur im Ergebnis der kollektiven Anstrengungen vieler Forscher formuliert werden. Die Idee, die wir zur Erörterung vorschlagen möchten, besteht in folgendem: Eine grundlegende regulative Rolle im Entwicklungsprozeß der Modellierung spielt das Prinzip der funktional-strukturellen Korrelation, das auf bestimmte Weise die Wechselwirkung des GÖDELschen Theorems mit dem BOHRschen Korrespondenzprinzip verallgemeinert.

Tatsächlich ist der Übergang von einem Modell zu einem anderen an Information reicheren, im Zuge der Formalisierung ein Übergang von einem Formalismus mit n Dimensionen zu einem Formalismus mit $n + 1$ Dimensionen. Ein solcher Prozeß ist offensichtlich verbunden mit der Idee der Lösung der Schwierigkeiten des gegebenen Formalismus auf dem Wege des Hinausgehens über seine Grenzen in das Gebiet eines ihn tiefer verallgemeinernden, wirksameren Formalismus. Was die gehaltvolle biologische Ausgangsinformation betrifft, so wird ihre Entwicklung vom Korrespondenzprinzip reguliert, wie wir im weiteren anhand einer Reihe von Beispielen zeigen werden.

Eine tiefgründigere, gehaltvollere Information erfordert einen breiteren Formalismus, zu dem der Übergang in Übereinstimmung mit dem GÖDELschen Theorem verwirklicht werden kann; eine effektivere Formalisierung verlangt ihrerseits eine verallgemeinertere gehaltvollere Theorie der Lebenserscheinungen. Die fortschreitende Entwicklung der Erkenntnis wird gleichsam im Rahmen einer geschlossenen dynamischen Kontur mit Rückkopplung verwirklicht: von dem inhaltlich armen und schwach formalisierten Modell zu dem an Information reicheren Modell, von ihm zur gehaltvollen Theorie, die ihrerseits als Ausgangsinformation für stärker formalisierte Modelle dient. Natürlich ist dieses Schema namentlich auf dem Gebiet der theoretischen Erkenntnis gültig, die selbst die für die Entwicklung anregend wirkenden Impulse des Experiments erhält und ihrerseits an letzteres neue Anfragen richtet.

Abschließend verweilen wir bei einigen Beispielen, die zeigen, wie sich nach unseren Vorstellungen die Wirkung des Korrespondenzprinzips auf dem Gebiet der kybernetischen Modellierung von Lebenserscheinungen äußert. Die Entwicklung der theoretischen Kybernetik und der stetige Fortschritt bei der technischen Konstruktion kybernetischer Einrichtungen führten bekanntlich zur weiten Verbreitung der Lösung sogenannter nichtberechenbarer Aufgaben an Maschinen. Es gelingt immer vollkommner mit Hilfe elektronischer Systeme verschiedene psychische Prozesse, wie logische Beweise, Perzeptoren, Emotionen u. a., zu modellieren. Die kybernetische Modellierung tritt als neue, sehr wirksame und breit anwendbare Methode der theoretischen und experimentellen Untersuchung der Psyche auf. Bei der methodologischen Analyse dieser neuen Erkenntnismethode in der Physiologie der höheren Nerventätigkeit und der Psychologie liegt es nahe, die Frage nach ihrer Beziehung zu den klassischen Methoden der Erforschung der höheren Nerventätigkeit durch die Schule von PAWLOW zu stellen. Bekanntlich widmete BERNSTEIN dieser Frage große Aufmerksamkeit. Sich auf Ideen vom Ringmechanismus der neurophysiologischen Prozesse über die vorausgehende Widerspiegelung der Wirklichkeit stützend, verallgemeinerte er das PAWLOWsche Modell des Ziel-Reflektor-Bogens.

Man kann, wie uns scheint, mit guter Begründung sagen, daß im gegebenen Fall bei der Untersuchung des Gehirns ein allgemeines methodologisches Prinzip wirkt, das in der Physik die Bezeichnung Korrespondenzprinzip erhielt. Nach diesem Prinzip schließt die folgende Theorie stets die vorangegangene Theorie als einen gewissen Grenzfall ein. Wenn wir das Korrespondenzprinzip bei der Analyse der Wechselwirkung der PAWLOWschen Reflextheorie und der modernen Ansichten in der Neurophysiologie und der Kybernetik benutzen, so sehen wir, daß es keinerlei Begründung dafür gibt, die Frage zu stellen, ob die moderne Neurophysiologie die Reflextheorie ablöst. Das wäre das Gleiche, als würde man fragen, ob die Theorie EINSTEINS die NEWTONsche Mechanik ablöst. Natürlich nicht. Sie schließt jedoch die NEWTONsche Mechanik als speziellen Grenzfall ein.

Bei der Erforschung des Gehirns muß man vom dialektischen Prinzip ausgehen, das jede neue wissenschaftliche Theorie als eine qualitativ neue Stufe in der Erkenntnis der Wahrheit und nicht einfach als Ergänzung durch einige, seien es auch wesentliche Details eines ein für allemal geschaffenen Mechanismus betrachtet. Dabei können wir den Schluß ziehen, daß das kybernetische Herangehen mit der Funktionalmodellierung der Psyche nicht nur irgendein Katalysator ist, der den Prozeß der Erkenntnis des Gehirns beschleunigt. Das kybernetische Herangehen ändert das Verständnis der neurophysiologischen Prozesse selbst wesentlich. Das betrifft nicht nur direkt die positiven Daten — den Mechanismus der Rückkopplungen, die Prinzipien der Informationszirkulation u. a. Hier ist der methodologische Aspekt von großer Bedeutung und er ist vor allem mit der Formulierung der Aufgabe verbunden.

Es ist wichtig, folgenden Umstand im Auge zu behalten: wenn sich das Weltbild ändert, so verändert sich auch unser Verständnis dessen, was es heißt, die eine oder die andere Erscheinung zu begreifen. Eine bestimmte Form derartigen Begreifens sind Funktionalmodelle. Gerade deshalb haben für die moderne Naturwissenschaft insgesamt und die Erforschung des Gehirns die Fragen der phänomenologischen Modellierung besondere Bedeutung. Die phänomenologischen Methoden sind jetzt produktiver und wertvoller als sehr gute qualitative Hypothesen über innere Mechanismen.

Man kann folgende Theorie formulieren: In der modernen Naturwissenschaft ändern sich die Wechselbeziehungen zwischen dem, was im allgemeinen als phänomenologisches und strukturelles Herangehen bezeichnet wird. Um diese Veränderungen zu zeigen, muß man sich vor allem vom Terminus „phänomenologische Beschreibung“ lösen, da dieser Terminus in gewissem Maße durch den Positivismus und seine Idee des Bruchs zwischen Phänomen und Wesen diskreditiert wurde. Es scheint, daß es in der Kybernetik notwendig ist, nicht vom phänomenologischen Herangehen, sondern von der Funktionalmodellierung zu sprechen, die jetzt ein ziemlich leistungsfähiges Forschungsmittel ist. Mit ihrer Hilfe kann man nicht nur die Funktion beschreiben, sondern auch in die Struktur eindringen. Das Wesen der Sache besteht darin, daß bei jeder Funktion gleichsam die Struktur hindurchleuchtet, daß die Funktionalbeschreibung auch ein gewisses Mittel der strukturellen Beschreibung ist, daß die Funktion nicht willkürlich ist, sondern aus dem Strukturmechanismus hervorgeht.

Das kann man schematisch etwa auf folgende Weise darstellen:

A ↑		C ↑
Objekt	Feld der Funktionalbindungen von Objekt und Milieu	Milieu
| B		| D

Gegenstand der Funktionalmodellierung ist nicht das Objekt als solches, sondern das Objekt in einem gewissen Milieu. Der Bereich der Wechselwirkung von Objekt und Milieu — das eben ist das Gebiet der Funktionalbindungen. Das ist eine vollkommen objektive Erscheinung, die gleiche, wie, sagen wir, das Feld. Uns scheint, daß man den Terminus „Feld der Funktionalbindungen von Objekt und Milieu“ vorschlagen kann. Dieses „Feld“ existiert objektiv und kann in gewisser Näherung als verhältnismäßig selbständiges Objekt — selbständig bezüglich der Struktur sowohl des Milieus als auch des Objektes selbst — erkannt werden. Die Funktionalbindungen als solche stellen die innere Struktur dieses „Feldes“ dar.

Dabei ist es wichtig, im Auge zu behalten, daß die Linien AB und CD die Tendenz haben, sich auseinanderzubewegen, immer größere Teile der inneren Struktur des Objektes zu ergreifen und eine immer größere Anzahl von Faktoren des Milieus zu berücksichtigen. Deshalb kann die Erforschung des lebenden Objektes, die rein funktional beginnt — oder wie man sagt, phänomenologisch —, die Kenntnis seiner Struktur selbst, den Mechanismus seiner Tätigkeit liefern. Insofern, wie hier der Übergang von der verhältnismäßig geringen Information des Modells zur verallgemeinerten Erkenntnisform vollzogen wird, insoweit erscheint in diesem Übergang das Korrespondenzprinzip.

Ein klares Beispiel für die fortschreitende Bewegung vom funktionalen zum strukturellen Wissen kann man in den Untersuchungen der DNS sehen. Sie begannen als rein funktionale Versuche der Dechiffrierung der Folge der Nukleotiden im Molekül der DNS in der Gegenüberstellung mit der Folge der Aminosäuren im Eiweißmolekül und endeten mit der tiefgründigen Aufklärung der intimsten inneren Mechanismen der Eiweißsynthese, mit der Enthüllung der strukturellen Organisation der Vererbung.

Ein Beispiel des Übergangs von rein funktionalen phänomenologischen Modellen zu strukturell-funktionalen wird in der bereits erwähnten Arbeit von MILLER, GALANTER, PRIBRAM „Pläne und Struktur des Verhaltens“ analysiert. Dort ist gezeigt worden, daß von dem äußerst begrenzten, rein behavioristischen Schema „Stimulus — Reaktion“, das keinen inneren Mechanismus besitzt, der Übergang zum tiefgründigeren Verhaltensmodell TOTE (Test — Operatic — Test — Exit), das die Berücksichtigung des Mechanismus der Rückkopplungen einschließt, vollzogen wurde, d. h. in die Lösungssuche wurde das Moment des Vergleichs des Primärresultats der Wirkung mit den Vorsätzen eingeführt.

Das Aufstellen von Funktionalmodellen wächst überall in die Beschreibung der inneren Objektstruktur hinüber, sie ist von ihr nicht prinzipiell abgegrenzt und dient, allgemein gesagt, auf dem Wege der Gliederung des Ganzen in Teile als originelle Verallgemeinerung des traditionellen Verfahrens der analytischen Charakterisierung der inneren Struktur in Richtung des Korrespondenzprinzips, obwohl sie auch das Moment der statistischen Nichteindeutigkeit in der Charakterisierung der inneren strukturellen Organisation komplizierter Systeme einschließt.

Literatur

1. Zitat aus dem Buch: GEORGE, F., „Das Gehirn als Rechenmaschine“. Moskau, 1963, S. 5.
2. NOWIK, I. B., „Über die Modellierung komplizierter Systeme“. Moskau, 1965 (Bibliographie).
3. „Die Modellierung in der Biologie“ (Sammelbd.). Moskau, 1964.
4. Thesen des Symposiums „Die Methoden der Modellierung in der Naturwissenschaft“. 22.—28. Mai, 1966. Tartu, 1966, S. 6.
5. MILLER, D., GALANTER, J., PRIBRAM, K., „Pläne und Struktur des Verhaltens“. Moskau, 1964.
6. Ebenda.
7. LEWI, E. I., „Die Modellierung von Nervennetzen“. Philosophskije Nauki, 1966, N⁰ 2, S. 52.
8. Ebenda, S. 53.
9. ROSEN, R., „Relationale Biologie und Bionik“. IEEE, Transactions on Military Electronics, 1963, IV—VII, MIZ—7, N 2—3, S. 160—162, Philosophskije Nauki, 1966, N⁰ 2, S. 53.
10. KANT, I., Werke in sechs Bänden, Bd. 1, Moskau, 1963, S. 127.

N. T. Abramowa

GANZHEITSTYPEN UND REGELUNGSFORMEN

Die Analyse wechselseitiger Verbindungen von Ganzheitstypen mit Regelungsformen ist eine vorbereitende Etappe auf dem Wege der Anwendung verschiedener Verfahrensweisen, die mit der mathematischen Modellierung zusammenhängen. Diese Etappe kann als qualitative Untersuchung der wesentlichsten Parameter eines Systems angesehen werden. Wie die Erfahrung zeigt, tritt die mathematische Formulierung von Gesetzmäßigkeiten erst ein, wenn sich im Objekt die beständigen Parameter hervorheben, d. h. daß die qualitative Analyse der quantitativen vorausgeht. Die Schwierigkeiten bei der Anwendung eines mathematischen Apparates zur Erforschung lebender Systeme sind gegenwärtig nicht selten im Fehlen von streng fixierten, wesentlichen Parametern zu suchen. Auf jenen Forschungsgebieten, auf denen eine genaue Vorstellung von den beständigen Parametern und ihren Verbindungen besteht, ist man schon dabei, ihre mathematische Analyse durchzuführen und hat auf diesem Wege gewisse Ergebnisse gewonnen. Die Anwendung der Mathematik zur Erforschung, z. B. von physiologischen Systemen, wurde vor allem deshalb möglich, weil in ihnen solche beständigen Parameter herauskristallisiert worden waren, wie der Zuckerspiegel im Blut, die Intensität des Kohlendioxids, die Konzentration von Wasserstoffionen.

Somit hängt die Anwendung quantitativer Methoden zur Erforschung komplizierter Systeme von der Lösung der Frage, was zu messen ist, ab. Es ist notwendig, festzustellen, inwieweit die Parameter, die sich der quantitativen Beurteilung unterziehen, wirklich die wesentlichen sind. Sind doch nicht alle beständigen Parameter wesentlich, und umgekehrt können einige nicht wesentliche Parameter beständig sein. Ein weiteres Hindernis beim Aufbau quantitativer Modelle für biologische Systeme ist gegenwärtig das Fehlen eines Bestandes an mathematischen Mitteln. Die Frage, wie die Parameter biologischer Systeme zu messen sind, bleibt in vielem noch ungeklärt. Das dient wiederum dem Antrieb zum Nachforschen und Ausarbeiten neuer mathematischer Methoden, worauf Bernstein[1]) die Aufmerksamkeit lenkt.

An die Bestimmung und Einschätzung der Parameter kann man auf verschiedene Arten herangehen. Als eine Möglichkeit zum Bestimmen von Parametern dienen logisch-mathematische Methoden. Westkott [1] bestimmt die Parameter, indem

[1]) s. sein Aufsatz im vorliegenden Werk.

er Differential- und arithmetische Gleichungen sowie die harmonische Analyse anwendet. Die Einschätzung von Parametern kann auf der Grundlage statistischer Methoden erfolgen.
Relativ einfache Systeme, mit denen die Physik zu tun hat, lassen sich durch eine verhältnismäßig geringe Anzahl von Parametern, die miteinander in Beziehung stehen, bestimmen. Komplizierte Objekte vom Typ lebender Systeme, die aus einer großen Menge von Teilsystemen und Elementen bestehen, sind durch eine Vielzahl von Parametern, die miteinander in Beziehung stehen, charakterisiert. Um ihr Verhalten beschreiben zu können, muß ein gleichzeitiges Wirken vieler Faktoren berücksichtigt werden. Jedoch unterscheiden sich die hochorganisierten Systeme von den weniger organisierten nicht so sehr durch die Anzahl der Parameter, als vielmehr durch das Vorhandensein komplizierter Verbindungsketten zwischen den Parametern. So wird in einem solchen physikalischen System, wie Gas, die Abhängigkeit zwischen den Parametern durch die Formel $RV = RT$ beschrieben. Das Verhalten eines Moleküls hat keine Auswirkungen auf das Gesamtsystem. Was ein System betrifft, das die Wechselwirkung zwischen Beute und Räuber beinhaltet, so kann in ihm die Verbindung zwischen den Parametern schon nur noch durch komplizierte, nichtlineare Modelle dargestellt werden, in denen solche Faktoren wie das Verhältnis der Anzahl der Räuber und die Geschwindigkeit ihrer Vermehrung u. ä. berücksichtigt werden.
Beliebige Wege, die mit der Erforschung der Systemparameter verbunden sind, erlauben es, verschiedene qualitative Verhaltensweisen dieser Systeme zu ergründen. Jedoch ist es bei weitem nicht immer einfach, jene Parameter herauszukristallisieren, die für die Klassifikation von Systemen vorrangige Bedeutung haben. Es scheint wichtig zu sein, die grundlegenden Abhängigkeiten zwischen den Teilen und dem Ganzen zu finden und ihren Platz innerhalb der Ursachen, die grundlegend für eine Reihe von Systemtypen sind, zu bestimmen. Wir stellen uns vor, daß in diesem Fall die Betrachtung des Wesens der gegenseitigen Beziehungen der Teile als Grundlage der Klassifikation unter den grundlegenden Organisationsprinzipien automatisch geregelter Mechanismen zukunftsweisend sein kann. Die Kybernetik, die sich mit den Regelungsmechanismen befaßt, erfaßt sowohl die in der Technik angewandten Mechanismen als auch physiologische Regelungssysteme lebender Organismen, Prozesse des Nervensystems u. a. Regelungssysteme können einen beliebigen Komplikationsgrad erreichen, die grundlegenden Prinzipien ihres Mechanismus bleiben jedoch immer die gleichen. Wenn man den Unterschied in den Regelungssystemen betrachtet, dann verfolgt man damit die Relativität des wesentlichen allgemeinen Kennzeichens.
Die Lösung der Frage nach den Wechselbeziehungen zwischen Regelungsformen und Ganzheitstypen hängt von dem Prinzip ab, nach dem die Klassifikation der Objekte vorgenommen wird. Deshalb ist es notwendig, dieser Frage etwas Aufmerksamkeit zu widmen. Wie werden die Kennzeichen ausgewählt; auf der Grundlage bloßer, formaler Ähnlichkeit, durch Herauslösen einiger allgemeiner Eigenschaften oder im Ergebnis des Suchens nach dem allgemeinen Gesetz, das für alle in der Gesamtheit vereinigten Glieder charakteristisch ist? Uns scheint,

daß nicht beliebige allgemeine Kennzeichen die Spezifik der Klasse ausdrücken, sondern nur jene von ihnen, die die inneren Gesetzmäßigkeiten, das wesentliche Allgemeine, wiedergeben. Indem man untersucht, wie dieses Allgemeine in jedem konkreten Fall erscheint, stellt man alle Verbindungen zwischen den verschiedenen Systemklassen fest.

Das Problem der Klassifikation von Objekten hat sowohl in der Philosophie als auch in den Naturwissenschaften eine lange Geschichte. Jedoch erst unter dem Einfluß der Kybernetik begann eine tiefere Erforschung der Objekte, die als Systeme verschiedener Klassen, Typen betrachtet werden. Die eigentümliche Synthese der Kenntnisse über die Wechselbeziehungen der Objekte, die in den verschiedensten Gebieten der Wissenschaft gewonnen wurde, entstand auf der Grundlage solcher Begriffe der Kybernetik, wie System, Steuerung, Struktur, Rückkopplung, Information u. a. Sich auf die system-strukturelle Art des Herangehens stützend, versucht man, das Wesen der qualitativ verschiedenen Systeme tiefer zu erfassen und sie in einer exakten Sprache zu beschreiben. Eben diese Forschungslinie auf dem Gebiet der Systemklassifikation ist, unserer Ansicht nach, die mit der besten Perspektive.

Die Idee der Kybernetik über die relative Ähnlichkeit von Steuerungs- und Regelungsmechanismen[1]) kann bei der Erarbeitung der Prinzipien und Grundlagen ausgenutzt werden, die für die Klassifizierung von Systemen notwendig sind. Ungeachtet der Vielzahl von Regelungsprozessen und der kolossalen Veränderlichkeit der Parameter beim Übergang von einem Prozeß zu einem anderen, existiert eine gewisse strukturelle Gemeinsamkeit aller Regelungsmechanismen. Dieser Umstand erlaubt es, diese Erscheinungen mit einer mathematisch verallgemeinerten Form zu beschreiben. Entsprechend der gestellten Aufgabe, heben wir die relative Ähnlichkeit zwischen den Regelungssystemen hervor. Unter relativer Ähnlichkeit versteht man eine Gemeinsamkeit der wesentlichen Parameter, die jedoch in verschiedenen Regelungsformen spezifisch erscheint.

Im vorliegenden Aufsatz wird der Versuch unternommen, die Verbindung zwischen den Ganzheitstypen und Regelungsformen zu verfolgen. Es muß vorher festgelegt

---

[1]) In diesem Aufsatz werden wir hauptsächlich den Begriff „Regelung“ verwenden und den Begriff „Steuerung“ bedeutend weniger. Zwischen diesen Begriffen besteht sowohl eine Gemeinsamkeit als auch ein Unterschied. Ihre Gemeinsamkeit besteht darin, daß sie ein und dieselbe Funktion im System darstellen. Mit Hilfe der Regelung und der Steuerung wird die Stabilität des Systems im Falle äußerer Einflüsse gewährleistet; die Regelung und die Steuerung sind ebenso Mechanismen zur Realisierung des Programms, des Ziels. Jedoch wird zwischen der Regelung und der Steuerung ein Unterschied gemacht. Das Wesen dieses Unterschied besteht darin, daß der Steuerung der Sinn einer speziellen, aber höheren Form der Regelung beigegeben wird. Es ist anzunehmen, daß das Steuerungssystem über eine kompliziertere Form der Abhängigkeit zwischen den Elementen, über das Bestehen eines selbständigen Steuerungsblocks verfügt, während für die Regelung weniger differenzierte Beziehungen der Elemente charakteristisch sind. Dementsprechend verwenden wir, da wir die Genesis der Regelungsformen von den einfachsten bis zu den höchsten verfolgen, den allgemeineren Begriff der „Regelung“.

werden, daß in der Arbeit keine strenge gegenseitige Übereinstimmung zwischen allen Regelungsformen und Ganzheitstypen angeführt wird.
Es ist üblich, die Systeme nach Typen zu unterscheiden, wobei die organischen Ganzheitssysteme für die Wissenschaft die größte Bedeutung haben. Zu ihnen gehören die Systeme, die sich auf dem Niveau von Atomen, Molekülen, Biopolymeren, Organismen befinden. Als organische Ganzheiten werden sie deshalb bezeichnet, weil bei ihnen Eigenschaften auftreten, die sowohl bei ihren Teilen, als auch bei der Summe dieser Teile fehlen. Ehe eine Definition der Ganzheitstypen, die das Wesentliche berührt, gegeben wird, kann bemerkt werden, daß eine Vorstellung vom Typ im Zusammenhang mit dem Herauskristallisieren einer Reihe von spezifischen Systemklassen entsteht, die auf der Basis allgemeiner Kennzeichen vereinigt sind. Außer der Kenntnis von der Spezifität der Systeme bringt der Begriff des Ganzheitstyps eine fortschreitende Veränderung der grundlegenden Kennzeichen zum Ausdruck, die durch den Übergang zu neuen Stufen der Materie hervorgerufen wird.
Im Zusammenhang mit der Klassifikation der Systeme entsteht eine Reihe von Fragen, die das Wesen der Grundlagen betreffen, z. B. nach welchen Kennzeichen müssen Systeme ausgesondert werden? Welchen Wert hat dieses oder jenes Kennzeichen? Wird es nur ein Kennzeichen, oder werden es mehrere sein? Welche Verbindungen bestehen zwischen den Kennzeichen? Wie sind die Kennzeichen quantitativ auszudrücken?
Die verbreiteten Typen der Systemklassifikation stützen sich auf die herangereiften Vorstellungen über den Charakter, das Wesen der Verbindungen der Teilchen in der Gesamtheit. In Abhängigkeit vom Unterschied im Charakter der Verbindungen wird die Aufteilung der Systeme in Klassen abgeleitet. Auf der Grundlage des Unterschieds im Charakter der Verbindungen der Teilchen werden summative (additive) Gesamtheiten von Ganzheitssystemen abgegrenzt, wird innerhalb der Ganzheitssysteme eine Reihe von Ganzheitstypen herausgelöst.
Es muß bemerkt werden, daß bei der Klassifikation von Ganzheitssystemen das Prinzip der einheitlichen Basis, das spezifisch in verschiedenen Systemtypen hervortritt, nicht immer konsequent durchgesetzt wird. Sagen wir, es wird die Aufgabe gestellt, den Unterschied zwischen technischen Mechanismen, chemischen Teilchen und lebenden Organismen zu zeigen. Hierbei betrachtet man charakteristische Kennzeichen in den Wechselbeziehungen der Teile und weist auf den Unterschied in der Größe des Abhängigkeitsgrades zwischen den Elementen in verschiedenen Systemen hin. Eine Wechselbeziehung zwischen den Elementen technischer Mechanismen ist z. B. solcher Art, daß die Zerstörung eines beliebigen Elements zwar nicht die anderen Elemente beeinflußt, eine solche Veränderung sich jedoch auf den Gesamtmechanismus auswirkt. Im chemischen Teilchen wirkt die Veränderung eines Elementes auf alle übrigen Elemente ein, sogar auf jene, die nicht in unmittelbarer Verbindung stehen sowie auf das Gesamtsystem. Im lebenden Organismus harmonieren die Wechselbeziehungen zwischen den Elementen mit einer relativ bedeutenden Autonomie der einzelnen Elemente.
Die Beschreibung der Unterschiede in den Verbindungsarten der Teilchen in quali-

tativ verschiedenen Objekten ermöglicht es uns jedoch nicht, bestimmte Systemklassen genauer hervorzuheben. Wenn man sich, ohne qualitative Daten hinzuzuziehen, auf eine so allgemein verständliche Vorstellung über den Charakter der Abhängigkeit zwischen den Teilen und der Gesamtheit stützt, kann man nur Kenntnis von den einzelnen Merkmalen des Unterschieds erhalten. Geht man aber von diesen Merkmalen aus, so darf man keine Vorstellungen über die Spezifik lebender Organismen oder chemischer Teilchen formulieren. Deshalb werden auf Grund eines unbedeutenden informativen Fassungsvermögens der hervorgehobenen Grundlage auch andere spezifische Systemmerkmale zur Klassifizierung von Systemen hinzugezogen. So wird, z. B. bei der Charakterisierung lebender Organismen, auf eine diese auszeichnende Fähigkeit hingewiesen, die Fähigkeit zur Selbstentwicklung. Als charakteristisches Kennzeichen der Moleküle wird die Zugehörigkeit dieser Systemklasse zur chemischen Bewegungsform erwähnt.

Die Einführung zusätzlicher, spezifischer Kennzeichen für jeden Systemtyp demonstriert jedoch das Fehlen bestimmter grundlegenderer Ausdrücke für die relative Ähnlichkeit der Systeme. Ist es doch bei der Klassifizierung außerordentlich wichtig, eben solche wesentliche Kennzeichen zu finden, die eine relative Ähnlichkeit haben könnten. Mit anderen Worten, wir wollen jetzt die Tatsache unterstreichen, daß die Aufgabe der Klassifizierung eine solche Gegenüberstellung von Systemen beinhaltet, wenn der Unterschied von einer Reihe wesentlicher allgemeiner Merkmale betont wird und Verbindungen zwischen den Systemen festgestellt werden. Die Klassifizierung kann unserer Meinung nach nicht überzeugend genug sein, wenn als Grundlage nur spezifische Merkmale der Systeme herangezogen werden. In diesem Falle werden die Objekte nur einander gegenübergestellt. Folglich müssen als Grundlage der Klassifizierung nur solche wesentlichen, gemeinsamen Merkmale ausgewählt werden, die es erlauben, die Verbindungen zwischen den Objekten festzustellen.

Einige Regelungsformen und ihre Verbindung zu Ganzheitstypen. Nachdem wir auf diese Weise einige Ausgangsprinzipien als Grundlage zur Systemklassifizierung klargelegt haben, kehren wir wieder zum Ausgangsbegriff des Ganzheitstyps zurück. Er fixiert in erster Linie die Spezifität eines jeden Gliedes in einer bestimmten Reihe koordinierter Systeme. Äußerst wichtig ist es, die Position eines jeden Kettengliedes, seine Verbindungen zu anderen Gliedern festzustellen.

Der Inhalt des Begriffs „Ganzheitstyp" ist eng verbunden mit dem Begriff des Organisationsgrades, fällt jedoch nicht mit ihm zusammen. Bei der Bestimmung des Organisationsgrades geht man von der Vorstellung aus, daß die Mehrzahl der bestehenden Systeme untereinander in „konstruktiver" Verbindung stehen und eine gewisse Reihe bilden. Eine solche Reihe besteht aus dem Feld, dem Plasma, den Elementarteilchen, Atomen, Molekülen, Molekülaggregaten, Zellen, Organismen, der Art, der Biozönose u. a.

SAWADSKIJ [2] schlägt vor, fünf grundlegende Organisationsgrade der organischen Natur hervorzuheben: den organismischen, den der Population und Art, der Biozönose, der Formation, der Biosphäre. In den Grenzen jedes der grundlegenden Organisationsgrade der organischen Natur unterscheidet SAWADSKIJ Evolutionsstufen. Beispielsweise umfaßt die Hierarchie der Systeme für den organismischen Grad ein elementares, übermolekulares Teilchen, das zur Selbstreproduktion fähig ist, ein vorzelliges, agames Lebewesen, ein mehrzelliges Lebewesen, höhere Lebewesen mit zentraler Steuerung der Funktionen. Jede der Hauptstufen der Evolution beinhaltet strukturelle Komponenten. Sagen wir, ein zentral-differenziertes, mehrzelliges Lebewesen mit dem Auftreten eines vernunftbegabten Typs besteht aus solchen strukturellen Komponenten wie Geweben, Organen, Organsystemen u. a.

Beliebige Gliederungselemente lebender Systeme, sowohl die hauptsächlichen Organisationsstufen der organischen Natur, als auch ihre Evolutionsstufen sowie die strukturellen Komponenten dieser Stufen, sind spezifische Ganzheitstypen. Mit anderen Worten: Mit dem Begriff Ganzheitstyp ist die Vorstellung von der Unstetigkeit der Systeme in einer gewissen Reihe verbunden. Die Zahl der Ganzheitstypen ist in dieser Reihe bedeutend höher, als die der Organisationsstufen.

Im Zusammenhang damit zeugen die Resultate der kybernetischen Untersuchungen davon, daß eine gewisse strukturelle Gemeinsamkeit zwischen den verschiedenen Ganzheitstypen gewährt bleibt. Unter struktureller Gemeinsamkeit versteht man eine bestimmte Isomorphie der grundlegenden Parameter des Ganzheitssystems. Eben weil wir uns auf die erwähnte strukturelle Gemeinsamkeit einiger Parameter stützen, nehmen wir eine Abgrenzung der Ganzheitstypen nach den Regelungsformen vor. Der Übergang von einem Systemtyp in einen anderen zieht folgerichtig die Veränderung der Regelungsmechanismen, der Regelungsstruktur, nach sich.

Wenn man beachtet, daß die Regelungsprozesse nicht jeder Systemklasse eigen sind — zwar weist eine Vielzahl sie auf, aber dennoch ist es nur eine begrenzte Anzahl —, so erweist sich die angewandte Klassifikationsgrundlage für die Abgrenzung von Systemen nicht als universell. Deshalb nutzen wir die hervorgehobene Grundlage nur in bezug auf einige biologische Systeme aus.

Allgemeine Charakteristik des Regelungsprozesses. Die Aufgabe der Regelung und Steuerung entsteht im Zusammenhang mit dem aktiven Bestreben des Systems, die ihm eigenen Existenzgesetze streng einzuhalten, ein festgesetztes Ziel[1]) zu erreichen.

In den verschiedenen Systemen können auch die Ziele verschieden sein. Bei der automatischen Regelung wird der Maschine das „Ziel" vom Menschen eingegeben. Dessen Funktion ist es, eine bestimmte physikalische Größe zu unterstützen und sie im Verlauf einer bestimmten Zeit als einen beständigen Wert zu erhalten, oder eine Veränderung des Wertes dieser Größe nach einem vorgegebenen Programm zu vollziehen (programmierte Regelung). Die programmierte Regelung setzt voraus, daß eingangs nicht eine beständige, sondern eine veränderliche Aufgabe

---

[1]) Das Ziel ist nicht anthropomorphistisch zu verstehen, sondern als ein festgesetztes „Bewegungsmodell" zu einem Endresultat hin. Eine, unserer Meinung nach, interessante Analyse des Zielbegriffs, wurde von W. A. Bokarjow [3] aufgestellt.

eingegeben wird; das System folgt dann automatisch die ganze Zeit über der eingangs durch das Programm vorgegebenen Größe.

Bei der Erforschung biologischer Systeme — Zellen, Organismen, Arten — stößt der Wissenschaftler unerwartet auf eine Vielzahl von Aufgaben, die durch eigenartige Regelungsmechanismen realisiert werden. Ein Teil der Regelungssysteme macht es erforderlich, mit dem äußeren Milieu ein Fließgleichgewicht aufrecht zu erhalten. Andere wieder sind mit Prozessen verbunden, die im Organismus selbst verlaufen, z. B. Differenzierung von Organen, Geweben und Reaktionen. Die natürliche Auslese als regulierender Faktor der historischen Veränderung der Population und der Arten insgesamt, hat eine besondere Tendenz. Alle Formen der Nerventätigkeit, angefangen von den einfachsten, bedingt reflektorischen Kombinationen und endend mit den kompliziertesten Verhaltensprozessen, lassen sich durch spezifische Aufgaben charakterisieren.

Unabhängig vom Inhalt des Ziels, wird im Regelungsprozeß, auf Grund der Übermittlung einer bestimmten Information, eine Reihe von Reaktionen ausgeführt, die auf die Realisierung des vorgegebenen Gesetzes gerichtet sind. Im Prozeß der Regelung bildet sich eine Verbindung zwischen dem zu steuernden Objekt und dem steuernden Mechanismus heraus. Der Inhalt dieser Verbindung besteht in der Übermittlung und Nutzung einer Information über die Notwendigkeit von Veränderungen im System, mit dem Ziel, ein bestimmtes Gesetz zu erlangen.

Ungeachtet der Verschiedenheit der Regelungsmechanismen verfügen sie doch über ein gemeinsames Prinzip zur Realisierung der Regelung, wie es das Rückkopplungsprinzip ist. Der Wissenschaftler stößt darauf bei den verschiedensten automatischen Regelungssystemen, z. B. bei der Regelung des Drucks in einer hermetischen Kammer, der Regelung der Geschwindigkeit einer Motorwelle beliebigen Typs, der Spannung in einem Stromkreis, der Frequenz des Wechselstroms und der chemischen Zusammensetzung eines Gases [4]. Als allgemein erweisen sich auch die Prinzipien der Regelung in lebenden Organismen [5]. Mit anderen Worten: das Rückkopplungsprinzip ist ein universelles Wirkungs- und Konstruktionsprinzip der Regelung, ungeachtet dessen, daß die Regelungsmechanismen aus allen möglichen Materialien bestehen, eine unterschiedliche Konstruktion haben und verschieden funktionieren können.

Äußerst wichtig ist, daß bei der Regelung eine allgemeine Aufgabe gelöst wird. In der Theorie der automatischen Regelung wird hervorgehoben: „Die Aufgabe einer beliebigen Systemverbindung und -steuerung besteht darin, daß die Ausgangsgröße in bestimmter Weise von der Eingangsgröße abhängen muß“ [6]. Um das System vor Störungen zu schützen, wird mit Hilfe der Regelung die geforderte Abhängigkeitsform zwischen dem Gesetz des Systems (Ausgangsgröße) und den wesentlichen Parametern (Eingangsgröße) festgelegt.

Aus der gewissen Vielfalt der Regelungsmechanismen lassen sich zwei charakteristische Typen aussondern. Für die eine Art der Regelungssysteme sind festgelegte und stereotype Methoden des Funktionierens charakteristisch. Die anderen wirken nicht nach genau vorgegebenen und unveränderlichen Methoden. Erläutern wir diesen Gedanken etwas näher. Der Regelungsprozeß stellt eine Reihe aufeinanderfolgender Reaktionen dar, die auf die Erfüllung des vorgegebenen Gesetzes gerichtet sind. Die Ausführung der Reaktionen kann in manchen Fällen derart verlaufen, daß die Veränderungen, die kontrolliert werden, durch Programmabhängigkeit mit der laufenden Information über die äußeren und inneren Arbeitsbedingungen verbunden sind, wobei diese Abhängigkeit bei lebenden Organismen als „angeborenes Programm“ erscheint, während diese Abhängigkeit bei technischen Mechanismen vorher, auf Grund apriorischer Information, die bei der Projektierung des Systems vorhanden ist, ausgewählt wird. Das sind sogenannte passive, sich anpassende Systeme.

Für aktive, sich anpassende Systeme ist die Möglichkeit der Selbstregulierung mit einem sich stetig verändernden Informationsfluß verbunden, wobei das System in jedem gegebenen Moment fähig ist, die Kontrolle seiner Operationen zu verwirklichen. Dabei darf es kein festes Determinationschema in den intermediären Operationen geben, die zur Lösung der gestellten Aufgabe führen. All das zeugt davon, daß für den Regelungsprozeß verschiedene Formen der Ursache-Wirkung-Beziehungen, in Abhängigkeit von den Methoden zur Erreichung des Ziels, charakteristisch sind. In bedeutendem Maße hängt dies mit den Verschiedenheiten in den Strukturschemata der Regelung zusammen.

Bei der Analyse komplizierter Regelungssysteme erlangen die Strukturschemata besondere Bedeutung, die die Anlage von Einflußpunkten und die möglichen Wege zur Ausbreitung der Signale aufzeigen, die die Wechselwirkung zwischen den Systemelementen gewährleisten. Die Strukturschemata der automatischen Regelungssysteme bestehen z. B. aus folgenden Elementen: den dynamischen, die eine gewisse funktionale Verbindung zwischen den Eingangs- und Ausgangssignalen gewährleisten, die die Strukturen der Signale umformen; den Verzweigungspunkten, in denen sich die Ausbreitungsbahn des Signals in verschiedene Bahnen verzweigt; den Verbindungen oder Linien des Strukturschemas, die die Ausbreitungsrichtung der Signale aufzeigen.

Wenn man die für lebende Organismen typische Regelungsstruktur charakterisiert, ist es notwendig, den Einfluß des Ziels auf die Formierung der Wirkungsstruktur zu erwähnen. Die Operationen aber können verschieden sein und den Charakter des Verhaltens der Lebewesen bestimmen, was weiter unten noch gezeigt werden wird.

Regelungsformen in der organischen Natur. Für lebende Organismen sind in der Mehrzahl der Fälle nicht homöostatische Systeme charakteristisch, sondern höhere Formen und Stufen von Steuerungssystemen. Wie bekannt, ist für die Stufe der Homöostase spezifisch, die Konstanz der Parameter aufrecht zu erhalten und dem System Stabilität zu gewährleisten. Da jedoch das Lebewesen gezwungen ist, aktiv auf das äußere Milieu zu reagieren, nimmt es Zuflucht zu anderen Regelungsformen, die sich von denen der Homöostase unterscheiden.

Wenn wir die spezifischen Besonderheiten der Regelung charakterisieren, die verschiedenen Systemtypen eigen sind, so verwenden wir den Begriff „Regelungsformen“. Dieser Begriff spiegelt in erster Linie den unsteten Charakter der Regelung wider. Wenn man von Regelungsformen spricht, stellt man sich eine bestimmte Reihe vor, deren Glieder eine relative Ähnlichkeit haben. Relative Ähnlichkeit bringt eine solche Gemeinsamkeit der Kennzeichen zum Ausdruck, die es einerseits erlaubt, alle Formen in eine gemeinsame Reihe zu stellen und sie auf der Grundlage eines einheitlichen Maßes, d. h. nach den Regelungsparametern zu vergleichen. Andererseits nimmt die relative Ähnlichkeit auf den verschiedenen Organisationsstufen der organischen Natur eine individuelle, spezifische Erscheinung dieser gemeinsamen Kennzeichen an.

Bei der Definition der Regelungsformen wäre es notwendig, von einigen wesentlichen Merkmalen auszugehen, auf deren Grundlage man, bei entsprechender „quantitativer Formgebung", eine Vorstellung über den „Platz" einer jeden Form in der gemeinsamen Reihe, über ihre Wechselbeziehungen erhalten könnte. Die Anwendung genauer Methoden bei der Analyse von Regelungsformen in der organischen Natur erfordert jedoch umfangreiche, differenzierte Kenntnisse über diese Formen selbst. Es ist unmöglich, eine Konzeption auf einem unklaren, intuitiv ausgewählten Inhalt aufzubauen. Versuchen wir, an Hand einiger biologischer Systeme, die Existenz einer Reihe von Regelungsformen zu zeigen.

Die ganze Vielfalt der Regelungstypen nimmt die Existenz begrenzter Regelungsklassen(-formen) an. Dieser Gedanke kann durch Gegenüberstellung einer Reihe von Regelungsprozessen bestätigt werden, für die die Verfahren zum Erreichen der geforderten Aufgabe gemeinsam sind. So gibt es vieles Gemeinsame zwischen solchen Regelungsprozessen, wie die Regelung der biochemischen Konstanten des Blutes (Zuckerspiegel, die Konzentration des Kohlendioxids, des Sauerstoffs u. a.), zwischen den Regelungsprozessen, die für die Ontogenese charakteristisch sind, und in deren Ablauf es eine Menge fixierter Einschränkungen gibt, die für den genetischen Kode selbst charakteristisch sind; zwischen der Regelung in der Embryogenese, wenn die Entwicklung des Organismus durch Vererbungs„normen" bedeutend determiniert wird. Die Entwicklung des Embryos ist fast vollkommen von seinen konstanten, streng fixierten Parametern abhängig. Das äußere Milieu tritt in der Rolle eines „Weichenstellmechanismus" auf, der die Entwicklung nach der einen oder anderen „vorgezeichneten" Entwicklungsbahn lenkt. In diesem Sinn unterscheidet sich die Regelung auch durch Passivität und die Unveränderlichkeit der Methoden zur Realisierung des Ziels. Die gegebene Form, die wir in oben angeführten biologischen Systemen beobachten, erhielt in der Theorie der automatischen Regelung die Bezeichnung „System mit starrer Rückkopplung". Systeme solcher Art werden als statische Systeme bestimmt, da für sie eine eindeutige Entsprechung zwischen dem regelnden Einfluß und dem Abweichen des Parameters vom vorgegebenen Wert charakteristisch ist [7].

Für die Determination ähnlicher Art ist eine starre Aufeinanderfolge von Veränderungen charakteristisch: eine Veränderung der einen Elemente ruft auch bei den anderen Elementen genau bestimmte Veränderungserscheinungen hervor. Alle diese inneren Veränderungen bewegen sich in sehr engen Grenzen. Dabei ist es äußerst wichtig, daß die Methoden zur Realisierung des Ziels durch letzteres im voraus bestimmt werden, deshalb ist auch jede der Methoden vorher fixiert. Die Vorherbestimmtheit der Wege, durch die das gesuchte Resultat erreicht wird, das

Fehlen anderer Möglichkeiten zur Stabilisierung des Systems, stellen in ihrer Art eine Einschränkung dar, und für die Regelungsstruktur dieses Typs ist die wesenseigene Passivität charakteristisch.
Eine starre Rückkopplung darf, wie übrigens auch andere Regelungsformen nicht nur mit einem beliebigen Einzelglied der hierarchisch koordinierten Reihe von Ganzheitstypen korreliert werden. Wenn wir uns dem Schema der Wechselbeziehungen der grundlegenden Organisationsformen in der Biologie zuwenden, das von Sawadskij erarbeitet wurde, so gelangen wir zu der Überzeugung, daß für die strukturellen Komponenten der Evolutionsstufen, d. h. Gewebe, Organe, Organsysteme, eine starre Rückkopplung charakteristisch ist. Für jedes beliebige dieser Ganzheitssysteme sind fixierte Einschränkungen charakteristisch, bedingt durch ihre Stellung und Bedeutung in einem System höherer Ordnung.
Starre Rückkopplung ist der Mehrzahl der homöostatischen Systeme eigen, wenn die Beständigkeit des inneren Milieus auf Kosten der inneren Reserven realisiert wird. So ziehen sich die peripheren Kapillaren zusammen, wenn der Organismus Kälte empfindet, das Blut fließt zu den inneren Organen, die Zellen ziehen sich zusammen, damit die Kälte nicht von außen eindringen kann, u. a. In den Fällen, in denen sich die inneren Mechanismen der Homöostase als unzureichend erweisen, ist der Organismus gezwungen, zu anderen Regelungsformen überzugehen. Auf diese Weise beschränkt sich die Spezifik der Regelung in lebenden Systemen nicht auf die Operation des homöostatischen, vor Veränderungen schützenden Regelungsprinzips. Bei wesentlicheren Milieuveränderungen steht der Organismus vor der Aufgabe, entsprechend der Situation, selektiv auf diese Veränderungen zu antworten. Alle diese Operationen hängen mit den neuen Regelungsmethoden zusammen, die als Resultat der Entwicklung des ZNS aufgekommen sind. Nach den Worten von Sewerzow gilt das Verhalten eines Lebewesens als eine sich anpassende Eigenschaft des Organismus, die seine Lebensfähigkeit im Bereich der Lebewesen bestimmt [8].
Die organismische Organisationsstufe der organischen Natur betrachtend, hebt Sawadskij eine Reihe von Evolutionsstufen hervor, die diese Stufe durchmacht. Von Interesse ist die vergleichende Analyse charakteristischer Anpassungsweisen einiger Systeme, die in diese hierarchische Reihe eingehen.
Das Verhalten der Lebewesen entwickelt sich bekanntlich ganz verschieden. Die niederen Lebewesen verwirklichen das ihnen gestellte Ziel ohne jegliche Freiheit einer Auswahl, die über die Grenzen des für sie aufgestellten starren Programms hinausginge. Die angeborenen, automatischen Reaktionen auf einen Reiz — die einfachen Reflexe und Taxien — sind von Geburt an im Organismus angelegt. Die instinktiven Verhaltensformen sind nur zweckmäßig bei eng begrenzten, sich streng wiederholenden Bedingungen ihres Auftretens. Bei starkem Abweichen von diesen Bedingungen werden sie jedoch unzweckmäßig. Die Regelung tritt als beständiges Reaktionsprogramm auf bestimmte Situationen auf [9].
Jeder Verhaltensakt der einfachsten Lebewesen setzt sich aus einer größeren oder kleineren Zahl aufeinanderfolgender Glieder zusammen, die in einer Kette vereinigt sind. Lenken wir die Aufmerksamkeit darauf, daß sich der Regelungsprozeß

für sie nur dann verwirklicht, wenn alle Glieder in Aktion versetzt sind und die Aktion selbst fortlaufend von einem Glied zum anderen verläuft. Das nächste Glied in der Reihe zeigt sich nur unter dem Einfluß aller vorausgehenden Glieder. Mit anderen Worten: Die Folgen der einen Handlung rufen eine Situation hervor, die für das Entstehen einer anderen Wirkung notwendig ist [10].

Im Evolutionsprozeß treten sowohl morphologisch-anatomische Züge in der Organisation der Lebewesen auf, die unter dem Einfluß der Umwelt entstanden sind und sich durch die natürliche Auslese gefestigt haben, als auch neue Funktionen. Diese neuen Funktionen und Kennzeichen bedingen neue Formen der Beziehungen zur Umwelt. Im Unterschied zu den niederen, verwirklichen die höherorganisierten Lebewesen das ihnen gestellte Ziel mit größerer oder geringerer Freiheit bei der Auswahl. Die Freiheit der Auswahl wird durch Informationsprozesse bestimmt. Das Lebewesen erweist sich in dem Falle als lebensfähig, wenn es in jedem gegebenen Moment fähig ist, sein Verhalten einzuschätzen, zu kontrollieren. Die Möglichkeit zum einschätzenden Herangehen ist damit verbunden, daß die Umwelt, in der sich das Lebewesen befindet, nicht absolut determiniert ist, sondern einige Schwankungen aufweist. Bischop bemerkt, wenn er über das Anwachsen der Aktivität der Verhaltensreaktionen spricht: „Mit dem Anwachsen der Fähigkeit, die gesammelte Erfahrung anzureichern und mit der entsprechenden Erweiterung der Auswahlmöglichkeiten, gestaltet sich der Prozeß der Heranbildung nützlicher Verhaltensformen immer veränderlicher und kann von Fehlern begleitet sein. Um diese Fehler zu kompensieren, ist ein genauer diskriminierender Apparat zur Auswahl der Komponenten für die endgültige Form der Aktivität erforderlich, d. h. ein komplizierterer Mechanismus zur Auswahl der Zwischenreaktionen, die zur gegebenen Operation führen". [11].

Verglichen mit niederen Wesen, die nur mit einem Minimum an Information auskommen, sind Organismen, die auf einen breiteren Erregerkreis reagieren und höhere Widerspiegelungsformen der Wirklichkeit aufweisen, fähig, aus vielen möglichen die optimalen Lösungen zu finden. Im Unterschied zu den offenen Regelungssystemen, die den einfachsten Lebewesen eigen sind, erweisen sich alle Verhaltensreaktionen der geschilderten Form als in einer geschlossenen Kette vereinigt. Dabei zeigen sich die Verbindungen zwischen den Einzelgliedern als beweglich, der Ordnung nach miteinander vertauschbar. Das Auftreten eines jeden folgenden Gliedes wird nicht unbedingt durch alle vorherigen Glieder hervorgerufen. Die aufeinanderfolgende Entfaltung der Reaktionen kann sich unter dem Einfluß der Reproduktion des Musters des Endresultates formieren.

Eine spezifische Besonderheit der Regelung, die dem Menschen eigen ist, ist das Vermögen, in das Wesen der Dinge einzudringen, in Gedanken die Ursachen Wirkung—Beziehungen zwischen den Gegenständen widerzuspiegeln. Im Prozeß der gedanklichen Planung nimmt der Mensch die konkrete Verwirklichung seiner Handlungen vorweg. Als Regler gelten für den Menschen die intellektuelle und emotionale Beziehungssphäre, der Erziehungs- und Lehrprozeß, mit deren Hilfe die Formierung und Entwicklung der psychischen Tätigkeit und der individuellen Besonderheiten der Persönlichkeit gelenkt wird. Im gesellschaftlichen Leben

existieren auch solche Kriterien, die den Regelungsprozeß der menschlichen Tätigkeit bestimmen. Dazu gehören: sozial bedeutsame Urteile, Neigungen, Vorzüge und ähnliche wertende Orientierungspunkte, in denen die Charakteristiken des Handlungsobjekts untrennbar mit der subjektiven Einstellung verbunden sind.
Für die dargelegte Regelungsform ist charakteristisch, daß der Regelungsmechanismus sich selbst umstellt, um sich neuen oder sich verändernden Lebensverhältnissen anzupassen und ein erfolgreiches Funktionieren des Gesamtsystems zu gewährleisten. Solche Systeme nennt man sich selbst anpassende Systeme oder adaptierende Systeme.
Wenn schon für die Wirbeltiere verschiedene Reaktionen auf ein und denselben Reiz charakteristisch sind, so kann der Mensch gleichzeitig auf einen ganzen Reizkomplex reagieren. Dabei können die Verhaltensreaktionen in verschiedenen Richtungen verlaufen und weitestgehend unabhängig voneinander sein. Die Vielfalt, Gleichzeitigkeit und Kombinierbarkeit der Reaktionen des Zentralnervensystems bedingen die Möglichkeit, daß ein ganzes Spektrum von Methoden zum Erreichen des Ziels auftritt.

* * *

Wir haben bei weitem nicht die ganze Reihe der Regelungsformen, die in den verschiedenen Evolutionsschritten der organismischen Organisationsstufe entstehen, betrachtet. Der Übergang von einer Form zu anderen Regelungsformen ist mit der wachsenden Fähigkeit der Lebewesen zu immer vollständigerem und adäquaterem Reagieren auf die verschiedenen Veränderungen der äußeren Bedingungen verbunden.
Bemerkenswert ist, daß der Übergang von einer Regelungsform zu anderen von der Veränderung des Ganzheitstyps und vom Übergang zu anderen strukturellen Unterteilungen begleitet wird. Wenn die statische Regelungsform den Strukturkomponenten der Evolutionsstufen eigen ist, dann können z. B. die offenen Regelungssysteme für einige der Evolutionsstufen charakteristisch sein.
Die erwähnte Entsprechung der Regelungsformen mit bestimmten Ganzheitstypen bedeutet jedoch nicht eine starre Abhängigkeit zwischen ihnen. Für die hochorganisierten Ganzheitstypen ist gleichzeitig eine Reihe von Regelungsformen charakteristisch, da diese Systeme aus einer Reihe hierarchischer Teilsysteme mit steigender Kompliziertheit gebildet sind. Wenn wir die oben erwähnte Übereinstimmung unterstreichen, so unternehmen wir nur den Versuch, einige wesentliche Parameter der Ganzheitssysteme, in Übereinstimmung mit denen, die man klassifizieren kann, zu enthüllen.

Literatur

1. WESTKOTT, J., Die Einschätzung der Parameter des Modells. — In: Die Modellierung in der Biologie. Moskau 1963.
2. SAWADSKIJ, K. M., Die grundlegenden Organisationsformen der organischen Natur. — In: Philosophische Probleme der modernen Biologie. Moskau, Leningrad 1965.
3. BOKARJOW, W. A., Umfang und Inhalt des Begriffs „Steuerung". — Fragen der Philosophie, 2966, Nr. 11.
4. POPOW, E. P., Automatische Regelung und Steuerung. Moskau 1966, S. 20.
5. SCHMALHAUSEN, I. I., Kontrolle und Regulation in der Evolution. — Bulletin der Moskauer Gesellschaft für Naturforscher. 1958, Bd. 63, 5. Lieferung, Abschnitt Biologie, S. 95.
6. FELDBAUM, A. A., DUDYKIN, A. D., MANOWZEW, A. P., MIROLJUBOW, N. N., Theoretische Grundlagen der Verbindung und Steuerung. Moskau 1963, S. 37.
7. EISERMANN, M. A., Die Theorie der automatischen Regelung. Moskau 1966.
8. SEWERZOW, A. N., Evolution und Psyche. Verlag von M. und S. Sabaschnikow 1922.
9. WULRIDSH, D., Die Mechanismen des Gehirns. Moskau 1965.
10. MILLER, D., GALANTER, JU., PRIBRAM, K., Pläne und Struktur des Verhaltens. S. 96.
11. BISCHOP, J., Die Rückkopplung durch die Umwelt als Analogie zum Funktionieren des Gehirns.— In: Sich selbstorganisierende Systeme. Moskau 1964.

N. Rashevsky

MATHEMATISCHE GRUNDLAGEN DER GESAMTEN BIOLOGIE

Mathematische Theorien verschiedener biologischer Einzelerscheinungen haben einen guten Entwicklungsstand erreicht. Dabei werden solche verschiedenartigen Gebiete behandelt wie Atmung, Blutkreislauf, Reaktionsgeschwindigkeiten, Pharmakologie und Nervensystem. In allen diesen Fällen werden die untersuchten Erscheinungen auf der Grundlage physikalisch-mathematischer Modelle behandelt. Dabei wird die „konventionelle"-Mathematik, wie sie in der theoretischen Physik üblich ist, benutzt. Bei allen diesen Überlegungen wird jedoch eine wichtige Frage nicht berührt, die Frage nach der Integration der einzelnen Erscheinungen in einem ganzen Organismus. Nicht eine der behandelten Fragen ist so grundlegend, wie die Frage danach, was das Leben wirklich ist. Diese Frage steht in enger Beziehung zu den integralen Aspekten des Lebens.

Verschiedenartige biologische Funktionen, oder besser gesagt biologische Eigenschaften verschiedener Organismen, unterscheiden sich voneinander sowohl quantitativ als auch in ihren physikalischen Mechanismen. Der Mechanismus der Verdauung der Amöbe unterscheidet sich vom Mechanismus der Verdauung beim Menschen. So ist es auch mit dem Mechanismus solcher Funktionen wie Transport und Empfindung. Trotz dieser Unterschiede finden wir eine überraschende relationale Ähnlichkeit zwischen allen Organismen. Sie besitzen zum Beispiel nicht nur die Eigenschaft der Nahrungsaufnahme und Verdauung, der Energiegewinnung und des Nahrungstransports, sondern wir finden in allen Organismen ein und dieselbe Grundbeziehung zwischen den verschiedenen Eigenschaften.

Beim Studium der Mechanismen verschiedener Einzelerscheinungen finden wir bestimmte Konstanten, wie Diffusionskonstanten und Permeabilität. Diese Konstanten ändern sich jedoch von Organismus zu Organismus und sogar von Fall zu Fall. In der allgemeinen Biologie haben wir keine universellen Konstanten, derart, wie sie häufig in der Physik vorkommen. Wir finden aber bestimmte invariante Systembeziehungen zwischen verschiedenen Eigenschaften, die allgemein für alle Organismen gelten.

Das legt den Gedanken nahe, daß wir in Ergänzung zu den quantitativen Aspekten, die für das Studium individueller physiologischer Erscheinungen außerordentlich wichtig sind, in der allgemeinen Biologie zahlreiche relationale Aspekte betrachten müssen. Diese Aspekte schließen einander nicht aus und stehen nicht miteinander im Widerspruch.

Die oben erwähnte relationale Ähnlichkeit zwischen allen Organismen führt zu dem Gedanken, die relationale Mathematik zu ihrem Studium anzuwenden. In der allgemeinen Biologie werden verschiedene Richtungen der relationalen Mathematik benutzt: die Topologie, die Mengenlehre und die Theorie der Kategorien. RASHEVSKY führte 1954 die Vorstellung ein, daß jedem Organismus ein topologischer Komplex oder ein topologischer Raum entspricht und daß diese Komplexe und Räume aufeinander abgebildet werden können durch eine gewisse universelle Regel, welche in diesen Komplexen oder Räumen bestimmte Grundbeziehungen aufrechterhält. Später wurde für diese Abbildungen eine so allgemeine Bedingung zugrundegelegt, wie die Forderung nach der Stetigkeit dieser Abbildung. Aus diesen Überlegungen wurde eine Reihe sich auf die Biologie beziehender Schlußfolgerungen gezogen, die überprüfbar waren und wirklich nachgeprüft wurden. In der Folge wurde gezeigt, daß man anstelle der betrachteten stetigen Abbildung der topologischen Räume eine Viel-in-Eins-Abbildung der Systeme betrachten kann, deren Elemente verschiedene biologische Eigenschaften des Organismus sind.

Eine biologische Eigenschaft des Organismus ist eine Menge verschiedener Subeigenschaften, die logisch in dieser Eigenschaft enthalten sind. So umfaßt die allgemeine Empfindungseigenschaft die Empfindung des Lichtes, des Schalls und der Wärme, aber auch mehr spezifische Empfindungen, beispielsweise die Empfindung von Licht einer bestimmten Wellenlänge oder von Schall einer bestimmten Tonhöhe. Wir führen als mathematischen Hilfsbegriff den abstrakten Begriff des „primordialen“ Organismus ein, worunter ein System der verschiedenen wesentlichsten Eigenschaften zu verstehen ist. Wir bezeichnen diese Eigenschaften mit P_i, dabei werden verschiedene Eigenschaften mit verschiedenen Indizes bezeichnet. Gewisse Subeigenschaften, die zu P_i gehören, wurden mit $P_{i\alpha}$ bezeichnet, wobei der griechische Index zur Subeigenschaft gehört. Wenn beispielsweise P_i die Empfindung bezeichnet, dann kann $P_{i\alpha}$ die Lichtempfindung und $P_{i\beta}$ die Schallempfindung bezeichnen. Wir betrachten verschiedene Beziehungen zwischen den Haupteigenschaften. Das können im allgemeinen n-fache Beziehungen sein, aber der Einfachheit halber beschränken wir uns zunächst auf zweifache Beziehungen. Danach bedeutet P_i, R_{ik}, P_k, daß eine Beziehung R_{ik} zwischen P_i und P_k besteht. Als allgemeinsten Ausdruck der oben erwähnten Fakten der relativen Ähnlichkeit postulieren wir jetzt: Der Organismus O ist ein System S, das aus den Subeigenschaften $P_{i\alpha}$ besteht:

$$O = \{P_{i\alpha} \mid P_i R_{ik} P_k = (\alpha,\beta)\,(P_{i\alpha} R_{ik} P_{k\beta})\} \tag{1}$$

Das ist die „exaktere“ Formulierung des Prinzips des biologischen Epimorphismus.

Eine „weniger strenge“ Formulierung ist die folgende:

$$O = \{P_{i\alpha} \mid P_i R_{ik} P_k = (\alpha) E(\beta) (P_{i\beta} R_{ik} P_k/)\};\ (\alpha,\beta) E(O) \tag{2}$$

In jedem Fall werden alle $P_{i\alpha}$ eines entwickelteren Organismus auf die P_i des „primärdialen“ Organismus abgebildet und die Grundbeziehungen bleiben in diesen Abbildungen erhalten. Es sei $P_i = P_s$ das Empfindungssystem und $P_k = P_{M1}$ das System der geordneten Bewegung der Moleküle im Unterschied zur Wärmebewegung. Dann kann $P_{i\alpha}$ die Subeigenschaft der Lichtempfindung bezeichnen und $P_{k\beta}$ die Ortsveränderungen. $P_{M1\beta}$ möge die geregelte Bewegung der Peristaltik des Magen-Darm-Traktes darstellen. Wir wissen, daß zwischen P_s und P_{M1} eine Beziehung R_{ik} existiert, daß aus $P_{M1\beta}$ $P_{s\alpha}$ P_{M1} folgt. Hieraus ergeben sich aus (1) $P_{s\alpha M}$, R_{ik} $P_{M1\beta}$ für beliebige α, d. h. die Sehempfindungen sind mit Bewegungen des Magen-Darm-Traktes gekoppelt. Aus (2) können wir folgern, daß nur in gewissen Organismen eine Kopplung zwischen Sehempfindung und Peristaltik besteht, weil nicht in allen Organismen Verbindungen $P_{s\alpha 1}$, R_k $P_{M1\beta}$ bestehen. Ein Beispiel einer derartigen Verbindung ist das Erbrechen beim Anblick eines unangenehmen Gegenstandes. Also ist die „exaktere“ Formulierung (1) zu streng, während die „weniger strenge“ Formulierung (2) den wirklichen biologischen Tatbestand beschreibt.

Durch dieselbe Methode lassen sich eine Reihe anderer Schlußfolgerungen ziehen. So werden von einigen Organismen physiologische Ausscheidungen, z. B. Spinngewebe benutzt, um die Nahrung zu fangen. Oder ein anderes Beispiel: Sensorische oder allgemeine psychologische Belastungen führen in einigen Organismen zu Herz-Kreislauf-Belastungen — ein gut bekannter klinischer Fakt. Einzelheiten hierüber findet man bei RASHEVSKY [1].

In früheren Arbeiten benutzt RASHEVSKY orientierte Graphen als topologische Komplexe, die verschiedenen Organismen entsprechen. Die Verwendung von Graphen zur Darstellung von „Fließschemata“, zum Beispiel endokriner Prozesse, ist in der Biologie nicht neu. In den vom Menschen geschaffenen Organisationen sind die Organisationsschemata ebenfalls Graphen. ROSEN [3, 4] entwickelte diese Idee weiter und verallgemeinerte sie in folgender Weise:

Jede Komponente oder jedes Organ des Organismus kann durch einen Punkt einer Graphe dargestellt werden. Gerichtete Strecken, welche zum Punkt oder von ihm fortgerichtet sind, stellen dann die Eingänge und Ausgänge der Komponente oder des Organs dar. ROSEN zeigt, daß die Komponenten selbst oder das Organ als Abbildungen vorstellbar sind. Damit bildet der Verdauungstrakt das System aufgenommener Eiweiße als Eingang und das System der Aminosäuren als Ausgang ab. Auf diese Weise ist der einzelne Organismus selbst ein Abbildungssystem. ROSEN benutzt die Theorie der Kategorien von EULENBERG und MACLANE, in der Abbildungssysteme zur Gewinnung interessanter biologischer Schlußfolgerungen betrachtet werden.

Die obige Untersuchung legt den Gedanken nahe, daß die Biologie isomorph zu einigen abstrakten mathematischen Begriffen sein könnte, genau so wie physikalische Gesetze in bestimmten Grenzen der Geometrie einer vierdimensionalen räumlich-zeitlichen Mannigfaltigkeit isomorph sind.

In der Entwicklung der Physik war ein wichtiger Meilenstein der von EINSTEIN aufgezeigte Isomorphismus einer weiten Klasse physikalischer Erscheinungen mit geometrischen Eigenschaften des vierdimensionalen nichteuklidischen Hyperraumes. Wenn so etwas für die Biologie möglich wäre, dann könnten wir mit Hilfe eines entsprechenden „Wörterbuches“ Theoreme, die mit mathematischen Begriffen ausdrückbar sind, in biologische Gesetze übersetzen und auf diese Weise neue biologische Gesetze entdecken. In Anbetracht des Vorherrschens relationaler Aspekte in der Biologie wurden mit gewissem Erfolg Versuche der Anwendung höchst spezifischer topologischer Räume, topologischer Komplexe und Systeme mit spezifischen Beziehungen zwischen den Elementen gemacht [1, 2, 3, 4, 5].

Alle diese Untersuchungen hatten jedoch mit statistischen mathematischen Strukturen zu tun, während eine der erstaunlichsten und grundlegenden Eigenschaften des Lebens, seine dynamische Natur ist. Ungeachtet dessen, daß das Leben im wesentlichen eng mit komplizierten Strukturen verknüpft ist, ist es im Grunde ein Prozeß. Daher suchen wir mathematische Strukturen, die dem Leben isomorph sind, natürlich unter solchen mathematischen Prozessen, die eine Reihenfolge einzelner mathematischer Manipulationen enthalten.

Ein beliebiger Prozeß, sei er physikalischer oder abstrakter mathematischer Natur, der im n-dimensionalen Raum und in der Zeit verläuft, kann in Gestalt statischer Strukturen in einem $n + 1$-dimensionalen Raum unter Hinzufügen der Zeit als ergänzende Dimension dargestellt werden. Eine derartige $(n + 1)$-dimensionale Darstellung ermöglicht manchmal, die Aufmerksamkeit auf die Struktur des Prozesses zu konzentrieren. Während jedoch ein Prozeß eine bestimmte Struktur besitzen kann, zieht die Struktur nicht die Existenz eines Prozesses nach sich. In der allgemeinen Relativitätstheorie werden dynamische Bewegungsprozesse im gewöhnlichen dreidimensionalen Raum mit Hilfe von Vorstellungen über statische Strukturen, den geodätischen Weltlinien, beschrieben. Dieser Ausschluß des „dynamischen“ Elements erweist sich als vorteilhaft. Die Tatsache jedoch, daß es in der Physik günstig ist, bedeutet nicht, daß dieser Ausschluß „dynamischer“ Elemente auch denselben Vorteil für die Biologie haben wird. Die statischen und dynamischen Vorstellungen können mathematisch äquivalent sein. Jedoch in einem Fall kann die eine Darstellung bequemer sein, im anderen Fall die andere. Daher ist für die Entwicklung der mathematischen Biologie die Entwicklung einer allgemeinen Theorie mathematischer Prozesse wünschenswert.

Man kann genügend viele Beispiele von Prozessen in der Mathematik anführen. Solche Beispiele wie Zählprozesse sind trivial. Weniger trivial ist die Einführung von Begriffen, in denen Grenzübergänge eine Rolle spielen. Beispiele für Prozesse findet man in vielen Beweismethoden. So in der Theorie Galois den Beweis dafür, daß für jedes Polynom $p(x)$ das im Feld F definiert ist, ein Zerfällungskörper E des Polynoms $p(x)$ existiert. [6].

Ein anderes Beispiel, das mir Prof. Rainich gab, ist die Bestimmung der Lösbarkeit von Wurzelgleichungen bei Verwendung der Aufeinanderfolge einer einfachen Erweiterung unter Einbeziehung der Wurzel bei jedem Approximationsschritt [7]. Die Bildung von Kettenbrüchen ist ein anderes Beispiel. Die Deduktionstheorie [8] erhält ebenso wie andere Untersuchungen [9] über symbolische

Logik stillschweigend inbegriffen den Prozeßbegriff in unklarer Gestalt. POST [10] spricht direkt von „kombinatorischen Prozessen".

Alle Methoden der stufenweisen Approximation und der Iteration sind Prozesse. Sie haben bestimmte gemeinsame Züge, und eine allgemeine Theorie solcher Prozesse müßte möglich sein.

Die Theorie rekursiver Funktionen gibt ein anderes Beispiel für Prozesse. Obwohl wir es hier dem Wesen nach mit einem Rekursionsprozeß zu tun haben, wird nicht immer der Prozeßcharakter der Theorie betont.

Eine interessante Klasse von Prozessen stellen verschiedene Algorithmen dar. In diesem Zusammenhang könnten die Arbeiten von MARKOFF [11, 12] über die Theorie der Algorithmen vom Standpunkt ihrer möglichen Anwendung in der Biologie von Interesse sein. In diesen Arbeiten wird mehr als in irgendwelchen anderen der Prozeßcharakter der Algorithmen hervorgehoben. MARKOFF definiert die Algorithmen als „genaue Vorschrift, um einen Rechenprozeß zu bestimmen, der von variablen Ausgangswerten zu einem gesuchten Resultat führt" [12]. Er untersucht verschiedene allgemeine Eigenschaften der Algorithmen und betrachtet eine „Normalform", auf die ein beliebiger Algorithmus zurückgeführt werden kann. MARKOFF zeigt, daß „Daten", mit denen ein Algorithmus operiert, in Form einer linearen Aufeinanderfolge von Symbolen oder Wörtern in einem Alphabet vorstellbar sind. Auf diese Weise sind Strukturen, auf die ein Prozeß durch einen bestimmten Algorithmus wirkt, eindimensionale, lineare Anordnungen. MARKOFF bemerkt, daß mehrdimensionale Strukturen im entsprechenden Alphabet immer durch lineare Wörter dargestellt werden können. Diese Vorstellung, aber auch die Wirkung der Algorithmen kann eine Erweiterung des betreffenden Alphabets A durch Hinzufügen einiger Buchstaben, die gewöhnlich nicht zu diesem Alphabet gehören, verlangen. Indem wir lateinische große Buchstaben als Symbole für Alphabete, kursive große Buchstaben für Wortsymbole und entweder lateinische oder griechische kleine Buchstaben als Symbole für Buchstaben benutzen, können wir zum Beispiel eine zweidimensionale Matrix betrachten:

$$\begin{matrix} a & b \\ c & d \\ e & f \end{matrix}$$

wobei a, b, c, d Buchstaben des Alphabets A sind. Dieser Ausdruck kann in linearer Form mit Hilfe des erweiterten Alphabets $B = A\,U\,\{\alpha, \beta\}$, wobei α und β nicht in A enthalten sind, umgeschrieben werden. Der oben erwähnte Ausdruck kann dann folgendermaßen geschrieben werden:

$$a\,\alpha\,\mathrm{b}\,\beta\,c\,\alpha\,d\,\beta\,e\,\alpha\,f.$$

Im wesentlichen findet die Möglichkeit der Darstellung beliebiger nichtlinearer Strukturen durch lineare Wörter ihren Ausdruck in der Möglichkeit, beliebige Strukturen in gewöhnlicher Druckschrift beschreiben zu können.

„Normale“ Algorithmen sind ein System von „Regeln“ oder besser ein System „elementarer Prozesse“, jeder von ihnen wirkt „lokal“, d. h. er berührt nur einige Buchstaben des Wortes. Er kann zum Beispiel eine Umstellung oder einen Einschub von Buchstaben enthalten. Das System der „Regeln“ wird in einer bestimmten Anordnung geschrieben. Es wird die Regel des Systems benutzt, welche als erstes auf das betreffende Wort angewandt werden kann. Wenn diese Regel auf einige Teile des Wortes angewandt werden kann, wird sie auf den Teil des Wortes angewandt, der den anderen Teilen vorangeht, auf welche die Regel anwendbar ist. Aus Platzmangel ist eine detaillierte Untersuchung der Arbeit Markoffs nicht möglich. Wir müssen uns hier mit einer einfachen Illustration zufrieden geben.
Das Schema eines Algorithmus besteht aus einer Liste verschiedener elementarer Operationen. Betrachten wir zumBeispiel das Alphabet B, welches aus einer Vereinigung des Alphabetes A und einem Alphabet aus den drei griechischen Buchstaben $\{\alpha, \beta, \gamma\}$ besteht. Auf diese Weise gilt:

$$B = A\,U\,\{\alpha, \beta, \gamma\} \tag{3}$$

Das Symbol $\rightarrow$ (Pfeil) gehört nicht zum Alphabet B. Der Pfeil wird als Hinweis für „Elementarprozeß“ benutzt. Damit bedeutet $\alpha a \rightarrow a\alpha$, daß αa in $a\alpha$ transponiert wird. Das Symbol $a \rightarrow$ bedeutet, daß der Buchstabe a einfach fortgelassen wird, gleichzeitig wie das Symbol $\rightarrow a$ bedeutet, daß a an einem freien Platz eingeführt wird. Ein Pfeil, dem ein Punkt folgt, $\rightarrow.$ bedeutet, daß nach der Durchführung dieses Elementarprozesses die Arbeit des ganzen Algorithmus unterbrochen wird.
Jetzt betrachten wir das Alphabet B und den folgenden sich darauf beziehenden Algorithmus $\mathfrak{F}$:

$$ab\beta \rightarrow b\beta a \quad (a, b \in A) \qquad (a)$$

$$\alpha a \rightarrow a\beta\alpha\alpha \quad (a \in A) \qquad (b)$$

$$\beta \rightarrow \gamma \qquad (c)$$

$$\gamma \rightarrow \qquad (d)$$

$$\alpha \rightarrow. \qquad (e)$$

$$\rightarrow \alpha \qquad (f)$$

Markoff lieferte einen sehr umständlichen Beweis dafür, daß der Algorithmus $\mathfrak{F}$, angewandt auf ein beliebiges Wort in A, dieses Wort verdoppelt. Wenn wir mit $\mathfrak{F}(P)$ das Resultat der Anwendung von $\mathfrak{F}$ auf das Wort P bezeichnen, dann haben wir $\mathfrak{F}(P) \doteq PP$. Das folgende Beispiel für ein Wort, das aus zwei Buchstaben besteht, illustriert das.
Wir betrachten das Wort '*up*' in A. Die Regel a aus $\mathfrak{F}$ ist nicht anwendbar, weil es kein Symbol β gibt. Aus genau derselben Ursache sind b, c, d und e nicht anwend-

bar. Die erste anwendbare Regel ist f, weil jedes Wort mit einem leeren Platz beginnt. Auf diese Weise erhalten wir $\alpha u p$. Jetzt ist die erste Regel, welche angewendet werden kann, b. Sie gibt $u\beta u\alpha p$. Die folgende Regel, die angewendet werden kann, ist wiederum b, welche jetzt auf die Aufeinanderfolge αp am Ende von $u\beta u\alpha p$ angewendet wird und $u\beta up\beta p\alpha$ gibt. Jetzt kann a auf die Aufeinanderfolge $up\beta$ angewandt werden. Das gibt $u\beta p\beta up\alpha$. Die Fortführung des Prozesses kann durch die folgende Tabelle dargestellt werden, in welcher rechts die Regeln angegeben sind, die zu folgendem Wort führen:

up	
αup	(f)
$u\beta u\alpha p$	(b)
$u\beta up\beta p\alpha$	(b)
$u\beta p\beta up\alpha$	(a)
$u\gamma p\beta up\alpha$	(c)
$u\gamma p\gamma up\alpha$	(c)
$up\gamma up\alpha$	(d)
$upup\alpha$	(d)
$upup.$	(e)

Der Leser kann sich davon überzeugen, daß der Algorithmus $\mathfrak{F}$ in ähnlicher Weise auf beliebige andere Wörter in A wirkt. Ein strenger allgemeiner Beweis erfordert etwa 3,5 Seiten. In der Arbeit MARKOFFs werden Algorithmen angeführt, die Wörter umkehren, bestimmte Teile des Wortes ausschließen, zum betreffenden Wort andere hinzufügen, rechts oder links von ihm, oder andere Algorithmen, die verschiedene mehr oder weniger komplizierte Operationen vervollständigen.

Bei solchen Algorithmen haben wir es mit diskreten Prozessen zu tun, die „lokal" auf bestimmte Strukturen wirken, die aus diskreten Elementen bestehen. Jedoch führt diese lokale Wirkung zu großen Veränderungen der ganzen Systeme der Elemente. Wenn wir daran erinnern, daß bei biologischen Prozessen auf der molekularen Ebene bestimmte chemische Gesetze auf komplizierte Strukturen wirken, die aus verschiedenen diskreten Atomen zusammengesetzt sind, daß diese Strukturen lokal durch Teilprozesse beeinflußt werden und daß das Ergebnis dieser Wirkungen radikale Änderungen dieser Strukturen sind, dann wird eine formale relationale und logische Analogie zwischen biologischen Prozessen und Algorithmen ersichtlich. Wir wollen nicht behaupten, daß die Theorie der Algorithmen, wie sie von MARKOFF erarbeitet wurde, unmittelbar auf biologische Prozesse angewandt werden kann. Wir nehmen an, daß die weitere Entwicklung der Theorie der Algorithmen sicher zu einer Form führen wird, die eine Isomorphie zu biologischen Prozessen zeigen kann. Und wenn das geschehen würde, dann könn-

ten die Theoreme der Algorithmen in Aussagen über biologische Prozesse umgewandelt werden.
Jedoch hat die einfache Feststellung derartiger frommer Wünsche keinen wissenschaftlichen Wert. Das Minimum dessen, was zu tun ist, um den obigen Äußerungen einen gewissen Wert zu verleihen, besteht darin, daß man, und sei es nur zur Illustration, ein Beispiel dafür geben muß, daß die Theorie der Algorithmen zu biologischen Vorhersagen führen kann, die bestätigt werden können. Wir wollen das an einem Beispiel zeigen.
MARKOFF bewies das folgende allgemeine Theorem: Es möge der Algorithmus $\mathfrak{A}$ das Wort P in das Wort $\mathfrak{A}(P)$ umbilden. Und es möge ein anderer Algorithmus $\mathfrak{B}$ dann auf $\mathfrak{A}$ angewendet werden, der dieses Wort in $\mathfrak{B}[\mathfrak{A}(P)]$ umwandelt. Dann existiert unabhängig von der Gestalt des Algorithmus $\mathfrak{A}$ und $\mathfrak{B}$ ein Algorithmus $\mathfrak{E}$ dergestalt, daß $\mathfrak{E}(P)$ dasselbe Wort ist wie $\mathfrak{B}\ [\mathfrak{U}(P)]$ oder symbolisch

$$\mathfrak{E}(P) \simeq \mathfrak{B}[\mathfrak{A}(P)]$$

Dies ist das Theorem von der Zusammensetzung der Algorithmen. Auf den ersten Blick möge dieses Theorem trivial erscheinen, und man könnte daran denken, daß das Schema des Algorithmus durch einfache Aufeinanderfolge der Schemata $\mathfrak{A}$ und $\mathfrak{B}$ gebildet werden könnte, so daß $\mathfrak{E}$ einfach

$$\begin{matrix}\mathfrak{A}\\ \cdot \\ \mathfrak{B}\end{matrix} \tag{4}$$

ist.

Jedoch ist das nicht ganz so, weil man, wenn das Schema (4) auf das Wort P angewendet wird, im allgemeinen Fall zeigen kann, daß gewisse Schritte von $\mathfrak{B}$ in P den Schritten von $\mathfrak{A}$ vorangehen können. Damit ist das Schema (4) keine Aufeinanderfolge der Anwendung von $\mathfrak{A}$ und $\mathfrak{B}$.
Eine wichtige Feststellung, die im Beweis des Theorems über die Zusammensetzung enthalten ist, ist folgende: (A). Der Algorithmus $\mathfrak{E}$ besteht faktisch aus einer größeren Zahl von Schritten als sie $\mathfrak{A}$ und $\mathfrak{B}$ zusammen enthalten.
Wenn zwischen den Lebensprozessen und den Algorithmen ein Isomorphismus existiert, dann entsprechen jedem elementaren Schritt des Lebensprozesses einige elementarere Schritte des Algorithmus, auch wenn wir weder die Schritte des Prozesses noch die Schritte des entsprechenden Algorithmus kennen.
Betrachten wir jetzt ein Organ, oder im Sinne ROSENS eine Komponente des Organismus, welches Eingänge in Ausgänge umwandelt. Wenn Eingang und Ausgang durch entsprechende Wörter symbolisiert werden, dann stellt das Organ oder die Komponente einen gewissen Algorithmus dar — obwohl es sein kann, daß dieser Algorithmus noch unbekannt ist. In höherorganisierten Organismen besteht die Umwandlung des Eingangs I_1 in den Ausgang O_1 im allgemeinen aus einer Reihe von Schritten und verläuft über Zwischenkomponenten. So entspricht einer einfachen Kontraktion (O_1) infolge Lichteinwirkung (I_1) im einzelligen Organismus im höherorganisierten Organismus eine ganze Reihe von Prozessen, in denen das

Licht auf ein Rezeptororgan wirkt; dieses wiederum wirkt auf ein Neuron zweiter Ordnung, und das setzt sich so lange fort, bis das letzte Neuron in dieser Reihe auf das kontrahierende Organ einwirkt. Da gemäß unserer Voraussetzung jede der Komponenten einer Reihe durch einen entsprechenden Algorithmus dargestellt wird, können wir das Kompositionstheorem auf alle Paare anwenden. Indem wir jetzt das Wörterbuch: Algorithmus = Lebensprozeß, Elementarschritt = biologischer Elementarprozeß benutzen und das Kompositionstheorem und die Behauptung A mit Hilfe dieses Wörterbuches übersetzen, kommen wir zu folgender Schlußfolgerung:

Wenn einer Reihe von Komponenten eines hochentwickelten Organismus, der den Eingang I_1 in den Ausgang O_1 überführt, eine einfache Komponente im niederen Organismus entspricht, die das gleiche leistet, dann besteht der wirkliche Umwandlungsmechanismus $I_1 \rightarrow O_1$ im niederen Organismus aus mehr Elementarprozessen als der Mechanismus der ganzen Kette im höheren Organismus. Im Prinzip kann eine derartige Schlußfolgerung auf empirischen Wege durch die Untersuchung der entsprechenden Prozesse bestätigt werden. Diese Schlußfolgerung kann allgemeine Bedeutung haben. Sie bedeutet, daß eine Zunahme der Kompliziertheit der Strukturen von einer Abnahme der Kompliziertheit der Wirkungsmechanismen begleitet wird. Das ist eine ziemlich unerwartete Schlußfolgerung. Selbst wenn man annimmt, daß es sich nur um eine Arbeitshypothese handelt, die ein weites Gebiet experimenteller Forschungen eröffnet, zeigt sie den Wert der Annahme eines Isomorphismus zwischen Lebensprozessen und Algorithmen für eine wissenschaftliche Vorhersage.

Auch andere allgemeine Theoreme der Algorithmentheorie führen zu ähnlichen Beispielen. Aus Platzmangel können wir nicht näher darauf eingehen.

Von diesem Standpunkt könnten Theoreme über die Unmöglichkeit bestimmter Algorithmen in Gesetze über die Unmöglichkeit bestimmter Prozesse der biologischen Welt umgewandelt werden. Das kann zu den Einschränkungen führen, die für den sehr allgemeinen Aufbau eines repräsentativen Schemas eines höheren Organismus, ausgehend von Schema eines niederen Organismus, erforderlich sind.

Das Resultat der Wirkung der Algorithmen ist im Grunde ein Sonderfall einer Abbildung. Der Algorithmus $\mathfrak{A}$ bildet das Wort P in das Wort $\mathfrak{A}(P)$ ab. Hierauf fußt unsere Behauptung, daß der Organismus als System seiner Komponenten durch ein Abbildungssystem dargestellt werden kann. Sie ist identisch mit der Ansicht Rosens und alle Resultate Rosens können in entsprechender Weise in die Sprache der Algorithmentheorie überführt werden.

In dieser Beziehung müssen zwei wichtige Bemerkungen gemacht werden. Erstens kann es scheinen, daß, da das Kompositionstheorem der Algorithmen einen Doppelgänger in der Komposition der Abbildungen hat, wir das Resultat auch ohne Theorie der Algorithmen erhalten würden. Das ist jedoch nicht der Fall. Was die Abbildungen betrifft, so können wir behaupten: wenn die Abbildung $\mathfrak{f}_1$ A in B abbildet und $\mathfrak{f}_2$ B in C, dann existiert eine Abbildung $\mathfrak{f}_3$, die A in C abbildet. Jedoch alles hier betrachtete ist das Resultat gewisser Abbildungsprozesse. Die Theorie der Algorithmen hat in wirklichen Prozessen eine Stütze. Man kann zeigen,

daß, während ein Algorithmus immer eine Abbildung hervorruft, eine Abbildung nicht immer durch einen Algorithmus in dem Sinne dargestellt wird, wie es von MARKOFF definiert wurde.
Die zweite Bemerkung erklärt umgekehrt eine Analogie zwischen Algorithmen und Abbildungen. ROSEN zeigte, daß die Idee von einem sich selbst kopierenden System zu einem logischen Widerspruch führt. Die Selbstkopierung ist ein Sonderfall der Abbildung, bei welchem jedoch das Gebiet unbestimmt bleibt, bis die Abbildung vollendent ist. Die Modelle der Selbstkopierung bestehen nicht einfach aus einem kopierenden System, sondern auch aus einer spezifischen Umgebung. Tatsächlich kopieren sich Systeme nicht selbst, aber die Umgebung produziert ein neues System, wenn, und nur wenn schon ein gewisses System existiert.
Eine ähnliche Situation beobachtet man auch bei den MARKOFFschen Algorithmen, die ein Wort verdoppeln. Das Wort verdoppelt sich nicht selbst. Der Algorithmus kann sich auch nicht selbst verdoppeln. Hierfür muß man unbedingt einen äußeren Algorithmus einführen.
Der oben betrachtete Algorithmus $\mathfrak{f}$ verdoppelt jedes beliebige Wort im Alphabet A. Jedoch muß er auch auf das erweiterte Alphabet $B = A \cup \{\alpha, \beta, \gamma\}$ wirken. Aus einem bestimmten Wort P in A erhalten wir PP. Durch die Wirkung des algorithmischen Prozesses hört das Wort P als solches auf zu existieren. Es wird in eine Serie verschiedener Wörter verwandelt, welche die Buchstaben α, β und γ, aber auch andere Buchstaben aus A enthalten. Im Endeffekt entsteht jedoch durch diesen Prozeß PP. Ungeachtet dessen, daß diese Analogie rein äußerlich ist, erinnert dieser Prozeß an die Reduplikation biologischer Strukturen. Mehr noch, in der Regel bleiben biologische Strukturen im Prozeß der Vervielfältigung nicht identisch [13]. Dieselben Elemente, die am Vervielfältigungsprozeß teilnehmen, aber in der Endrechnung verschwinden, müssen dem biologischen System genauso zugeführt werden, wie α, β und γ dem Algorithmus zugefügt werden müssen.
Wie schon gesagt, ist diese Analogie aus vielen Gründen oberflächlich. Einer dieser Gründe besteht darin, daß der Algorithmus MARKOFFS nach der Verdopplung oder Reproduktion des Wortes seine Wirkung einstellt. Geringe Änderungen in diesem Algorithmus beseitigen diese Schwierigkeiten. Dann jedoch, wenn nach jeder Verdopplung der Algorithmus seine Wirkung fortsetzt, verdoppeln sich die beiden „Tochterwörter“ PP nicht unabhängig voneinander, sondern wie ein Teilwort. Wenn sich ein biologisches System verdoppelt, setzt jedes Tochtersystem vollkommen unabhängig voneinander entweder die Verdopplung fort oder nicht. Wie an anderer Stelle gezeigt wird, kann man einen Algorithmus aufbauen, der ebensolche Eigenschaften besitzt. Eine größere Schwierigkeit besteht aber darin, daß der Algorithmus MARKOFFS $\mathfrak{B}_A$ die Reproduktion eines beliebigen Wortes aus A hervorruft, während nur höchst spezifische biologische Strukturen sich verdoppeln können, wenn auf sie bestimmte chemische Gesetze wirken. Damit kann man das erste Problem, das hier entsteht, folgendermaßen zusammenfassen:
Ist es möglich einen Algorithmus aufzubauen, der nur eine bestimmte Klasse von Wörtern aus A verdoppelt? Oder umgekehrt: Welches sind die Grundmerkmale

einer Klasse von Algorithmen, die nur eine gegebene Klasse von Wörtern verdoppeln können? Auf die erste Frage kann man eine befriedigende Antwort vermuten, wenn man davon ausgeht, daß, obwohl $\mathfrak{F}_A$ auf $B = A\, U\{\alpha,\beta,\gamma\}$ wirkt, ein beliebiges Wort nur in A verdoppelt wird. In B werden nur die Worte verdoppelt, die weder α, β noch γ enthalten.

Die Grundeigenschaft aller Organismen, insbesondere die, daß sie nur durch Reduplikation schon existierender Organismen gebildet werden können, führt zur Formulierung des folgenden Problems:

Was charakterisiert eine Klasse von Algorithmen und eine Klasse von Wörtern mit folgenden Eigenschaften: ein Wort der Klasse kann durch einen Algorithmus der Klasse nicht anders gebildet werden, als durch Verdopplung eines schon existierenden Wortes?

Der betreffende Algorithmus darf auf bestimmte Wörter nicht anwendbar sein. Welche charakteristischen Eigenschaften besitzt die Klasse von Wörtern, auf die bestimmte Algorithmen nicht anwendbar sind?

Ein anderes Problem der Algorithmentheorie ist die Untersuchung von Algorithmen, die die Anwesenheit anderer Wörter dafür fordern, um ein gegebenes Wort zu verdoppeln. Wir können auf diese Weise einen Algorithmus erhalten, der auf Wortsysteme wirkt. Dieser Algorithmus kann nicht irgendwelche einzelnen Wörter des Systems verdoppeln, aber er kann der Reihe nach die Schritte des ganzen Systems als Ganzes verdoppeln. Die Wichtigkeit dieser Algorithmen für die biologische Reproduktion liegt in diesem Fall auf der Hand [14, 15].

Algorithmen, die für die mathematische Biologie von Interesse sind, sind nur eine besondere Klasse mathematischer Prozesse. Betrachten wir den Prozeß einer geometrischen Konstruktion, zum Beispiel eines Dreiecks. Es existiert eine gewisse entfernte logische Analogie zwischen diesem Prozeß und der Reproduktion des Organismus, weil irgend ein Dreieck, ähnlich den hier interessierenden Problemen, nicht aufgebaut werden kann, solange das vorhergehende nicht vorliegt. Während jedoch bei der oben betrachteten Verdopplung eines Wortes das Wort selbst eine radikale innere Änderung erfährt, bleibt das „gegebene Dreieck" während des ganzen Prozesses unverändert. Wenn irgendein Isomophismus zwischen den Lebenserscheinungen und mathematischen Prozessen existiert, dann könnte der oben erwähnte Prozeß der Konstruktion eines Dreiecks dem Prozeß einer Vervielfältigung nach einer Schablone entsprechen. Wir wollen noch bemerken, daß der Prozeß der Zeichnung eines Dreiecks nur zu einem Dreieck führt und keine anderen geometrischen Figuren ergibt.

Das Prinzip des biologischen Epimorphismus [1, 2], nach dem biologische Eigenschaften aller Organismen im allgemeinen Fall unter Aufrechterhaltung einiger Grundbeziehungen mit Hilfe des „Viel-in-Eins-Prinzips" ineinander abgebildet werden können, verlangt die Lösung der wichtigen Frage, ob verschiedene mathematische Prozesse in ähnlicher Weise ineinander abgebildet werden können. In einigen Fällen scheint es eine befriedigende Antwort zu geben. Betrachten wir zum Beispiel den Lösungsprozeß meiner gewöhnlichen Differentialgleichung nach der Methode der stufenweisen Approximation oder eines Iterationsverfahrens. Wir nehmen eine nullte Näherung, setzen sie in die Gleichung ein, führen bestimmte Operationen durch und erhalten auf diese Weise eine Näherung erster Ordnung. Wenn wir nach einer beliebigen Methode eine Integralgleichung lösen, führen wir bei jeder Näherung verschiedene mathematische Operationen durch. Die Prozesse sind in beiden Fällen verschieden. Trotzdem existiert eine eindeutige Wechselbeziehung zwischen den Operationen, die von der n-ten zur $(n + 1)$ten Näherung führen.

Betrachten wir andererseits ein System von m gekoppelten Differentialgleichungen und wenden wir auf sie einen Iterationsprozeß an. Bei jedem Schritt müssen wir m Näherungslösungen haben, die in m Gleichungen einzusetzen sind. Jeder Berechnung im Fall einer Differentialgleichung entsprechen jetzt m solcher Operationen. Wir erhalten eine „m-in-Eins“-Abbildung.

Auf diese Weise können wir von einem Epimorphismus oder Isomorphismus zweier solcher Prozesse sprechen. Kann man derartige Vorstellungen über Abbildungen oder Epimorphismen auf andere Typen mathematischer Prozesse ausdehnen, besonders auf Algorithmen? Wenn das möglich ist, kann man eine Reihe von Problemen formulieren, die sowohl von mathematischem Interesse sind, als auch einen praktischen Wert für die Anwendung in der relationalen Biologie haben. Es wurden bereits Möglichkeiten der Klasse der Algorithmen betrachtet. Werden Algorithmen, die zu ein und derselben Klasse gehören, Epimorphismen bezüglich gewisser vorgegebener Operationen haben? Wenn nicht immer, dann unter welchen Bedingungen? MARKOFF [11] führt Begriffe über die Erweiterung, die Zusammensetzung, die Vereinigung und die Verzweigung der Algorithmen ein. Unter welchen Bedingungen — wenn das allgemein möglich ist — wird die Erweiterung zum selben Algorithmus epimorph? Unter welchen Bedingungen — wenn das möglich ist — wird ein komplizierter Algorithmus epimorph zu irgendeiner seiner Komponenten? MARKOFF [11] führt auch Begriffe über äquivalente Algorithmen ein. Zwei Algorithmen $\mathfrak{A}$ und $\mathfrak{B}$ sind äquivalent, wenn jedesmal, wenn $\mathfrak{A}$ das Wort P aus A in ein anderes Wort Q aus A verändert, $\mathfrak{B}$ das gleiche tut. Auf ähnliche Weise können wir über zwei allgemeine Prozesse sprechen. Wenn zwei äquivalente Prozesse isomorph sind, ist es dann möglich, sie unter Einhaltung der Anordnung der Schritte aufeinander abzubilden?

Beliebige Transformationen in der Mathematik sind ihrem Wesen nach Prozesse. In den meisten Fällen gilt jedoch die Aufmerksamkeit nur den Ausgangsbedingungen und dem Endresultat der Transformation. Das verdeckt die Tatsache, daß die Transformation ihrer Natur nach ein Prozeß ist. Algorithmen können als eine Reihe diskreter Umwandlungen, die wie beschrieben aufeinanderfolgen, betrachtet werden. Auf diese Weise werfen biologische Probleme in der Theorie der Algorithmen und weiter in der allgemeinen Theorie mathematischer Prozesse, die aber erst verhältnismäßig schwach entwickelt ist, eine Reihe von Fragen auf. Das stellt der Reinen Mathematik die Aufgabe, mögliche neue Verfahren zur allgemeinen Theorie der Prozesse zu entwickeln.

Karl Friedrich GAUSS, der „König der Mathematiker“ sagte, daß er zu vielen seiner rein mathematischen Entdeckungen durch Betrachtung physikalischer

Probleme gelangte. Unterdessen ist es so weit, daß die „reinen Mathematiker“ in zunehmendem Maße die Anregung für ihre Arbeit aus der immer begeisternden belebten Natur schöpfen.

Literatur

1. Rashevsky, N., Mathematical Biophysics. Physico-Mathematical Foundations of Biology. 3rd. ed. 2. Dover Publications, Inc. New York, 1960.
2. Rashevsky, N., Mathematical Principles in Biology and their Applications. Springfield, 1961, 111.
3. Rosen, R., A relational theory of biological systems. Bull. Math. Biophys., 1958, 20, p. 245—260.
4. Rosen, R., The representations of biological systems from the standpoint of the theory of categories. Bull. Math. Biophys., 1958, 20, p. 317—341.
5. Rosen, R., A relational theory of biological systems. Bull. Math. Biophys., 1959, 21, p. 109—128.
6. Artin, E., Galois Theory. 2nd ed. Univ. Notre Dame Press. Notre Dame, Ind., 1955, p. 50.
7. Birkhoff, G., MacLane, S., A Survey of Modern Algebra. New York, 1953, p. 452.
8. Gentzen, G., Recherches sur la Deduction Logique. Press Universitaire de France. Paris, 1955.
9. Kleene, S. C., Introduction to Metamathematics. Princeton. New York, 1952.
10. Post, E., Finite combinatorial processes. Formulation i. J. Symb. Logic., 1936, 1, p. 103 bis 105.
11. Markoff, A. A., The theory of Algorithmus. Am. Math. Soc. Trans., Ser. 2, 15, p. 1—14. Published by the American Mathematical Society under a Grant from Nat. Sci. Foundation. 1960.
12. Markoff, A. A., Teorija algoritmov, Moskva 1954, 42, str. 1—375.
13. Rashevsky, N., Suggestion for a possible approach to molecular biology. Bull. Math. Biophys. 1959, 21, p. 309—326.
14. Oparin, A. I., The Origin of Life. Academic Press. New York, 1957.
15. Rashevsky, N., A note on the nature and origin of life. Bull. Math. Biophys., 1959, 21, p. 185—193.

N. A. Bernstein

PROBLEME DER MODELLIERUNG IN DER BIOLOGIE DER AKTIVITÄT

Unserer Generation von Physiologen und Biologen ist es beschieden, Zeitgenossen und Teilnehmer eines sich stürmisch vollziehenden Umschwungs in den Anschauungen auf dem gesamten Gebiet der biologischen Wissenschaften zu sein. Dieser Prozeß des Umschwungs berührt in vielen Beziehungen die einschneidensten methodologischen Fragen und ist untrennbar verbunden mit einer prinzipiellen Durchsicht alles Hinfälligen und Abgelebten, alles dessen, was schon Zeit gehabt hat, seine Rolle als Motor des wissenschaftlichen Fortschritts zu spielen.

Der eindruckvollste Zug dieser Veränderungen liegt in dem ununterbrochen und schnell zunehmenden Reichtum der Verallgemeinerungen, die zu neuen Experimenten und Nachforschungen führen. Gleichzeitig bringt dieser Prozeß neue Vorstellungen, Termini und Formulierungen hervor, die sich als vollendetere, wirksamere und exaktere Werkzeuge des wissenschaftlichen Fortschritts erweisen als jene, über die die vorhergehende Epoche verfügte. Den sichtbarsten Platz unter diesen neuen Werkzeugen nimmt die Kybernetik ein, nicht zuletzt dank der gewaltigen Erweiterung der wissenschaftlichen Modellierung mit Hilfe der von ihr geschaffenen Vorstellungen.

Es ist unbedingt an der Zeit, die Frage zu stellen: Kann die physiologische Modellierung einen reellen wissenschaftlichen Nutzen bringen, und welche Richtungen und Wege der Modellierung müssen zu den falschen und unnützen gerechnet werden?

Die Geschichte der forschenden Modellierung kann kaum ohne Descartes begonnen werden. Jede nachfolgende Errungenschaft des wissenschaftlich-technischen Denkens fesselte das Denken der Physiologen, welche — oft unwillkürlich — die Lebensprozesse nach Vorbildern der zeitgenössischen ingenieurtechnischen Errungenschaften und nach Ähnlichkeiten mit diesen modellierten, z. B. Helmholtz' Resonanzmodell des inneren Ohres oder das Modell der höheren Gehirnorgane nach dem Wählerprinzip von Telefonstationen u. ä. Auch in unseren Tagen wirkt eine analoge Denkeinstellung — wir nannten sie seinerzeit *Semeromorphismus* [griech. ‚semeron' — heute], d. h. nach Art und Weise des jeweiligen Niveaus des technischen Denkens — in nicht geringerem Maße auf den Verstand, indem ihm sowohl die in den letzten Jahrzehten sich entwickelnden neuen Zweige der Mathematik, als auch das ganze Arsenal der modernen Elektronik, der Festkörperphysik und der Physik der Flüssigkeiten dienen.

Hält man sich stets vor Augen, daß jedes folgende, gelungene Modell im besten Fall nur eine grobe Annäherung zur noch weit entfernten Wahrheit ist, so ist der heuristische Wert der Modelle vollkommen gerechtfertigt als bedeutend zu bezeichnen. Es sind jedoch auf diesem Weg, und das passierte nicht nur einmal, ernste Vernachlässigungen möglich. Die diesbezüglich gesammelte Erfahrung erlaubt schon einige methodologische Schlüsse darüber zu ziehen, wie mit wissenschaftlicher Modellierung umzugehen ist. Die erste, schon vollkommen sichere Schlußfolgerung, ist die über die geringfügige wissenschaftliche Bedeutung der Modelle mit isoliertem positiven Resultat. Eine gelungene Wiedergabe eines physiologischen Prozesses oder Aktes mit Hilfe eines Modells kann perspektivisch werden für die Konstruktion praktisch nützlicher Automaten, kann aber in keiner Weise die Identität seines Mechanismus mit den versteckten Mechanismen des Prototyps beweisen.

Umgekehrt besitzen die Fälle des Mißerfolgs, des negativen Resultats, beim Versuch der Modellierung dieses oder jenes Prozesses im physiologischen Prototyp einen manchmal nicht geringen heuristischen Wert. Ähnliche Fälle, die eine warnende Bedeutung besitzen, können auch wesentlich richtungsweisende Anregungen geben.

Es existiert jedoch ein Prinzip, das das Studium der Modelle mit positivem Resultat der Imitation erlaubt. Dieses Prinzip, das die Problematik der Modellierung im weitesten Sinne umfaßt, wurde von uns im Jahre 1935 unter der Bezeichnung „Prinzip der gleichen Einfachheit" beschrieben, da es nicht gelang, eine zutreffendere Bezeichnung auszuwählen. Das Prinzip besteht kurz aus folgendem: Die lange Zeit herrschende Idee, daß aus einigen möglichen Erklärungen einer Erscheinung die einfachste die wahre ist, muß in unserer Zeit kategorisch zurückgewiesen werden, da sie auf der fälschlichen Vermischung der Begriffe Einfachheit und verallgemeinerter Kraft beruht. Es genügt als Beispiel, daran zu erinnern, um wieviel die relativistische Kinematik Einsteins komplizierter ist als die Galileis, und das Atom de Broglies als das Atommodell Rutherfords, bei unbestrittenem Fortschritt in beiden Fällen. Aber dafür ist augenscheinlich etwas anderes gerechtfertigt: Einige Mechanismen, unterschiedlich in der Struktur, können eine beliebige isolierte Funktion in den meisten Fällen modellieren oder erklären. Wenn aber die Rede von einer Gesamtheit von Funktionen von einer Schar oder Klasse, einem Kontinuum u. a. ist, so wird es fast unwahrscheinlich, meist jedoch überhaupt nicht möglich sein, daß zwei oder mehr, prinzipiell unterschiedliche Apparaturen die Gesamtheit in ihrer ganzen Breite mit gleicher Verteilung des Exponenten der „Leichtigkeit" bzw. Vollkommenheit, Genauigkeit, des Wirkungsgrads bei der Realisierung der Komponenten der Funktionen in ähnlicher Form wiedergeben können. Das bedeutet, daß, wenn es uns gelingt, ein Modell zu projektieren, mathematisch zu formulieren oder zu bauen, das in der Lage ist, eine beliebige Vielzahl (eine Reihe, ein Kontinuum, u. a.) physiologischer Funktionen wiederzugeben, die die gleiche Verteilung nach dem Exponenten der Erreichbarkeit, dem Gradienten der Leichtigkeit, der Qualität der Erfüllung u. a. haben, wie der Prototyp, so schafft das eine sehr hohe Wahrscheinlichkeit, daß das Vermutete in der Grundlage dieser funktionellen physiologischen Vielzahl der Mechanismen richtig erraten ist. Eine Reihe von Problemen, besonders aus dem Gebiet der Modellierung von Prozessen des Zentralnervensystems, im Verhältnis zu denen das hier in wenigen Worten beschriebene Prinzip große heuristische und sogar methodologische Bedeutung entwickeln kann, wird sehr breit dargestellt.

Nach der Zielstellung der Modelle und ihrem Verhältnis zum Prototyp teilt man sie in zwei große Klassen, die, wendet man eine Analogie an, treffend als Ptolomäische und Keplersche Klasse zu bezeichnen sind. Die Modelle der ersten dieser Klassen befriedigen den Autor vollständig, wenn man eine genügend genaue quantitative Darstellung des untersuchten Prozesses gibt. Die aus dem Versuch erhaltene Kette diskreter Messungen, zum Beispiel eines beliebigen asymptotischen Prozesses, wird bei entsprechender Auswahl der Parameter gleich erfolgreich wiedergegeben bzw. interpoliert in der Form $y = -\exp(-kx)$ als auch in der Form $y = I - kx^{-1}$ und in der Form $y = \pi/2 \operatorname{arcsec}(x + 1)$ u. a. Der Autor wählt den einen oder den anderen Ausdruck, sich dabei ausschließlich auf den Exponenten stützend, der der „Überdeckung" der durch die Ausdrücke gegebenen empirischen Serie Genüge leistet. Solch ein Vorgehen ist z. B. besonders oft in der biometrischen Modellierung anzutreffen.

Mit Hilfe der Modelle der Keplerschen Klasse kann erreicht werden, daß die in die Modellierung eingehenden Parameter, die Form selbst und das Wesen der durch sie widergespiegelten Beziehungen jener inneren Mechanismen und Abhängigkeiten wiedergeben, die für den Prototyp charakteristisch sind. In dieser Klasse zerfallen die Modelle in die Unterklasse der völlig abstrakten oder analogen Modelle und in die, welche Modelle umfaßt, die durch den Autor gedanklich in „Substrat" überführt sind. Diese Unterklasse verdient deshalb Erwähnung, weil sich in ihr ungerechtfertigte Mutmaßungen und die Gefahr von Verirrungen leicht vereinen. Ein eindrucksvolles Beispiel ist das unlängst erschienene Buch Poljakows [2], in dem das vom Autor beschriebene interessante, typisch „Keplersche Modell" des dreistufigen Blockschemas der Steuerung der motorischen Handlungen mit viel weniger stichhaltiger „Bindung" der Teile des Blockschemas zu bestimmten Hirn-(Kern-) Strukturen auskommt. Hierher gehört auch das Bestreben, das Substrat des Pawlowschen Modells der Generalisierung und Differenzierungen in der Form hypothetischer Prozesse der Irradiation und Konzentration der Rindenerregung zu suchen. Jetzt ist kurz bei einer vollständig anderen und eigenen Art von Modellen zu verweilen, die sich in unserer Zeit mit dem progressiven Übergang der Neurophysiologie von der Reflextheorie zur Physiologie der Aktivität vollzieht; ich meine die aktiv durch das Gehirn geschaffenen inneren Modelle der a) wahrscheinlichen, vorherzusagenden Zukunft und der b) für den Organismus notwendigen Zukunft. Die hierzu gehörende Problematik ist ausführlicher in unseren Artikeln [3—5] beschrieben. Eine Vielzahl an Beobachtungen und Fakten aus allen Gebieten der Biologie zeigten die unbestreitbare Zweckmäßigkeit der Einrichtung und Prozesse, die den lebenden Organismen eigen sind, als vielleicht entscheidender Unterschied der lebenden Systeme zu irgendwelchen Objekten der

unbelebten Natur. Unvermeidlich entstanden die Fragen: Wofür existiert und wozu dient diese oder jene Einrichtung im Organismus, welche der Beobachtung zugängige Aufgabe soll sie lösen? Und immer deutlicher kristallisierte sich der Gedanke heraus, daß bei biologischen Objekten zu den Fragen „wie" und „warum" — die in Physik oder Chemie ausreichen — die Notwendigkeit besteht eine dritte, gleichberechtigte Frage „wofür" hinzuzufügen.
Diese Folgerung konnte den mechanistischen Materialismus des 19. Jahrhunderts von seinen offensichtlich idealistischen teleologischen Konsequenzen und seinem Finalismus nicht abschrecken. Ist es zulässig, davon zu sprechen, daß die Aufgabe oder das Ziel der Handlung, d. h. also das, was sich nur nach der Handlung in der Zukunft verwirklichen soll, Ursache des Auftretens dieser Handlung sein kann? Demnach wäre die Ursache später als ihre Folgen! Nur die Einführung des biokybernetischen Begriffs des Kodes und des kodierten, zuvorkommenden Modells der notwendigen Zukunft wiesen auf einen einwandfreien materialistischen Ausweg aus dieser scheinbaren Sackgasse.
Zur weiteren Präzisierung unserer Terminologie gehen wir davon aus, daß das Ziel, welches als kodiertes Modell der dem Organismus notwendigen Zukunft aufgefaßt wird, Prozesse bedingt, die unter dem Begriff „Zielstrebigkeit" vereinigt werden müssen. Letzteres schließt die ganze Motivation des Kampfes des Organismus um das Erreichen dieses Ziels ein und führt zur Entwicklung und Festigung der zweckmäßigen Mechanismen seiner Realisierung. Die ganze Dynamik des zielstrebigen Kampfes mittels zweckmäßiger Mechanismen[1]) ist ein Komplex der am richtigsten unter dem Terminus „Aktivität" zu vereinigen ist.
Die Aktivität — die wichtigste Eigenschaft aller lebenden Systeme, die auf der Grundlage der drei obengenannten Kardinalfragen funktionieren — wurde, obwohl offensichtlich gerade diese Eigenschaft die hauptsächlichste und bestimmende ist, später als die anderen verständlich. Die letzte Bestätigung wird auch dadurch bekräftigt, daß die Aktivität die allgemeinere, charakteristische Eigenschaft der lebenden Organismen und Systeme ist, und nochmehr dadurch, daß der Begriff der biologischen Aktivität im Sinne eines Ausgangspunktes zu einer weiterführenden und tiefen Uminterpretation jener Begriffe führt, die ausgedient haben und zusammen mit der Plattform des Alten, dem mechanistischen Materialismus, in der Vergangenheit verschwinden. Was charakterisiert im größten Maße die aktive Zielstrebigkeit des Organismus? Der Organismus befindet sich immer in Berührung und Wechselwirkung mit dem äußeren und inneren Milieu. Wenn seine Bewegung im allgemeinsten Sinne des Wortes die gleiche Richtung wie die Bewegung der Umgebung hat, so vollzieht sie sich glatt und ohne Kon-

---

[1]) Führen wir einen richtigen Gedanken an, der schon im vorigen Jahrhundert ausgesprochen wurde: Die Zweckmäßigkeit dieses oder jenes Organs oder einer Struktur im Organismus entscheidet noch keinesfalls über ihre Vollkommenheit. Die Zweckmäßigkeit ist nur eine Entsprechung dieser Strukturen bei der ihnen erlaubten Aufgabe im Rahmen der realen Möglichkeiten des gegebenen Organismus.

flikte. Wenn jedoch die vom Organismus programmierte Bewegung zum bestimmten Ziel eine Bewältigung der Umwelt fordert, so gibt er mit der ganzen, ihm zur Verfügung stehenden Freigiebigkeit, Energie in nichtentropischer Form zur Bewältigung ab, bis er entweder über die Umwelt siegt oder im Kampf mit ihr untergeht. Die Umwelt, als nichtlebende Gesamtheit, entwickelt sich nach dem zweiten thermodynamischen Prinzip immer in Richtung einer Vergrößerung der Entropie. Der Organismus vollführt in seiner ontogenetischen Entwicklung und in jeder Äußerung von Aktivität nichtentropische Prozesse, erstrebt und erreicht dadurch eine Verringerung des Niveaus der Entropie seiner selbst und im Objekt seiner Einwirkung und bezahlt diesen Effekt mit der Steigerung der Entropie in seiner Umgebung auf Grund der Oxidation und Zerstörung der Stoffe, die Teilnehmer am energetischen Metabolismus sind. Die überwiegende Mehrheit der Aktionen des lebenden Organismus ist ektropisch, sowohl nach dem Inhalt der von ihnen programmierten Aktivität, als auch nach der Realisierung dieses Inhalts.

Die Annahme des Prinzips der biologischen und physiologischen Aktivität einschließlich der mit ihr verbundenen Ideen und Vorstellungen als Ausgangspunkt führt notwendigerweise zu einer kritischen Revision der Anschauungen der klassischen Reflextheorie. Ins Blickfeld wird hier nicht so sehr der Reflex selbst als vollkommen reale physiologische Erscheinung gestellt, sondern vielmehr die Benutzung dieses Begriffs für theoretische Konstruktionen. Die Konzeption eines Reflexes nach dem Bogenschema imponierte den Physiologen der vorhergehenden Periode vor allem wegen der Sichtbarkeit des Determinismus, wegen der Deutlichkeit, mit welcher sie, wie es schien, erlaubte, die Erscheinung des Reflexes in das klassische Schema von Ursache und Wirkung einzuordnen.

Betrachten wir dies jedoch ein wenig aufmerksamer. Der Reiz ist zweifellos die Ursache der darauffolgenden Erscheinung des Antwortphänomens Reflex, aber sagt er irgend etwas aus über die Genesis und den Mechanismus dieses Reflexes? Wie ist es zu erklären, daß auf die gegebene Reizung der Organismus gerade so und nicht anders antwortet? Geht es um den angeborenen, sogenannten unbedingten Reflex, so ist offensichtlich, daß die Phylogenese die gegebene Form der Reaktion so herausarbeitete, daß die Reaktion der bestimmten Forderung der Organismen — Schutz oder Bewältigung — entsprach. Auf diese Art und Weise taucht hier unvermeidlich die Frage auf „wofür“, und der Versuch der Reflextheorie, diese Frage mit Hilfe der mechanistischen Kausalität zu umgehen, erweist sich als trügerisch. Noch deutlicher und augenfälliger zeigt sich die notwendige Einbeziehung der Frage „wofür“ im Hinblick auf die bedingten, individuell erarbeiteten Reflexe. Wenn es unter künstlichen Bedingungen, im Labor, gelingt — was nicht selten der Lohn beharrlicher Arbeit ist —, diese oder jene, für ein Versuchstier sichtlich unnütze Form der Reaktion anzuerziehen, so entsteht jede zu Lebzeiten erarbeitete Reaktion unter natürlichen Bedingungen als direkte Antwort auf die Frage: welchem Bedürfnis des Lebewesens entspricht die Reaktion, ist sie ihm nötig?

Schon an anderer Stelle lenkten wir die Aufmerksamkeit darauf, in welch großer Anzahl von Fällen die Erregung, die den Reflex hervorruft, sich eigentlich bis zum Wert des „Startreizes" für diese oder jene Reaktion verringert und in sehr geringem Maße verdient, als Ursache der Reaktion bezeichnet zu werden. Je größer die Bedeutsamkeit der Handlung, desto kleiner ist in der Regel die Bedeutung der Rolle, die der Startimpuls spielt, welcher nicht selten überhaupt fehlen kann. Folglich ist für die Auslegung sowohl des Reflexes im engeren Sinne, als auch in einer beliebigen Reaktion allgemein die Einbeziehung der Frage „wofür" zur Sache nötig, und nach der biologischen Wichtigkeit rückt diese Frage auf den ersten Platz. Das Aufstellen eines vorgreifenden und richtungweisenden Modells als bestimmender Faktor ändert sofort die Ordnung und das Wechselverhältnis des Allgemeinen und Einzelnen. Sowohl in den Empfindungen, als auch in den Handlungen des Organismus bestimmt dieses Allgemeine jene Voraussetzungen, welche die Grundlage für die konkretisierten Erscheinungen der physiologischen Aktivität bilden. Die Tatsache, daß im nervösen Prozeß die Lösung einer allgemeinen Aufgabe ihrer teilweisen Lösung vorangeht, ist heuristisch eine der wichtigsten für die heutige theoretische Physiologie und steht in direkter Verbindung mit dem Komplex der Vorstellungen, mit welchen in der Physiologie die Konzeptionen des Reflexmosaiks ersetzt werden.

Mit der Tatsache, daß der Organismus — in höheren Organismen das Nervensystem — seine Handlungen mit einem gerichtet-verallgemeinerten, vorgreifenden Modell bestimmt, erklärt man auch die Erscheinung der weitesten Umschaltbarkeit, welche schon lange unter einer ganzen Reihe von Aspekten untersucht wurde. Immer mehr häufen sich die Ergebnisse über die bedeutende Automatisierung der niederen Systeme des Gehirns, der spinalen und Stammhirnsysteme, bei der Ausübung zweckmäßiger Bewegungen der Gliedmaßen, des Augapfels u. a. Solche Automatisation, die dem Organismus einen hohen Grad an anpassender Schnelligkeit und Genauigkeit gewährleistet, ist natürlich nur möglich dank der richtungweisenden Verallgemeinerung eines führenden Musters oder Modells. Hier eröffnen sich neue und noch nicht abzusehende Horizonte im Sinne der Klärung der hochzweckmäßigen Eigenarten und Gesetzmäßigkeiten von Systemen der Steuerung, die sich im Organismus im Laufe der phylogenetischen Entwicklung herausgebildet haben und offensichtlich in vielen Beziehungen sehr von denen der künstlichen, selbstorganisierenden Systeme unserer Zeit unterscheiden.

In der unlängst veröffentlichten Arbeit [6], in welcher wir den Versuch machten, die Klassen mathematischer Beziehungen zu zeigen, die vor allem für die Modellierung und Analyse von Lebenserscheinungen in Frage kommen, stellten wir in erster Linie zwei wichtige Klassen heraus: 1. die Klasse der Widerspiegelungen oder der Muster, 2. die Klasse der Streuungsfunktionen. Die 3., ebenso wichtige Klasse, die die Funktionen der Steuerung und Regelung von Tierorganismen umfaßt, erreichte, im Unterschied zu den zwei ersten, eine gründliche Ausarbeitung in der Theorie der automatischen Regelung und in der Theorie der endlichen Automaten in den sogenannten „Spielen mit der Natur" und ähnlichem mehr. Die der ersten und zweiten Klasse glückte bis jetzt weniger. Wie unmittelbar aus der Definition dieser Klassen hervorgeht, ist die erste von ihnen, die Klasse der Widerspiegelungen, aufs engste mit den Prozessen und Resultaten einer aktiven Verallgemeinerung, mit den „wesentlichen“ Veränderlichen nach der Terminologie von GELFAND und ZETLIN [4, 7] verbunden.

Die zweite — die Klasse der Streuungsfunktionen — umfaßt ebenso deutlich die Probleme der Anpassungsvariabilität und der konkreten Realisierung der Prozesse und Handlungen, d. h. die Probleme der unwesentlichen Veränderlichen.

Zur Klasse der Widerspiegelungsfunktionen müssen wir alle Arten der mathematischen, funktionellen Verhältnisse zählen, die die Projektion einer auf eine Art organisierten Vielzahl von Elementen auf eine andere Vielzahl von Elementen ausdrücken, die anders, aber in einer genau bestimmten, vielleicht sogar stochastischen Weise, organisiert ist.

Es ist leicht, sich vorzustellen, wie groß das Gebiet ist, das von den Funktionen der Klasse der Widerspiegelungen in der biologischen Problematik umfaßt wird, und welches eine Vielzahl von lebenswichtigen Verhältnissen zwischen Organismus und der Umwelt, in welche es eingebettet ist und in welcher es wirkt, einschließt. Die kodierte Information, welche für den Organismus auf allen Etappen ihres Weges über Rezeptoren, den afferenten Weg mit Zwischenstationen und den synaptischen Systemen in die höheren kortikalen Apparate des Gehirns faßbar ist — stellt eine ganze Kette von Erscheinungen der erörterten Klasse dar. Jeder synthetische afferente Prozeß spiegelt sich — natürlich längst nicht eindeutig — in der motorischen Antworthandlung im breiten Sinne wider. Wichtig ist vor allem, daß die Grundlage jedes Handlungsprogramms, wie schon oben zusammengefaßt wurde, die inneren prozessualen Systeme der Widerspiegelung sind, welche wir Modelle der Gegenwart und Zukunft nannten. Der Kode, der in den Molekülen der DNS und RNS bewahrt wird, stellt eine biologische Widerspiegelung von Prozessen bevorstehender Entwicklung und bevorstehenden Wachstums dar. Die Sprache, einschließlich der mathematischen, als psychobiologische und psychosoziale Struktur ist wiederum eine komplizierte, durchaus nicht primitiv-elementare Widerspiegelung der wahrgenommenen Welt und der Aktivität des Subjekts in ihr. Die wichtigste Aufgabe für die Forschung ist jetzt die Analyse jener Gesetze, schon nicht mehr in einzelnen, vielgestaltigen Fällen, sondern in den allgemeinsten und bestimmenden Eigenschaften —, die im Gebiet der biologischen und physiologischen Widerspiegelungen herrschen. Wir halten uns nicht bei charakteristischen Beispielen auf und bleiben kurz bei jener originellen Spielart der Widerspiegelungsverhältnisse stehen, welche ausschließlich zum biologischen Kreis der Erscheinungen gehören und schon mehrmals von uns berührt wurden.

Wir meinen das Verhältnis zwischen dem Modell oder dem Programm der motorischen Aktion oder überhaupt einer beliebigen aktiven Tätigkeit, gestaltet als „Modell der Zukunft“ und der faktischen Verwirklichung dieses Aktes oder Prozesses.

Es kann gesagt werden, daß das zweite eine originelle Wiedergabe des ersten darstellt — eine aktive Projektion des programmierten Gehirnkodes auf die Wirklichkeit mit einer entsprechenden zeitlichen Verzögerung. Schon im voraus kann man sagen, daß ein allen Verhältnissen dieser Klasse adäquater mathematischer Apparat

noch gefunden werden muß. Es gibt allen Grund anzunehmen, daß die Schaffung dieses neuen Apparates mathematischen Ausdrucks gleichzeitig auch das Problem der Mechanismen der Mustererkennung, der Perzeptronik, löst, welches bis jetzt von einer strengen, prinzipiell begründeten Lösung abweicht.
Die tiefe Eigenart der Klasse der Widerspiegelungen in biologischen Objekten wird besonders gut durch eine Gegenüberstellung mit der zweiten der hier erwähnten Klasse, der Klasse der Streuungsfunktionen, unterstrichen. Die lange Erfahrung unseres Forschungskollektivs auf dem Gebiet eines genauen Studiums der verschiedenen motorischen Aktionen des Menschen offenbarte eine für sie alle charakteristische Eigenschaft. Diese Eigenschaft, die besonders deutlich hervortritt bei gewohnten, mehrfach wiederholten motorischen Aktionen, z. B. lokomotorischen Bewegungen, Briefschreiben, einfache Produktionsoperationen, besteht in der für alle diese Aktionen unveränderlich charakteristischen, sehr bedeutenden Variabilität des kinematischen Musters oder der Parameter der kinematischen Gleichungen, welche die Bewegungen beschreiben. Längst nicht immer gelingt es, den verwendbaren Sinn der beobachteten Variationen zwischen den Zyklen der Bewegung, welche z. B. die Unebenheiten des Weges beim Gehen, die Stöße des Windes, den Widerstand des Materials oder des Gegners bedingt, zu zeigen. Eine bedeutende, sozusagen restliche Streuung zwischen aufeinander folgenden Wiederholungen der Bewegung, welche bei idealer Gleichheit und Konstanz aller äußeren Bedingungen beobachtet wird, kann nach allem Ermessen nicht vollständig den unbeobachteten und entgangenen Faktoren zugeschrieben werden. Es entsteht der Eindruck, daß es dem Organismus in bestimmten Grenzen und bestimmten Richtungen „vollkommen gleich" ist, ob der folgende Zyklus der Bewegung kinematisch so, oder um n Zentimeter oder t Zehntelsekunden anders realisiert wird.
Es ist nötig zu sagen, daß die Streuung des beschriebenen Typs und der beschriebenen Gestalt nicht zu irgendeinem Organ oder Organismus zugehörig ist, sondern umgekehrt aussieht wie ein weites, buchstäblich allumfassendes Prinzip. Wir treffen auf dieses Prinzip bei den Bewegungen der glatten Muskulatur, z. B. bei der Darmperistaltik, den Bewegungen der Wirbellosen, die keine quergestreifte Muskulatur besitzen, den aufeinanderfolgenden Zyklen des EKG, den Schwingungen des Flimmerepithels oder bei den Wimperinfusorien u. ä. m. Zweifellos sind die nicht prinzipiellen Versuche einer Beschreibung der Streuungserscheinungen mit Hilfe der üblichen und mechanisch angewandten Verteilungen von Gauss und Pearson abzulehnen. Abgesehen davon, daß solche Beschreibungen gerade wegen ihrer Unpersönlichkeit sehr wenig informativ sind, ist wichtig, daß die Verteilungsfunktionen, die von Gauss erarbeitet wurden, prinzipiell für eine Wiedergabe der Zustände oder Prozesse in der Gesamtheit sehr großer Anzahlen nichtindividualisierter und sogar nicht unterschiedlicher Objekte konstruiert wurden.
Die Gesetzmäßigkeiten jedoch, die charakteristisch sind für eine Sextillion untereinander identischer, anorganischer Moleküle oder Ionen, müssen sich im Grunde unterscheiden von den Funktionen, die für die Wiedergabe des Verhaltens von

wesentlich inhomogenen Kollektiven einer kleineren Anzahl[1]) geeignet sind, wie es z. B. die Kollektive hochdifferenzierter Nervenzellen, Muskelfasern und Elemente parenchymatöser Organe sind. An diese letzten Arten der Funktionen muß mit einem prinzipiell anderen mathematischen Apparat herangegangen werden.

Vor allem durch die Feststellung, daß die besprochene Variablität, die anpassende und die stochastische, immer nur zu den in unserem Sinne unwesentlichen Teilen und Parametern der Bewegung gehört und sich niemals in der Realisierung ihrer wesentlichen Zielcharakteristik widerspiegelt, stoßen wir auf den Gedanken, daß in dieser Gruppe der Erscheinungen die Eigenschaften der originellen, subordinierten Struktur der Steuerung, die dem motorischen Apparat eigen ist, sich in der notwendigen Weise widerspiegeln. Wir haben versucht, eine solche nicht aus einem Niveau bestehende Struktur, in den allgemeinsten, noch in vielem mutmaßlichen Umrissen in unserer Monographie [8] darzustellen. In den letzten Jahren konnte die hier beobachtete Subordination in ihren Haupteigenschaften sowohl einen modulierenden mathematischen Ausdruck als auch eine experimentelle Untermauerung in einer Reihe von Arbeiten von Gelfand, Gurfinkel und Zetlin und Mitarbeitern erhalten.

Im Einverständnis mit dem Modell dieser Autoren sendet das obenstehende Leitungssystem auf den efferenten Wegen in die niederen (spinalen) Instanzen keine konkreten und detaillierten Kommandos an die Muskeln, sondern Kommandos über das Einschalten dieser oder jener, auf Grund von Ergebnissen einer früher erzeugten und lokalisierten Arbeitsmatrix in den Segmenten des Rückenmarks, bestehend aus α- und γ-Neuronen, afferenten Neuronen verschiedener Modalität und verschiedenen interneuronalen Mediums. Eingeschaltet besitzt jede ähnliche funktionelle Matrix in genügendem Maße eine Autonomie in der Verwirklichung der entsprechenden Elemente der motorischen Aktion, indem sie ihre Bestandteile entweder auf Befehle der Gehirneinrichtung des Vergleichs der entstehenden Nichtübereinstimmung manöveriert und umschaltet, oder — offensichtlich in den Fällen, in denen sich die Situation aus irgendeinem Grunde als unlösbar für die gegebene Matrix erweist — von der Seite des entsprechenden Segmentsystems eine Art Appellierungssignale zu den höheren Organen des Hirns hervorruft. Strukturell sind die beschriebenen niederen Matrizen den Spielmatrizen analog, wobei ihr Verhalten funktionell mit irgendwelchen, noch nicht geklärten Kategorien der afferenten Signale verbunden ist, die auf diesem Niveau die Rolle von „Belohnungen" oder „Strafen" erfüllen.

Jetzt ist es uns wichtiger, zwei andere Seiten des Funktionierens subordinierter Systeme hervorzuheben. Erstens müssen wir den niederen Matrizeneinrichtungen nicht nur die Fähigkeit zur Erfahrungsanhäufung, d. h. zur Formierung ihrer Verbindungen, und die „Taktik" auf der Grundlage der erlebten Wechselwirkung mit der Außenwelt zuschreiben, sondern auch eine aktive Suche der optimalen

[1] Näherungsrechenmethoden für Kollektive dieses Typs, welche in der Variationsstatistik (Student, Pearson u. a.) erarbeitet wurden, verfolgen allein rechnerische Ziele, aber keine Ziele im Erkenntnisprozeß.

Formen des „Spiels mit der Natur", welches sie führen. Von diesem Standpunkt wird die Reststreuung, die oben erwähnt wurde und welcher offensichtlich keine reaktiv-anpassende Bedeutung zuzuschreiben ist, richtig als „Such"-streuung charakterisiert, als aktive Form des Abtastens der Situation, ihrer Gradienten, der optimalen Richtungen der Handlung.

Zweitens, wenn die Variabilität und die Streuung wirklich auf Grund funktioneller Eigenschaften der Segmentmatrizen entstehen, die eine wichtige Rolle bei der „Schichtung" der wesentlichen Komponenten der Handlung und der Anpassung der letzten an die äußeren Bedingungen und Störungen erfüllen, so müssen die qualitativen mathematischen Charakteristiken der beobachteten Streuungen direkt vom Bau und von den Formen der zweckmäßigen Wechselbeziehungen zwischen beiden, subordinatorisch verbundenen Niveaus abhängen. Das bedeutet jedoch, daß die Streuungsfunktion in jedem gegebenen Fall eine Art der Widerspiegelung dieses Baues und dieser Formen darstellt. Wenn dieser Gedanke gerechtfertigt ist, können die Prozesse der Steuerung der Handlungsaktionen, welche sowohl für die Registrierung, als auch für die direkte mathematische Interpretation schwer erfaßbar sind, letzteres selbständig in ihren Widerspiegelungen durch die Streuungsfunktionen in ihrer ganzen breiten qualitativen Unterschiedlichkeit und Eigenart finden. Durch welche Algorithmen diese Funktionen mit ihren Originalen verbunden sind und wie diese in modernen Vorstellungen und Symbolen der Mathematik dargestellt werden — ist schon keine prinzipielle Frage mehr.

In dem Zusammenhang ergibt sich aus dieser Teilaufgabe unmittelbar eine sehr allgemeine und wichtige Frage — die Frage über die Rolle und das Schicksal einer mathematischen Interpretation in Biologie und Physiologie. Die vergangene Periode ist gekennzeichnet durch die Entstehung komplexer Methoden und das Streben, zu einer einheitlichen Sprache und gemeinsamen Arbeit der Wissenschaftler verschiedener Fachrichtungen zu kommen. Im einzelnen äußert sich dieser Prozeß im steigenden Interesse und in der Beachtung biologischer Probleme und deren mathematischer Modellierung durch die Mathematiker. Anfangs brachten die Versuche der Annäherung von Mathematikern und Biologen viele Enttäuschungen mit sich.

Als sich die Mathematiker den Fragen der Biologie zuwandten, waren sie bei weitem nicht sofort davon überzeugt, daß der ausgezeichnete Begriffsapparat, entwickelt für die Analyse von Aufgaben aus dem Bereich der anorganischen Materie und einwandfrei der Problematik von Physik und Chemie entsprechend, nicht adäquat sei für die Beleuchtung dieses neuen Fragenkomplexes, mit dem sie sich mit einem gewissen Grad von Hochmut befaßten. Offensichtlich ist diese Anfangsphase des Nichtverstehens schon beseitigt oder nahezu beseitigt, und die fortschrittlichen Mathematiker haben eingesehen, daß ihre Ausrüstung, welcher keine Festung der anorganischen Materie widersteht, zur Zeit noch nicht in der Lage ist, adäquat die Eigenheiten auszudrücken, die für die Probleme des Lebens charakteristisch sind.

Es wurde deutlich, daß bei der Mathematisierung der biologischen Wissenschaften nicht die Rede von irgendeiner Annäherung der Mathematik an die Biologie sein kann — gerade solche Versuche wurden und werden zweifellos auch in der Zukunft gemacht —, sondern von der Entwicklung neuer, biologischer Kapitel der Mathematik von innen heraus, aus dem eigenen Wesen der Fragen, die uns von den Biowissenschaften gestellt werden. Vielleicht schon in naher Zukunft mit einem wirklich adäquaten mathematischen Apparat ausgerüstet, werden sich dann Biologie und Biokybernetik in eine, wie man es sich vorstellt, synthetische Wissenschaft verwandeln, die ein neues und höheres Niveau bedeutet.

Literatur

1. BERNSTEIN, N. A., Probleme der Wechselwirkung von Koordination und Lokalisation — Archiv biologischer Wissenschaften, 1935, Band 38, Nr. 1.
2. POLJAKOW, G. I., Über die Prinzipien der neuronalen Organisation des Gehirns, M., 1965.
3. BERNSTEIN, N. A., Wege und Aufgaben der Physiologie der Aktivität — Fragen der Philosophie, 1961, Nr. 6, Seite 77.
4. BERNSTEIN, N. A., Neue Wege der Entwicklung in der Physiologie und ihr Verhältnis zur Kybernetik — Fragen der Philosophie 1962, Nr. 8, Seite 78.
5. BERNSTEIN, N. A., Auf den Wegen zur Biologie der Aktivität — Fragen der Philosophie, 1965, Nr. 10, Seite 65.
6. BERNSTEIN, N. A., Über die Perspektiven der Mathematik in der Biokybernetik. — In: A. Napalkow, W. Tschernysch, Mathematischer Apparat der biologischen Kybernetik, M., 1964.
7. GELFAND, I. M., ZETLIN, M. L., Über einige Arten der Lenkung von komplizierten Systemen — Erfolge der mathematischen Wissenschaften, 1962, Band 17, 1. Ausgabe, Seite 3.
8. BERNSTEIN, N. A., Über den Aufbau von Bewegungen, M., 1947.

W. L. Ryschkow

ÜBER EINFACHSTE BIOLOGISCHE MODELLE

Je weitreichender die Bedeutung eines Modells sein soll, desto freier muß es von detaillierten Einzelheiten sein. Die Frage nach der Möglichkeit des Aufbaus einer theoretischen Biologie ist außerordentlich interessant. In der heutigen Zeit existiert diese Wissenschaft noch nicht. Sie müßte, wie wir es uns vorstellen, von den einfachsten und allgemeinen Modellen des Lebens ausgehen, indem sie diese als Grundlage für eine allgemeine Theorie der Lebensprozesse benutzt. Für diese Wissenschaft hätte die Aussonderung biologischer Einheiten, welche genügend klare und bestimmte Parameter besitzen, und somit eine weitere mathematische Untersuchung erlauben, große Bedeutung.

In der ersten Hälfte des 20. Jahrhunderts sah man die Fragen über das Wesen des Lebens hauptsächlich unter dem Gesichtspunkt der Kolloidchemie, weil gerade in dieser Epoche die Kolloidchemie Grundlage des physikalisch-technischen Verständnisses der Lebensprozesse war. Dieses Gebiet der Chemie brachte der Biologie großen Nutzen und half eine ganze Reihe von Erscheinungen zu klären. Letzten Endes zeigte sich jedoch, daß die Funktion der belebten Natur irgendwie losgelöst ist von ihrer materiellen Grundlage, von ihrer Struktur. Die Strukturvorstellungen der Kolloidchemie — Mizellen, Gele, Sole u. ä. — erwiesen sich als unvollständig für das Verstehen der Lebensfunktion. Die materialistische Biologie ist nicht möglich ohne synthetische Auffassung von Struktur und Funktion. Von diesem Standpunkt aus scheint es uns nicht richtig, die Forderungen der Modellierung durch die sogenannte „black box" zu begrenzen, welche vielen ausreichend erscheint für das kybernetische Verständnis des Organismus. Für die Biologie ist es gewiß nicht ohne Bedeutung, wie ein Organismus zu diesen oder jenen Resultaten gelangt. Das Verständnis dieses Vorganges ist jedoch nur möglich auf der Grundlage der Erkenntnis der Struktur des Organismus. Die Kolloidchemie bot keine Möglichkeit, die Einheit von Struktur und Funktion herzustellen. Diese Möglichkeit ergab sich zum erstenmal in der Molekularbiologie. Ihre Hauptbedeutung besteht auch darin, daß dank ihr das Problem der Form, der Struktur, bis auf das Molekül zurückgeführt wurde und es möglich war, die strukturellen Aspekte der physiologischen Prozesse zu verstehen. Die Physiologie selbst wurde auf diese Weise zu einem Sonderfall der Morphologie. Gerade auf der Grundlage der Molekularbiologie erwies es sich als möglich, ein Modell zu entwerfen, das allgemeinste Bedeutung sowohl für die Struktur, als auch für die Funktionen lebender Körper hat. Zu einem solchen Modell wird ein Polymer, das aus der Wiederholung einer streng begrenzten Anzahl von Monomeren besteht, die in einer bestimmten Folge angeordnet sind; ein Polymer, das die Fähigkeit hat, sich teilweise oder vollständig zu spiralisieren.

Die Fähigkeit der Spiralbildung allein ist noch kein charakteristisches Zeichen des Lebens, da die Helices nicht nur in der lebenden Materie und nicht nur unter den organischen Verbindungen weit verbreitet sind, sondern auch unter den mineralischen Stoffen. Spiralkristalle kann auch das Kochsalz bilden. Elektronenmikroskopische Beobachtungen zeigten, daß auch Gold im Prozeß der Kristallisierung Spiralen bildet. Es kann eine Vielzahl von Beispielen organischer Polymere angeführt werden, die synthetisch erhalten wurden und Helices bilden. Schließlich, und das ist besonders wichtig, sind auch viele Polymere biologischer Herkunft in der Lage, Helices zu bilden. Daraus folgt, daß die Helix allein keine biologische Spezifikation beinhaltet. Jedoch findet man in der anorganischen Materie keine Helices, die aus einer begrenzten Anzahl verschiedener streng gesetzmäßig angeordneter Monomere aufgebaut sind. Diese Art der Helices ist spezifisch für die uns bekannten lebenden Körper.

Auf die Bedeutung der Helices für die Biologie achtete zum erstenmal einer der Begründer der Zelltheorie — SCHLEIDEN [1]. Er führte Beispiele der unterschiedlichen mikroskopischen und makroskopischen Spiralstrukturen bei Pflanzen an, z. B. die Chromatophoren einiger Wasserpflanzen, die Verdickung der Gefäße, und schreibt dazu: „Die in diesem Paragraphen angeführten Fakten sind nicht leicht zu widerlegen und weisen natürlich auf die bekannte Verbindung zwischen der Spiraltendenz und der Natur der Pflanzen hin“.

KOLZOW [2] beschreibt eine Vielzahl von Beispielen für Spiralbildungen, die die Rolle eines Zellskeletts in Spermien und anderen tierischen Zellen spielen. LOW beleuchtet in dem Artikel „Die Bedeutung von Spiralen in Molekülen biologischer Herkunft“ [3] die Frage der Verbreitung von Spiralen in Eiweißen und der Abhängigkeit des Spiralaufbaus von einigen speziellen Besonderheiten der Zusammensetzung dieser Eiweiße und begnügt sich im wesentlichen damit. Sie führt keinerlei Fakten über die Bedeutung der Spiralen für die Biologie an. Am Anfang des Artikels schreibt sie, daß in der heutigen Zeit nach ihrer Meinung, außer Vermutungen unterschiedlicher Art, noch nichts über die Bedeutung von Spiralen in der Biologie gesagt werden kann. Vom Zeitpunkt der Publikation des genannten Artikels bis jetzt sind ungefähr 10 Jahre vergangen, und wir denken, daß sich der Sachverhalt in dieser Zeit stark verändert hat. Wir können jetzt befriedigend genau formulieren, welche Bedeutung die Spiralstrukturen für die Biologie haben.

Wie bekannt, führt die Kombination einer geringen Anzahl von Monomeren zu einer großen Vielfalt von Polymeren. BERTALANFFY [4] schreibt zum Beispiel, daß sich die Anzahl der möglichen Eiweiße zu 10^{2700} berechnet, während die Zahl der Elektronen in dem uns zugänglichen Teil des Universums nur 10^{79} beträgt. Es könnten noch eine Menge anderer astronomischer Ziffern angeführt werden, die die Vielfalt der Eiweißstoffe und auch der Nukleinsäuren charakterisieren. Die Spiralisierung der biologischen Polymere schafft die Möglichkeit, in einem

kleinen Volumen eine große Anzahl von Informationen zu konzentrieren. Ein DNS-Faden von 1 cm Länge kann durch Verdrillung um das 10000fache verkürzt sein. Gerade in einem solchen Zustand befinden sich auch die Fäden der DNS in Bakterienzellen.
Es ist bekannt, daß sich die Chromosomen, die Träger einer riesigen Menge von Informationen sind, in bekannten Stadien ihrer Entwicklung sehr eng zu Spiralen verdrehen, wobei sich jede Spirale erneut zu einer Spirale zweiter Ordnung verdreht, diese wiederum zu einer Spirale dritter Ordnung usw. Das alles gibt dem Organismus die Möglichkeit, eine riesige Menge von Informationen zu speichern. Es ist möglich, die ungefähre Anzahl von Genen auszurechnen, die sich in einer haploiden Chromosomengarnitur des Menschen befindet. Bei derartigen Berechnungen geht man von der minimalen Polypeptidkette des Eiweißes und der Anzahl von Nukleotiden aus, die zur Kodierung einer solchen Kette nötig sind. Als Resultat wurde das Gewicht eines Gens, welches eine solche Polypeptidkette kodiert, zu $5 \cdot 10^{-19}$ g bestimmt. Gleichzeitig ist bekannt, daß die Zelle eines Säugetieres, darunter auch des Menschen, im Mittel $6 \cdot 10^{-12}$ g DNS enthält. Legen wir diese Ziffern zugrunde, können wir die Anzahl der Gene in einer haploiden Chromosomengarnitur des Menschen mit 6 Mill. berechnen. Die Spiralanordnung der Eiweißfäden und der Fäden der Nukleinsäuren macht den lebenden Körper zum Konzentrat einer ungewöhnlichen Vielfalt.
Jegliche Störung in der Anordnung der Monomere in den Fäden polymerer Verbindungen, die in lebenden Körpern angetroffen werden, führt zur Störung ihrer Funktion. Das schafft die Notwendigkeit einer identischen Reduplikation dieser Anordnung. Gerade solch eine Nachbildung ist auch die Grundlage für eine Vermehrung. Wir sind berechtigt zu sagen, daß für Organismen das Gesetz gilt, daß jede Organisation aus einer ihr ähnlichen Organisation entsteht. Hierin besteht auch die materielle Kontinuität zwischen den lebenden Körpern.
Eines der schwierigsten Probleme der theoretischen Biologie besteht darin, daß in lebenden Körpern bestimmte optische Isomere vorherrschen, ihnen entgegengesetzte aber entweder fehlen oder selten anzutreffen sind. Diese, für Organismen so charakteristische Eigenart des Lebens im optisch asymmetrischen Raum, fordert eine besondere Erklärung. Bis vor kurzem achtete man verhältnismäßig wenig auf die optische Asymmetrie der Spiralstrukturen. Vielleicht jedoch ist sie, wenigstens teilweise, die Lösung des eigenartigen Verhaltens der Organismen zur optischen Asymmetrie. Vor allem muß berücksichtigt werden, daß „nur eine Spirale die richtige Bildung eindimensionaler Einheiten erlaubt, die ein asymmetrisches C-Atom beinhalten [5]“. Asymmetrische Moleküle in lebenden Körpern lassen auf diese Weise die Spiralstrukturen sehr wichtig werden, weil sie richtig und genügend kompakt nur in einer Spiralstruktur vorhanden sein können.
In letzter Zeit wurden synthetische Polymere, die aus Aminosäuren oder irgendwelchen anderen Monomeren bestehen, benutzt, um die Verhältnisse zwischen Zusammensetzung des Polymers und Konfigurationen zu untersuchen, insbesondere zum Studium der Frage, wie die Verdrehung der Spirale erfolgt — nach rechts oder nach links. Hierbei wurde eine ganze Reihe von Gesetzmäßigkeiten fest-

gestellt. Natürliche Aminosäuren geben bei Polymerisation einmal eine nach rechts, in einem anderen Fall eine nach links gedrehte Spirale. Fügen wir Aminosäuren, die nach links gedrehte Polymere ergeben, mit jenen zusammen, die nach rechts gedrehte Polymere bilden, so können wir Spiralen erhalten, die, in Abhängigkeit vom Überwiegen dieser oder jener Aminosäure, teilweise rechts, teilweise links verdreht sind [6].

Der Drehsinn der Spirale hängt in vielem von der Zusammensetzung der Seitenketten ab. So ergibt die Poly-β-benzyl-L-Asparaginsäure z. B. eine nach links gedrehte Spirale, wird eine Nitrogruppe eingefügt, so erscheint die Spirale rechts gedreht [7]. Eine optische Asymmetrie kann in einer Spirale auch dann entstehen, wenn sie keine Monomere mit asymmetrischem C-Atom besitzt. Unter gewöhnlichen Synthesebedingungen von Polymeren entstehen in gleicher Menge sowohl links als auch rechts gedrehte Spiralen. In letzter Zeit jedoch sind einige Methoden erarbeitet worden, die es ermöglichen, Spiralen zu erhalten, die vorwiegend in einer Richtung gedreht sind, z. B. bei Verwendung organischer Titanverbindungen als Katalysator.

Uns scheint, daß die hier angeführten Fakten von großem Interesse für Probleme der Entstehung der optischen Asymmetrie in lebenden Körpern sein können. Diese Körper entstanden auf den Oberflächen, die als Katalysator für die Polymerisationsreaktion dienten, und infolgedessen entstand vorwiegend nur eines der optischen Isomere. Wir wissen, welche Bedeutung die Spiralanordnung für asymmetrische Monomere besitzt, wissen aber heute noch nicht, ob eine charakteristische Rückkopplung zwischen optischer Asymmetrie des Spiralpolymers und dem Prozeß der asymmetrischen Synthese bestehen kann. Man vermutet, daß, wenn die Synthese von Monomeren durch optisch asymmetrische Spiralen katalysiert würde, dieses nicht die Ursache sein könnte, die Synthese des Monomers in die Richtung nur eines von zwei möglichen optischen Isomeren zu lenken. Eine ähnliche Hypothese stellten wir auf in Verbindung mit der Entdeckung, daß die Fäden der DNS immer rechts gedrehte Spiralen bilden [8]. Die angeführten Überlegungen zeigen, wie uns scheint, daß das Modell eines Spiralpolymers für das Verstehen der optischen Asymmetrie lebender Körper benutzt werden kann.

Spiralstrukturen sind auch sehr wichtig für die ständig in lebenden Körpern vor sich gehenden Prozesse der Energieübertragung. Polymere, die aus verschiedenartigen Monomeren bestehen, haben ein ganzes Muster negativer und positiver Ladungen, die von den chemischen Eigenschaften der einzelnen Monomere abhängen. In einem solchen Polymer gibt eines der Monomere leicht Elektronen ab, andere dagegen nehmen sie leicht auf. Auf diese Weise müssen ständig verschiedenartige Prozesse der Energieübertragung vor sich gehen, wobei diese Prozesse in Übereinstimmung mit der Orientierung dieses oder jenes Polymers streng gerichtet sind. Besonders interessant ist die Übertragung von Lichtenergie auf Spiralpolymeren, der ein Buch von Konow [9] gewidmet ist.

Es ist bekannt, daß aromatische Aminosäuren, z. B. Tyrosin und Tryptophan, im Eiweiß unter dem Einfluß von Lichtenergie in den Erregungszustand übergehen und Lichtenergie in Form von Fluoreszenz abgeben können. Es konnte gezeigt

werden, daß ein Polymer aus Tyrosinresten nur dann fluoresziert, wenn es in eine Spirale eingeschlossen ist. Das hängt davon ab, daß der Spiralaufbau die Annäherung der einzelnen Moleküle des Tyrosins auf einer Entfernung begünstigt, bei der die Energie, die unter dem Einfluß des Lichts entsteht, von einem Molekül Tyrosin auf ein anderes weitergegeben werden kann. In letzter Zeit ist auch die Frage der durch Licht erregten Energieübertragung von einer in die Zusammensetzung der Nukleinsäure eingehenden Base auf eine andere untersucht worden. Allgemein gesprochen vollzieht sich der Prozeß der Übertragung von Lichtenergie vom Molekül der Purinbasen auf die Pyrimidinbasen, und auch von Guanin auf Adenin im Rahmen der Purinbasen [10]. Der Charakter dieser Übertragung wird durch die Basensequenz in der Nukleinsäure bestimmt. Er hängt vom Maß der Annäherung dieser Basen zueinander ab, wobei diese Annäherung sich bei Spiralisierung und Entspiralisierung verkleinern oder vergrößern kann. Wenn ein zur Spirale gewundenes Polymer chromophore Gruppen besitzt, d. h. Gruppen, die bestimmte Lichtwellen absorbieren, so ist die Energieübertragung, die in der Fluoreszenz zum Ausdruck kommt, besonders wichtig [11]. Es ist anzunehmen, daß auch der Prozeß der Photosynthese, ebenso wie Sehprozesse und andere photochemische Reaktionen in lebenden Körpern sehr von einer Spiralisierung und Despiralisierung biologisch bedeutender Polymere abhängt.
An der Entwicklung des lichtempfangenden Apparates der Netzhaut des Auges nehmen Spindelfasern der Zentriolen teil, die auch an der Bildung des Mitose beteiligt sind, die eine Verschiebung der Chromosomen bei Kernteilung gewährleistet [12].
Spiralstrukturen sind die höchstgeordnetsten Strukturen in lebenden Objekten. Sie können sich jedoch leicht verändern, wobei die Spirale sich teilweise entspiralisiert und dann ein weniger geordnetes Knäuel aus Polymerfäden bildet. Für verschiedene Arten von Biopolymeren ist ein unterschiedlicher Grad von Geordnetheit charakteristisch. Der Grad der Spiralisation dieses oder jenes Polymers kann quantitativ ausgedrückt werden. Er hängt von der chemischen Zusammensetzung, aber auch von einer ganzen Reihe einfacherer Umweltbedingungen ab. Erinnern wir vor allem an Temperaturveränderungen, die zum „Schmelzen", zur thermischen Lockerung der Bindungen führen, die zwischen den einzelnen Spiralfäden der Nukleinsäuren bestehen; bei weiterer Erhöhung der Temperatur kann eine reversible oder irreversible Denaturierung des Polymers mit Fadenbildung und nachfolgender Aggregation solcher Fäden eintreten, so daß selbst der Tod des Organismus von Tiefe und Irreversibilität der Zerstörungen des Spiralaufbaues der Polymere abhängt. Die Veränderungen des Spiralisationsgrades, labil und leicht umkehrbar, hängen von den Veränderungen des Säuregehalts der Umwelt und von der Konzentration verschiedener Ionen ab, wobei Kalium-, Magnesium-, Natrium- und Kalziumionen die Hauptrolle spielen. Die Veränderung ihrer Konzentrationen führt zur Spiralisation oder zur Despiralisation der einzelnen Teile der Polymere.
Derartige Veränderungen spiegeln sich auch in dem umgebenden Medium wieder: es ändert sich die Viskosität des Mediums und folglich auch der Verlauf sehr vieler

physikalisch-chemischer Prozesse im Protoplasma; die Veränderung des Spiralisationsgrades des Polymers enthüllt, bzw. verdeckt aktive Eiweißgruppen, die sich im Polymer befinden. Alle diese Prozesse verleihen den biologischen Strukturen eine große Labilität, welche eng mit der Labilität ihrer Funktionen verbunden ist. Hierbei entsteht eine Einheit von Struktur und Funktion, weil jede Veränderung der Struktur des Polymers eine Arbeit darstellt, die mit der Freisetzung oder Aufnahme von Energie verbunden ist.

In letzter Zeit wurden eine ganze Reihe theoretischer Untersuchungen durchgeführt, die die Ursache der Spiralisation und sogar die Ursache der Bildung von zwei- oder dreifachen Spiralen („Überspiralen" in Fäden der DNS) aufklären. Diese Prozesse hängen in vieler Beziehung vom Medium ab, aber auch von niedermolekularen Verbindungen, die Verbindung mit den Fäden der DNS eingehen [13]. Die Spiralstrukturen spielen unzweifelhaft eine wichtige Rolle bei der selektiven und aktiven Permeabilität der Zellen, in deren Hülle das Vorhandensein von Spiralen nachgewiesen wurde [14].

Von großem Interesse sind die Arbeiten von Tschernawsky, Churgin und Schnol [15]. Diese Autoren zeigten, daß die Enzymwirkung von der Energie abhängen kann, die von einem Eiweißmolekül des Enzyms durch Spiralisation akkumuliert wird. Klarer und anschaulicher ist die Verbindung des Spiralaufbaus mit der Funktion bei Erscheinungen, die überall in der belebten Natur verbreitet sind. Grundlage der Muskelverkürzungen sind die Spiralstrukturen von Eiweißmakromolekülen [16]. Auch für Bewegungen des Protoplasmas ist die Spiralstruktur der Polymere und vor allem die seiner Eiweiße, die Grundlage.

Auch die Zelldifferenzierung bei der Keimesentwicklung beruht auf der Spiralisation und Entspiralisation von Chromosomen. Es hat sich gezeigt, daß die unter dem Einfluß von Genen entstehenden Hormone im weitesten Sinne, d. h. chemische Stoffe unterschiedlicher Art, die in einem Teil des Organismus erzeugt, in einem anderen zu Wirkung gelangen, auf die Gene einwirken und sie aktivieren können. Das wurde anschaulich gezeigt an den Riesenchromosomen in den Kernen der Speicheldrüse von Dipteren. Es hat sich gezeigt, daß in den verschiedenen Stadien der Metamorphose des Insekts unter dem Einfluß bestimmter Hormone einmal die, einmal jene Teile der Chromosomen in einen aktiven Zustand übergehen. Weiterführende Untersuchungen ergaben, daß die Hormone im vorliegenden Fall nicht unmittelbar auf die Chromosomen wirken, sondern die Permeabilität der Kernhülle für die K- und Na-Ionen verändern, d. h., der ganze Mechanismus der Regulierung der Genaktivität im Prozeß der Embryonalentwicklung wurde auf uns schon bekannte Mechanismen der Erregung von Nerven und Muskeln zurückgeführt, deren Grundlage die Veränderung der Konzentration von K- und Na- Ionen ist.

Auf diese Weise nehmen die Chromosomen am Prozeß der Embryonalentwicklung teil. Ihre Aktivität drückt sich vor allem darin aus, daß unter dem Einfluß der veränderten Ionenkonzentration einiger Metalle einzelne Chromosomenabschnitte den Spiralzustand verlassen und infolgedessen in einen aktiven Zustand übergehen. In diesem Sinne kann gesagt werden, daß die Grundlage für die Embryonalentwicklung eine Verdrehung und Schwächung der Spiralstrukturen der DNS ist.

Zwischen dem genetischen Apparat und dem sich entwickelnden Organismus besteht also eine Rückkopplung und die Gene treten in der Rolle eines ständigen Faktors im Prozeß der Embryonalentwicklung auf. Das Helixmodell erweist sich auch hier zum Verständnis aller dieser Prozesse brauchbar. Es erlaubt, wie uns scheint, auch das Verständnis noch schwierigerer Probleme; wir meinen das biologische Gedächtnis, das anscheinend der Zelldifferenzierung sehr nahe steht. Das wird besonders anschaulich durch die Erscheinungen der Impfstoffimmunität. Man kann heute als geklärt auffassen, daß die Antikörper durch bestimmte Zellen, die sogenannten Plasmazellen der Milz, des Knochenmarks und der Lymphknoten, gebildet werden, wobei auch geklärt ist, daß gewöhnlich jede Art dieser Zellen nur eine Art Antikörper erzeugt. Folglich reagiert der Organismus auf die Zuführung von Antigen mit der Produktion einer großen Anzahl spezialisierter Plasmazellen, die eine bestimmte Art Antikörper erzeugen, die zur Neutralisation des gegebenen Antigens bestimmt sind. Dieser Prozeß ist noch unklar.
Es wurde die Vermutung ausgesprochen, daß zunächst im Organismus unabhängig von einer Antigenzufuhr verschiedene Typen von Plasmazellen bestehen, die auf dem Wege der Mutation entstehen. Das Antigen spielt die Rolle eines Faktors, der die Vermehrung eines gewissen Klons von Zellen auswählt, das heißt des Klons, dessen Zellen in der Lage sind, die entsprechenden Antikörper zu erzeugen. Diese Hypothese wurde von Barnett [17] entwickelt. Seine Vermutungen sind für den größten Teil der Immunologen äußerst unwahrscheinlich, weil sie davon ausgehen, daß sämtliche Antikörper im Organismus vorhanden sind. Andererseits ist diese Hypothese anziehend, weil sie einfach ist und nicht irgendwelche besonderen nichtumkehrbaren Prozesse der Differenzierung unter dem Einfluß des Antigens zuläßt. Sie liegt im Rahmen der Doktrin über die zufällige Entstehung der Mutation und darüber, daß die Mutation der einzige Grund für die nachfolgenden Änderungen ist. Es gibt jedoch auch eine andere Vorstellung über die Herkunft eines Klons von Plasmazellen, welche die bestimmten Antikörper erzeugen. Diese Herkunft kann als nicht umkehrbarer Prozeß der Zelldifferenzierung unter dem Einfluß des Antigens betrachtet werden. Wenn man zuläßt, daß unter dem Einfluß des Antigens eine Spiralisierung oder Despiralisierung streng bestimmter Chromosomenteile der Plasmazellen vor sich geht, so ist zu verstehen, warum sich der Kode ändert und damit auch die Eiweißsynthese.
Der Autor dieses Artikels machte auch den Versuch, die biologischen Grundlagen des Gedächtnisses als Zelldifferenzierung aufzufassen, welche von der Spiralisation in den Nervenzellen abhängt. Diese Hypothese wurde sehr ausführlich in einer Reihe von Artikeln dargelegt, deshalb können wir sie hier sehr kurz betrachten [18]. Es ist bekannt, daß sich bei Nervenerregung das Verhältnis der K- und Na-Ionen in der Nervenzelle verändert. Es ist bekannt, daß die biologischen Polymere sehr fein auf die Veränderung dieses Verhältnisses reagieren, und sich bestimmte Teile der Chromosomen in Abhängigkeit von diesem Verhältnis despiralisieren, andere umgekehrt in eine engere Spirale legen können. Es ist möglich, daß das „Aufbewahren“ von Spuren einer vergangenen Erregung gerade mit solchen Veränderungen in den Chromosomen der Nervenzellen verbunden ist. Bekanntlich

teilen sich die Nervenzellen im Verlaufe des ganzen Lebens des Organismus fast niemals, und deshalb können ihre Kerne als zuverlässige Speicher der in der Zeit der Erregung vor sich gehenden Veränderungen in der Spiralisation und in diesem Zusammenhang der Aktivität bekannter Chromosomenabschnitte dienen.
Die experimentellen Ergebnisse der letzten Zeit machten die Unterscheidung eines Kurz- und eines Langzeitgedächtnisses notwendig. Die Grundlage für beide kann die Spiralisation der einzelnen Chromosomenabschnitte sein. Man kann annehmen, daß anfangs noch eine reversible und danach eine weniger reversible Verdrillung der Chromosomen erfolgt. Letzteres geht unter dem Einfluß einer Ablagerung von Protaminen im Bereich des verdrillten Chromosomabschnittes vor sich. Der Bereich stärkt die einzelnen Glieder der Spirale so weit, daß sie die Fähigkeit, ihre Lage zu veränderten, verlieren. Wenn diese Hypothese richtig ist, so ist zu verstehen, warum z. B. das Kurzzeitgedächtnis bei der Einführung von zusätzlichem tierischen Puromycin ins Gehirn überhaupt nicht leidet, wie es die neuesten Forschungen zeigten; das Langzeitgedächtnis jedoch durch diese Verbindung vernichtet wird. Puromycin unterdrückt die Eiweißsynthese unter anderem auch im Gehirn. Kürzlich wurde jedoch entdeckt, daß sich sogar drei Monate nach dem Verlust des bedingten Reflexes unter Puromycineinfluß der Puromycineffekt verringert und der bedingte Reflex neu entsteht, wenn man in das Gehirn des Tieres eine physiologische Lösung einführt. Das beweist, daß das Gedächtnissubstrat keine Eiweißmoleküle sind, aber wahrscheinlich Nukleinsäuren [19]. Niemals sind bei der Einwirkung verschiedener Antimetaboliten Nebeneinflüsse ausgeschlossen, die wir als direkte Wirkung der Antimetaboliten auf die Nukleinsäure- und Eiweißsynthese ansehen können. Vielleicht helfen uns manchmal indirekte Wege und einfache Modelle, die Ursachen der Erinnerung und die Natur der Spuren vorheriger Erregungen im Nervensystem besser zu erklären als vergleichbare Tierversuche. Wenn die hier entwickelten Verallgemeinerungen wenigstens in der ersten Annäherung richtig sind, so ist es natürlich, daß die Probleme des Gedächtnisses mit bekannten Maßnahmen auch an dem uns zugänglichen Modell der Speicheldrüse, an dem Modell der Zellimmunität und sogar an solch vereinfachten Modellen, wie dem Verhalten von Nukleinsäurefäden im Reagenzglas, untersucht werden können.
Zusammenfassend muß bemerkt werden, daß das biologische Helixmodell, das aus einer streng geordneten, begrenzten Anzahl verschiedener Monomere besteht, durch Parameter charakterisiert werden kann, welche sich der mathematischen Bearbeitung unterwerfen. In dieser Hinsicht bringt es offensichtlich große Vorzüge für den Mathematiker, der sich mit den allgemeinsten Problemen der Modellierung auf dem Gebiet der Biologie beschäftigen will.
In der heutigen Zeit macht man schon die ersten Schritte der Anwendung mathematischer Methoden zur Analyse solcher Spiralen, wie der Fäden der DNS [20]. Es wird angenommen, daß das hier betrachtete Modell erstes Objekt jener theoretischen Biologie wird, die zur Zeit noch die Wissenschaft der Zukunft bleibt, aber wie uns scheint, einer nicht mehr fernen Zukunft.

Literatur

1. SCHLEIDEN, M., Grundzüge der wissenschaftlichen Botanik. Leipzig 1861.
2. KOLZOW, N. K., Zellorganisation. M. 1936.
3. LOW, B., Importance of helices in molecules of biological origin. — „A symposium on the chemical basis of Heridity“ Baltimore Johns Hokins Press, p. 565—576, 1957.
4. BERTALANFFY, L., Problems of Life. London, 1952.
5. NATTA, G., Macromolecular Chemistry. — „Science“, 1965, 147 p. 261—272.
6. TSUBOI, M., MITSUI, Y., WADS, A., MIGAZAWA, T., NAGASHIMA, N., Infrared spectra and molecular conformations of d'l-copoly-γ-benzyl-glutamates. — „Biopolymers“, 1969, 1, p. 297—317.
7. GOODMANN, M., FELIX, A., DEBER, CH., BRAUSE, A., SCHWARTZ, G., Conformational aspects of Polypeptids, XI, The nitroaromatic effect. — „Biopolymers“, 1963, 1, p. 371 bis 400.
8. RYSCHKOW, W., Kristallisation der Viren. — „Wachstum von Kristallen“, (Sammelwerk) M., 1957, S. 351—358.
9. KONJEW, S. W., Elektronenerregte Zustände von Biopolymeren. — „Wissenschaft und Technik“. Minsk 1965.
10. HELENE, C., DOUZOU, P., MICHELSON, A., Energy transfer in dinucleotides. — „Praceedings National Academy of Science USA“, 1966, 55, p. 376—381.
11. WEIL, G., CALVIN, M., Optical properties of chromophore macromoleculare complexes: absorption and fluorescence of acridine dyes bound to polyphosphates and DNA. — „Biopolymers“, 1963, p. 401—417.
12. GRANICK, S., GIBON, A., The DNA of chloroplasts, mitochondria and centrioles. Progress nucleic acid research and molecular biologie, vol. 6, Academie Press. New York — London, 1967, p. 143—186.
13. FONG, P., Dynamical basis of the helical structure of DNA. — „Journal of Theoretical Biology“, 1967, 15, p. 215—224.
    — Packing of the DNA Molecula. — ebenda, S. 230—235.
14. LANERD, J., SINGOR, S., Protein conformation in cell membrane preparations as studies by optical rotatory dispersion and circular dichroism. Proceedings National Academy of Science USA, 1966, 56, 1828—1835.
15. TSCHERNAWSKY, D. S., CHURGIN, J. I., SCHNOL, S. E., Über elastische Deformierungen des Eiweißferments. Symposiumsmaterialien. — „Physik und Biologie“. M. 1965.
16. SZENT-GYÖRGYI, A., PRIOR, G., Exchange of adenosine diphosphate bound to actin in superprecipitated actomyosins. — „Journal of Molecular biology“, 1966, 15, p. 515—538.
17. BARNETT, F., Die Ganzheit des Organismus und die Immunität. M., 1964.
18. RYSCHKOW, W., Das biologische Gedächtnis und die Nukleinsäuren. — „Iswestija AN SSSR“ Serie Biologie, 1965, 4, S. 533—541.
    — Molekulargrundlage des Gedächtnisses. — „Priroda “. 1965, 5, S. 2—10.
19. FLEXNAR, J., Flexnar, L. Restoration of expression of memory last after treatment with puromycin. — „Proceedings National Academy of Science USA“, 1967, 57, p. 1651—1654.
20. FLORY, P., MILLER, W., A general treatment of helix-coil equilibria in macromolecular systems. — „Journal of Molecular Biology“, 1966, 15, p. 284—297.

A. B. Kogan

ÜBER DIE MODELLIERUNG VON PROZESSEN DER NERVENTÄTIGKEIT

Die Modellierung fesselt immer mehr Vertreter verschiedener Wissenschaften, darunter auch die Biologen, da sie eine moderne, perspektivische Methode zur Untersuchung komplizierter Naturerscheinungen ist. In diesem Zusammenhang besteht nicht wenig Veranlassung zu einer Diskussion. Wenn wir uns erinnern, daß die charakteristische Eigenschaft lebender Systeme in der zweckmäßigen Selbstregulierung, der aktiven Steuerung der Funktionen besteht, so schließt die Aufgabe der Modellierung der Nerventätigkeit, die auf Steuerungsprozesse spezialisiert ist, eine Reihe prinzipieller Fragen ein, die allgemeine Bedeutung haben für die Schaffung von Modellen biologischer Erscheinungen.

Der Platz der mathematischen Modellierung unter anderen Untersuchungsmethoden

Nicht selten trifft man Forscher, besonders junge Enthusiasten, die die mathematische Modellierung als vollkommen neues, originelles Vorgehen ansehen, welches früher unbekannte Wege zur Lösung der schwierigsten biologischen Probleme eröffnet. Wenn man sich jedoch hineinvertieft, so wurde und wird solches Vorgehen in diesem oder jenem Grade in jeder naturwissenschaftlichen Forschung ausgenutzt. Eine beliebige theoretische Vorstellung, die sich als Resultat von Beobachtungen und Experimenten gebildet hat, ist bereits ein qualitatives Modell der untersuchten Prozesse im bekannten Sinne. Der quantitative Ausdruck der Wechselbeziehung dieser Prozesse bedeutet den Aufbau eines mathematischen Modells. Als Beispiel hierfür kann die Untersuchung der Gesetzmäßigkeiten der elektrischen Erregung dienen. Schon Ende des vorigen Jahrhunderts verallgemeinerte Nernst [1] die Resultate vielfacher Beobachtungen und Experimente zu einem qualitativen Modell, das den Mechanismus der Erregung als Polarisation der semipermeablen Zellmembran darstellt. Aber erst nach der Erarbeitung eines quantitativen mathematischen Modells dieses Prozesses im Jahre 1908 [2] in Form der Gleichung

$$C - C_0 = V_i \sqrt{\frac{t}{\pi k}}$$

wobei $C - C_0$ die durch den Strom hervorgerufene Ionenkonzentrationsveränderung,

V die in der Zeiteinheit übertragene Ionenmenge,

k der Diffusionskoeffizient und

t die Zeit sind,

erwies sich die Aufstellung und Formulierung der Grundgesetze der Erregung als möglich. Außerdem konnte unser Wissen über die Natur der Erregung wesentlich vertieft werden. Ausgehend von dieser Gleichung klärten die Forscher das Wesen vieler Eigenschaften des Erregungsprozesses.
Auf dem Gebiet der komplizierteren Erscheinungen der Nerventätigkeit blieb das Problem der Wechselbeziehung zwischen äußeren Erregungen und den durch sie hervorgerufenen Empfindungen lange Zeit Gegenstand verschiedenartiger Anschauungen und vereinzelter Beobachtungen. Unter ihnen war die Beobachtung WEBERS [4] von der Erhöhung der Unterscheidungsschwellen bei Zunahme der absoluten Größe der Erregung nur eine von den qualitativen Charakteristiken des Wahrnehmungsprozesses, bis der Physiker FECHNER [3] sein mathematisches Modell von den Bedingungen des Entstehens der Empfindung in Form der Formel

$$E = a \ln \frac{J}{J_0}$$

aufbaute,

wobei a eine Konstante, E die Intensität der Empfindung,
J die Reizstärke und
J_0 die Reizschwelle sind.

Eine Vielzahl folgender Experimente bestimmte die Grenzen der Anwendung eines solchen Modells und half, die allgemeinen Gesetze des Funktionierens peripherer und zentraler Teile des analysierenden Systems des Gehirns aufzudecken. Diese Beispiele sind sehr lehrreich für jene, die die stürmische Entwicklung der Modellierung in unserer Zeit als Einführung eines prinzipiell neuen Weges derForschung ansehen, und sie können sie vor der unerwarteten Entdeckung bewahren, daß man „in Prosa schon sehr lange spricht“.
Warum war die mathematische Vorstellung der Lebensprozesse im allgemeinen und die der Nerventätigkeit im besonderen so schwach entwickelt und zog erst in jüngster Zeit die Aufmerksamkeit der Forscher auf sich? Die objektiven Ursachen hierfür ergaben sich nach unserer Meinung gesetzmäßig aus der Entwicklungsgeschichte von Biologie und Mathematik.
Auf der einen Seite forderte das mathematische Modell, indem es die quantitativen Gesetze der Wechselwirkung verallgemeinerter Erscheinungen ausdrückt, für seine Schaffung ausreichendes Material: Fakten und theoretische Verallgemeinerungen. Die Biologie und besonders die Physiologie des Nervensystems erfüllt diese Forderung in Verbindung mit der ungeheueren Vergrößerung des Umfanges der Forschungen und der Anwendung einer genauen instrumentellen Technik in einigen ihrer Bereiche erst seit kurzem.
Auf der anderen Seite verfügt die Mathematik, die sich hauptsächlich unter dem Einfluß der Anforderungen der Physik entwickelte, wie sich jetzt herausstellt, über keinen fertigen mathematischen Apparat, den man sofort zur Beschreibung komplizierter Lebensprozesse verwenden könnte. Zu diesen Ursachen kommt noch die Unzulänglichkeit der mathematischen Ausbildung der meisten biologischen

Kader und das traditionelle Befolgen der vereinfachten formallogischen Prinzipien in der Aufgabenstellung und -lösung durch viele Mathematiker.

Im Ergebnis stößt die Erarbeitung wirklicher mathematischer Modelle der Nervenmechanismen auf erhebliche Schwierigkeiten. Wahrscheinlich deshalb werden sie nicht selten durch Meßwerte einzelner Parameter des untersuchten Nervenprozesses oder durch das Aufstellen teilweiser funktioneller Abhängigkeiten ersetzt. Zweifellos hat solche Benutzung der Mathematik als „Hilfe", wie auch die Anwendung variationsstatistischer Bearbeitung große Bedeutung für die Effektivitätserhöhung bei der Anwendung verschiedener Untersuchungsmethoden. Jedoch nur eine exakt begründete Verallgemeinerung genau berücksichtigter Grundvariablen kann eine höhere Form der Analyse gewährleisten und ein wirkliches mathematisches Modell der Nervenaktion geben, dessen Benutzung es möglich macht, die grundlegenden Wirkungsprinzipien zu enthüllen und die Ursachen ihres Erscheinens, die nicht mit Hilfe anderer Methoden darzustellen sind, aufzudecken und vorauszusagen.

Die Stufen des Aufbaus von Modellen der Tätigkeit des Nervensystems

Im Nervensystem treten die Kennzeichen einer vielstufigen Organisation, die für viele Systeme des lebenden Organismus charakteristisch sind, wahrscheinlich am deutlichsten auf. Die Charakterisierung von Stufen kann auf den Dimensionen der untersuchten Strukturen basieren, die sich in hierarchischen Beziehungen befinden. So kennzeichnete PAWLOW [5] im Jahre 1926 physikalisch-chemische, Zell- und Systemstufen beim Studium der Nervenprozesse, wobei jede von ihnen ihre besonderen Gesetzmäßigkeiten hat und die Anwendung spezifischer Untersuchungsmethoden fordert. In den Grenzen jeder dieser strukturellen Stufen bestehen jedoch komplizierte Wechselbeziehungen der Mechanismen einer Dimension. Als Beispiel kann die komplizierte Hierarchie der Reflexe verschiedener Etagen des Zentralnervensystems dienen, welche von BERNSTEIN [6] für die Organisation der Bewegungen untersucht wurde.

Es ist klar, daß die Gesetze des intrazellulären Umbaus des Neuronenstoffwechsels bei Erregung sich grundsätzlich von den Gesetzen der Wechselwirkung der Neuronen und umsomehr von den Gesetzen der Logik des Verhaltens unterscheiden. Darum müssen auch die Modelle so verschiedener Aktionen der Nerventätigkeit auf vollständig verschiedenen Grundlagen aufgebaut werden. Diese Bedingung wird jedoch nicht immer beachtet, und dann erweist sich das Modell als inadäquat.

Als Beispiel einer unnötigen Universalität des mathematischen Modells kann das Schicksal der von MCCULLOCH und PITTS auf der Grundlage der BOOLEschen Algebra ausgearbeiteten sogenannten Theorie der Nervennetze dienen. Hier wird in Symbolen verschiedener Verbindungen formaler Neuronen die Berechnung der Aussagen modelliert, d. h. die logischen Funktionen komplizierter Systeme. Solche Schemata jedoch, die z. B. die Konjunktion und Disjunktion darstellen, versteht man manchmal wörtlich und man versucht sie als Modelle interneuronaler Wechselwirkung zu benutzen. Die bedingte Bezeichnung formaler Neuronen betrachtet

man dabei als Modelle realer Nervenzellen, und Gesetzmäßigkeiten ihrer Wechselbeziehungen auf Neuronenebene versteht man a priori als den Gesetzmäßigkeiten identische Wechselbeziehungen der Begriffe auf der Ebene logischer Tätigkeit. In einer solchen inadäquaten Benutzung des Modells liegt nach unserer Meinung die Hauptursache vieler Schwierigkeiten und Mißerfolge, die bei Versuchen entstehen, sich in solcher Art von Schemata die Neuronenorganisation des Gehirns vorzustellen.
Augenscheinlich war die Ursache für den Universalismus des „Schemamodells" die wirkliche Entsprechung zwischen Prinzipien der Neuronenorganisation und den Systemeigenschaften einiger stereotyp funktionierender unbedingter Reflexe. Beispielsweise kommt die strenge, formallogische Folge der Aktivitäten des Beugens und Streckens der Extremitäten beim Gehen durch eine analoge, formallogische Folge von Erregung und Hemmung der motorischen Neuronen für Flexion und Extension der entsprechenden Segmente des Rückenmarks zustande. Beim Übergang zu komplizierteren Formen des Verhaltens verliert sich jedoch solch eine Entsprechung. Die heutige Neurophysiologie verfügt über eine Vielzahl an Fakten, die überzeugend zeigen, daß die Verwirklichung jedes bedingten Reflexes mit der Entstehung eines dynamischen, räumlich-zeitlichen Musters von Prozessen der Erregung und Hemmung verbunden ist und daß zwischen diesen zentralen Prozessen und dem Zustand einzelner Neuronen keine eindeutige Entsprechung besteht. Deshalb muß bei der Modellierung der Mechanismen höherer Nerventätigkeit offensichtlich von anderen Prinzipien ausgegangen werden, als von den Schemata der Operationen formaler Logik.

Hypothese über die wahrscheinlichkeitsstatistische Organisation der Neuronen in funktionelle Systeme der höheren Gehirnabschnitte

Den prinzipiellen Unterschied zwischen den Mechanismen des unbedingten und bedingten Reflexes sieht man, wie bekannt, darin, daß die Determination des unbedingten Reflexes vom fixierten Charakter angeborener Verbindungen zwischen Neuronen abhängt, welche einen konstanten Weg für den Signalfluß bilden. Der bedingte Reflex unterscheidet sich dadurch, daß er durch die Bedingungen der Umwelt determiniert wird, die neue Verbindungen zwischen den Neuronen herausbilden. Wenn man sich jedoch auf eine solche allgemeine Definition beschränkt, so ist unschwer zu erkennen, daß der Unterschied zwischen dem Neuronenmechanismus des unbedingten und bedingten Reflexes nur so lange besteht, bis der letztere sich herausgebildet hat. Wenn sich der bedingte Reflex formiert hat, so bedeutet das, daß sich Verbindungen gebildet haben und daß eine bedingte Erregung einen konstanten Weg für den Signalfluß erhält.
Bestehen prinzipielle Unterschiede in der Neuronenorganisation der Wege für die unbedingte und bedingte Erregung, nachdem sie beide konstant geworden sind? Allgemein kann man diese Frage auch anders stellen: Welche Prinzipien der Organisation der Nervenmechanismen der höheren Nerventätigkeit bedingen ihre Fähigkeit zur plastischen Formierung zeitlicher Verbindungen und zu den offen-

sichtlich hieraus entstehenden Eigenschaften hoher Zuverlässigkeit des Funktionierens und der Kompensation von Störungen?
Die schon angeführten neurophysiologischen Fakten über die Besonderheiten der zentralen Prozesse der höheren Nerventätigkeit geben das Recht, auf die erste Frage positiv zu antworten. Die auch jetzt fortgeführten Arbeiten unserer Laboratorien [8—14] dienen der Anhäufung von Fakten zur Antwort auf die zweite Frage. Im Resultat dieser Untersuchungen wurden mit den Methoden der bedingten Reflexe, der Elektrophysiologie, der Zytomorphologie, der Histochemie und anderer einige Grundlagen für Voraussetzungen über die Spezifik der Neuronenorganisation der höheren Hirnabschnitte ermittelt.
Wenn man bei der Erarbeitung eines bedingten Reflexes, z. B. eines Nahrungsreflexes, nicht die üblich als Signal angewandten Reize des Hörens oder Sehens benutzt, sondern eine direkte Stimulation eines Punktes des Rindenanalysators, so weiß man, daß gerade von diesem Punkt aus der Weg der bedingten Erregung beginnt, der zur Verwirklichung des Reflexes führt. Um die Topographie dieses Weges zu bestimmen, wurden bei verschiedenen Versuchstieren mit erarbeiteten bedingten Reflexen verschiedene Stellen der Nervenfasern chirurgisch durchtrennt. Es zeigte sich, daß nicht eine dieser Operationen die Verwirklichung des Reflexes verhindert. Folglich gibt es keine fixierten „Schemata" für die Verbindung der Neuronen, welche charakteristisch für die Struktur des unbedingten Reflexes sind.
Die Registrierung der Impulsaktivität mit Mikroelektroden an mehreren Neuronen gleichzeitig zeigte, daß sogar benachbarte Neuronen, mit seltenen Ausnahmen, asynchron arbeiten. Die Wechselbeziehung ihrer Impulsentladungen trägt zufälligen Charakter und ihre Reaktion auf die Reizung variiert in der Regel von Probe zu Probe. Folglich passieren hier die Signale nicht nacheinander bestimmte Neuronenketten, sondern können jedesmal andere Kanäle benutzen.
Die Präzisierung der morphologischen Charaktistiken der Neuronen höherer Gehirnabschnitte führte zu der äußerst bedeutungsvollen Erkenntnis, daß z. B. an jedem Pyramidenneuron der Rinde der großen Hemisphären bis zu 100000 Kontakte mit anderen Neuronen vorhanden sind. Es ist klar, wenn jedes Element sich mit einer solchen Vielzahl von umgebenden Elementen verbinden kann, daß die Vorstellung über ihre Verbindung nach einem bestimmten Schema seinen Sinn verliert. Folglich schließt selbst die Morphologie der Neuronen der höheren Hirnabschnitte die Möglichkeit ihrer Organisation nach einem „Schema" aus.
Auf der Grundlage dieser und anderer Tatsachen wurde von uns die Vermutung ausgesprochen, daß in den höheren Hirnabschnitten die Neuronen nicht nach dem schematischen Prinzip eines fixierten Weges für jedes Signal und einer eindeutigen Funktion jedes Elementes organisiert sind, sondern nach dem „nichtschematischen" Prinzip einer wahrscheinlichen Verteilung der Signalwege und der statistischen Erreichung des Resultats mit zufällig zusammenwirkenden Elementen. Solche Hypothese von der wahrscheinlichkeitsstatistischen Organisation als Grundlage für das Ausbilden, für die Plastizität und Zuverlässigkeit des Funktionierens der Mechanismen höherer Nerventätigkeit erhielt Unterstützung und wurde entwickelt

durch das weitere Studium der Wechselwirkung zwischen den Neuronen, der kritischen Anzahl der Elemente, die zur Erhaltung der Funktion des Systems erforderlich sind, und der Analyse der Eigenschaften adäquater Modelle. In diesem Zusammenhang berührt diese Hypothese eine Reihe von Fragen, die ein tiefes philosophisches Verständnis erfordern: im besonderen über das Verhältnis von Zufälligem und Gesetzmäßigem im Mechanismus der Nerventätigkeit und über die Wege ihrer mathematischen Modellierung.

Zufälliges Verhalten der Elemente und gesetzmäßige Reaktion des Systems. Zufällige Erscheinungen in der Nerventätigkeit, wie auch in anderen Lebensprozessen, werden gewöhnlich als negative Faktoren gerechnet, die deren gesetzmäßigen Verlauf stören und „Rauschen" in den Fluß der zu verarbeitenden Informationen tragen. Man kann tatsächlich eine Reihe von Beispielen anführen, bei denen zufällige, äußere Reizungen oder zufällige Schwankungen der Parameter des funktionellen Zustandes des Nervensystems die normale Ausführung der Reflexreaktion stören.

Für eine „schematische" Organisation stereotyper unbedingter Reflexe bedeutet die Entstehung zufälliger Wechselwirkungen der Neuronen nur eine Erhöhung des Störungsniveaus. Die Evolution solcher Organisation ist auf die Stabilisierung der neuronalen Aktivität und auf die Beseitigung der Ursachen ihrer zufälligen Dispersion in Zeit und Raum gerichtet. Die weitere Komplizierung der auf diese Weise organisierten Nervenmechanismen erweitert jedoch außerordentlich sowohl die Einflußsphäre der äußeren als auch der inneren zufälligen Faktoren, erschwert ihre Beseitigung und verringert stark die Zuverlässigkeit des Funktionierens des Systems, dessen Gesetzmäßigkeit der Reaktion auf dem gesetzmäßigen Charakter des Verhaltens jedes Elementes beruht. Es liegt ein klarer Widerspruch vor, der nicht im Rahmen der „schematischen" Organisation des Nervensystems gelöst werden kann.

Ein Ausweg aus diesem Widerspruch war offensichtlich die Entstehung „nichtschematischer" Nervenorganisation in den phylogenetisch jungen Abschnitten des Gehirns, in denen sich der Faktor „Zufälligkeit" von einer Störung in einen Arbeitsmechanismus verwandelte. Die Zufälligkeit der Wechselwirkung von Elementen als Mittel der statistischen Gewährleistung von Gesetzmäßigkeiten der Reaktion des Systems kann man in der Natur auf verschiedenen Entwicklungsstufen der Bewegungsformen der Materie antreffen. Beispielsweise verwirklichen sich durch eine Vielzahl von Zusammenstößen der Gasmoleküle Gesetze, die durch die kinetische Theorie streng formuliert sind; aus der unübersehbaren Vielfalt des individuellen Verhaltens der Menschen setzt sich der gesetzmäßige Lauf der Geschichte zusammen. Das sind natürlich nichts weiter als entfernte Analogien, die mit großer Vorsicht zu benutzen sind. So berücksichtigt der interessante Versuch, das Gehirn als „Nervengas" [15] zu betrachten, nicht, daß die Gesetze der Thermodynamik die Homogenität der Moleküle vorsehen, die Neuronen jedoch eine individuelle Strukturorganisation haben. Um so mehr muß der Aufbau des Modells eines wahrscheinlichkeitsstatistischen Systems, das den Faktor der Zufälligkeit benutzt, sich nicht auf Analogien stützen, sondern auf faktische Ergebnisse des Studiums konkreter Nervenmechanismen. Der sehr gut ausgearbeitete mathematische Apparat der kinetischen Gastheorie kann als Beispiel einer produktiven Modellierung eines physikalischen, wahrscheinlichkeitsorganisierten Systems dienen. Die Struktur der Nervenelemente kann schwerlich zu einem unüberwindlichen Hindernis für eine mathematische Beschreibung werden, und es ist nur zu bedauern, daß die Biologie auf diesem Gebiet der Mathematik bis heute nicht die Anregung gegeben hat, die ihr seinerzeit die praktischen Forderungen der Dampfmaschinentechnik gaben.

Anscheinend bestimmte das übliche Verhältnis zum Faktor der Zufälligkeit als Störung, aber nicht als Arbeitsmechanismus, die in der Literatur so verbreitete Gegenüberstellung der Begriffe „determinierte“ und „Wahrscheinlichkeitssysteme“. Solche Gegenüberstellung schafft den Eindruck, daß die Wahrscheinlichkeitsorganisation indeterminiert sein kann. In Wirklichkeit ist sie nicht weniger, sondern im bekannten Sinne weitaus zuverlässiger determiniert, da die Statistik eine gesetzmäßige Realisierung der Funktion unter sehr veränderlichen Bedingungen gewährleistet. Darum erscheint es uns zweckmäßig, für die Bezeichnung fixierter und stochastischer Systeme und ihrer Modelle die Termini „eindeutig determiniert“ und „wahrscheinlichkeitsdeterminiert“ zu verwenden, und zwar in dem Sinne, daß das letzte System in der Evolution des Nervensystems eine höhere Form der Realisierung des Prinzips des Determinismus in der Reflextätigkeit darstellt.

Reflexmodelle als ganze Verhaltensaktionen. Ausgehend von den prinzipiellen Unterschieden der Neuronenorganisation des unbedingten und bedingten Reflexes kann man annehmen, daß die Modellierung ihrer Mechanismen die Benutzung vollständig verschiedener mathematischer Apparate erfordert. Wenn man den Reflexmechanismus jedoch als „black box“ betrachtet und nur die Verhältnisse zwischen Einwirkung und Antwortreaktion untersucht, so kehren wir erneut auf die Stufe logischer Operationen zurück, die mit den Mitteln der BOOLEschen Algebra beschrieben werden.

Die Erfolge der Physiologie des Nervensystems erlauben, immer tiefer in die Struktur der Reflexe einzudringen, indem man sie in Untersysteme aufgliedert. Dabei entsteht die Möglichkeit des Aufbaus mathematischer Modelle, die die Gesetzmäßigkeiten der Informationsverarbeitung in diesen Untersystemen aufdecken. Die Analyse der Umformung der Signale in der Netzhaut zeigte in ihr das Vorhandensein einer Reihe wesentlicher nichtlinearer Untersysteme [16].

Es ist auch eine Modelluntersuchung der quantitativen Gesetzmäßigkeiten der Wechselbeziehung einzelner Reflexe möglich, aus denen sich ein kompliziertes, instinktives Verhalten zusammensetzt. Beispielsweise wurde, ausgehend von der Vorstellung über das Futterverhalten als Kette selbständiger Reflexe der Suche, der Erwerbung und Aneignung des Futters [17], in unseren Laboratorien unter Teilnahme des Ingenieurs RUDSKIJ ein Modell aufgebaut, das es erlaubt, die optimalen Verhältnisse dieser Reflexe und die effektivsten Regime des Funktionierens jedes von ihnen zur Erreichung des Futters in unterschiedlichen Situationen zu finden. Dieses Modell kann für die bionische Lösung der Aufgabe nützlich werden,

die optimale Taktik für die Suche eines gegebenen Objektes bei unterschiedlichen Umweltbedingungen zu finden.
Viele spezifische Eigenschaften von Prozessen der bedingt reflektorischen Tätigkeit können mit den Mitteln der Wahrscheinlichkeitslogik modelliert werden. So kann für die Beschreibung [18—20] des bedingten Reflexes als wahrscheinliche Prognose der Signalbedeutung unter den Bedingungen der Unbestimmtheit die Theorie von Bayes benutzt werden. Einige Resultate logischer Operationen unter den Bedingungen funktioneller Vieldeutigkeit der Elemente können als Wenn-Diagramm dargestellt werden. Es muß jedoch Klarheit darüber bestehen, daß die Erarbeitung eines mathematischen Apparates für die mathematische Modellierung höherer Nerventätigkeit, besonders ihrer komplizierten Formen, eine noch lange nicht gelöste Aufgabe bleibt.
Große prinzipielle Bedeutung hätten die Versuche einer Modellwiedergabe der Gesetzmäßigkeiten der analytisch-synthetischen Tätigkeit des Gehirns, die die Entstehung neuer Arten der Widerspiegelung in Form von Empfindungen charakterisieren und die objektiven physiologischen Prozesse begleiten. Offensichtlich wird dadurch ein vollständigeres Ganzes der gesamten Empfindung erreicht. Natürlich entsteht die Frage der praktischen Bedeutung des biologischen Vorzugs solcher Art der Widerspiegelung der Umweltereignisse. Uns scheint, daß einer der Wege zur Beantwortung dieser Frage in einer Betrachtung vom Standpunkt der Eigenschaften der Informationsprozesse liegt.
Es ist bekannt, wie sehr die Effektivität und die Arbeit von Rechenmaschinen durch die Unmöglichkeit einer gleichzeitigen Bearbeitung der Vielzahl anfallender Signale und der Notwendigkeit einer aufeinanderfolgenden Bearbeitung dieser in den Speichereinheiten begrenzt bzw. verlangsamt werden. In diesem Zusammenhang besteht eine bedeutende Eigenschaft des menschlichen Bewußtseins in der Überwindung dieser Begrenzung und der Fähigkeit, momentan ein kompliziertes Bild laufender und vergangener Ereignisse zu empfinden und wiederzugeben. Man kann annehmen, daß diese Fähigkeit in der Entwicklungsgeschichte des Nervensystems auf dem Wege der Formierung des Mechanismus nicht in aufeinanderfolgender, sondern paralleler Bearbeitung der Informationsströme erreicht wurde, dessen Tätigkeit sich auch in der Gesamtheit der Empfindungen zeigt. Die mathematische Modellierung und Benutzung der Fakten der Informationstheorie kann bei der Aufdeckung objektiver physiologischer Grundlagen dieses Mechanismus eine wichtige Rolle spielen.

Literatur

1. Nernst, W., Nachricht Ges. Wiss. Göttingen, Math.-Phys. Kl. 1899, 47, 104.
2. Nernst, W., Pflüger's Arch. ges. Physiol., 1908, 122, 275.
3. Fechner, T., Elemente der Psychophysik. Leipzig, 1889.
4. Weber, E., Wagners Handwörterbuch d. Physiol., 1846, 3, 2.

5. Pawlow, I. P., Vorlesungen über die Arbeit der großen Hemisphären des Hirns. — Gesammelte Werke, Band IV. M.—L., 1947.
6. Bernstein, N. A., Über den Aufbau der Bewegungen.
7. McCulloch, W., Pitts W., Bull. Math. Bioph., 1908, 1, 115.
8. Kogan, A. B., „Probleme der Neurokybernetik", (Sammelwerk) Rostow/Don, 1962, S. 16.
9. Kogan, A. B., „Reflexe des Gehirns", (Sammelwerk) M., 1965, S. 103.
10. Alenikow, J. P., Popow, I. W., Doljatowskij, W. A., „Probleme der Neurokybernetik", (Sammelband) Rostow/Don, 1962, S. 3.
11. Glumow, G. M., „Physiologisches Journal der UdSSR", 1963, 48, 1437.
12. Tschorajan, O. G., „Physiologisches Journal der UdSSR", 1965, 51, 8.
13. Klepatsch, G. S., „Materialien der XV. Konferenz der Physiologen des Südens der RSFSR", (Sammelband) Machatschkala, 1965.
14. Dikarjewa, I. P., „Materialien der XV. Konferenz der Physiologen des Südens der RSFSR", (Sammelband) Machatschkala, 1965.
15. Wolter, W. B., „Untersuchung der höheren Nerventätigkeit mit dem EEG", (Sammelband) M., 1962, Seite 354.
16. Woronin, G. W., Tott, Sch., Sokolow, E. N., „Biophysik", 1964 Bd. IX, Ausgabe 1.
17. Roschanskij, N. A., Abriß der Physiologie des Nervensystems. M., 1957.
18. Ashby, W., „EEG Clin. Neurophysiol.", 1950, 2, 471.
19. Uttley, A., „Mechanization of Thought Processes". London, 1958, S. 121.
20. Kogan, A. B., Sokolow, E. N., „Modellierung der Funktion des Nervensystems" (Sammelband). Rostow/Don, 1965, S. 3.

W. A. Ratner

INFORMATIONSMODELLE MOLEKULARGENETISCHER STEUERUNGSSYSTEME

In diesem Beitrag werden einige Ergebnisse einer qualitativen Informationsanalyse molekulargenetischer Systeme der Kodierung und Steuerung angeführt. Diese Ergebnisse wurden in der Monographie [1] ausführlicher behandelt.

Definition der Grundbegriffe:

Unter einem genetischen System verstehen wir die Gesamtheit der Zell- und Molekularmechanismen und Strukturen, die an der Aufzeichnung, der Übertragung, der Speicherung, der Realisierung und an der Umwandlung der genetischen Informationen beteiligt sind. Auf molekularer Ebene gehören zu den genetischen Systemen die Moleküle der kodierenden Polymere (DNS, RNS und Eiweiße), deren Funktion wesentlich von der Sequenz der Monomere, aus denen sie zusammengesetzt sind, abhängt, aber auch Aggregate dieser Moleküle gehören zu den genetischen Systemen. Metabolite, die mit den Eiweißen in Wechselwirkung treten, gehören nicht zum genetischen System. Auf zellulärer Ebene gehören insbesondere die Chromosomen, Zentriolen, Episomen und ähnliche Gebilde dazu. Das genetische System eines Organismus besteht aus der Gesamtheit der zellulären genetischen Systeme, aber auch aus Agenzien, mit deren Hilfe ihre spezialisierte Wechselwirkung realisiert wird, wie den Hormonen, den möglichen interzellulären Eiweißträgern der Wechselwirkung u. a.

Das genetische System einer Population besteht aus der Gesamtheit der genetischen Systeme der Individuen, sowie aus Strukturen, die Träger der genetischen Wechselwirkung sind: Gameten, einige Exohormone, Fragmente genetischer Systeme, die von lysogenen Phagen übertragen werden, u. a.

Genetische Systeme werden als Steuerungssysteme betrachtet. Eine qualitative Informationsanalyse genetischer Steuerungssysteme schließt die Analyse der Elemente und Untersysteme, der Gedächtnismechanismen, der Informationsflüsse und die Aufklärung ihrer Eigenschaften und Funktionen, der Entwicklungswege und der aus ihnen sich ergebenden allgemeinen Eigenschaften der genetischen Systeme ein.

Zerlegen wir die kodierenden Biopolymere bis zu den Monomeren. Die Haftstelle der Stickstoffbasen in den Polynukleotidketten wollen wir als ein Gedächtniselement betrachten, das in der Lage ist, in vier Zuständen aufzutreten: A, T (U), G und C. Die Haftstelle der Seitenradikale der Aminosäuren in den Polypeptidketten werden wir als Gedächtniselement betrachten, das in 20 Zuständen auftreten kann. Die geordneten Gesamtheiten der Gedächtniselemente beider Typen bilden das Gedächtnis des genetischen Systems. Die Gesamtheit der an den Reduplikationsprozessen beteiligten Elemente wollen wir als Erbgedächtnis, die Gesamtheit der übrigen Elemente als Arbeitsgedächtnis bezeichnen. Zum Erbgedächtnis gehören gewöhnlich die Elemente der DNS und zum Arbeitsgedächtnis die Elemente der RNS und der Eiweiße. Eine solche Gegenüberstellung ist aber nicht bindend. Die Matrizensynthese der Biopolymere wird als eine Ablesung oder Transkription der Zustände der Gedächtniselemente angesehen. Nicht alle Zustände des genetischen Gedächtnisses kodieren irgendwelche Funktionen. Wir wollen für die Untersuchung der Kodeeigenschaften der materiellen Träger des Gedächtnisses das folgende Kriterium angeben: Wenn sich bei der Einführung eines materiellen Trägers des Gedächtnisses (DNS, RNS, Eiweiße) in das genetische System oder bei seiner Entfernung aus dem System die Funktionen des letzteren verändern, dann werden wir davon sprechen, daß die Gesamtheit der Zustände der Gedächtniselemente, die zu dem materiellen Träger gehören, eine Information kodiert oder die Aufzeichnung einer genetischen Mitteilung für das genetische Steuerungssystem darstellt.

Auf diese Weise wird eine Verknüpfung der Begriffe „genetisches System“ und „genetische Information“ eingeführt. Ein System, das seine Funktionen bei der Einführung eines materiellen Gedächtnisträgers verändert, wird als genetisches System definiert, das zur Ablesung und Verarbeitung der Zustände seiner Gedächtniszellen fähig ist; der materielle Träger wird in diesem Falle als der Träger der genetischen Information für das betreffende genetische System definiert.

Infolge der Strukturbesonderheiten der kodierenden Biopolymere sind die Zellen des genetischen Gedächtnisses linear angeordnet. Die einzelnen kompakten Teile des Erbgedächtnisses, die diskrete Funktionen kodieren, d. h. die diskrete Informationsmengen oder diskrete Mitteilungen tragen, können wir als Gene bezeichnen. Die von den Genen kodierte Information wird nur als die Gesamtheit der Zustände der zugehörigen Gedächtniselemente und als die Ordnung dieser Elemente definiert.

Die genetischen Informationen

In natürlichen genetischen Systemen gliedert sich das Erbgedächtnis in diskrete Informationen verschiedener Ränge. Für die Klassifizierung dieser diskreten Informationen nach Rängen kann man das sogenannte Einschlußprinzip benutzen. Wir wollen die Informationen untereinander vergleichen. Wenn von zwei Informationen keine von beiden als Teil in die andere eingeschlossen werden kann, dann gehören beide Informationen einem Rang an. Wenn eine der Informationen in die andere eingeschlossen werden kann, dann gehört die in einer anderen Information enthaltene dem niedereren Rang an. Mit Hilfe des Einschlußprinzips können wir folgende Ränge von diskreten genetischen Informationen unterscheiden und definieren:

1. Kodon — eine kompakte, linear angeordnete Gesamtheit von Stickstoffbasen, die den Einbau der einzelnen Aminosäuren während der Biosynthese des Eiweißes kodieren. Wie experimentell nachgewiesen wurde, sind es Triplettkodons. Die

Tabelle zeigt eine Übersicht der die einzelnen Aminosäuren determinierenden Kodons. Die Kodons sind höchstwahrscheinlich für alle Formen des Lebens auf der Erde universell und werden ohne Interpunktion aneinandergereiht. Es gibt drei Nonsense-Tripletts, die keine Aminosäure kodieren.

2. Zistron — eine kompakte, linear angeordnete Gesamtheit von Kodons, die die Primärstruktur der einzelnen Eiweißmoleküle bestimmen. Die Zistrons enthalten 10^2 bis 10^3 Kodons und haben för die Ablesung einen Anfang und ein Ende. Zwischen zwei Zistrons gibt es ein Intervall, welches wahrscheinlich durch Nonsense-Tripletts determiniert wird.

3. Operon — eine kompakte, linear angeordnete Gesamtheit von Zistrons, die die koordinierte Synthese einer Gruppe von Eiweißen bestimmen. Die Operons enthalten etwa 10 bis 15 Zistrons und haben einen Ablesungsanfang (Promotor) und ein Ende der Ablesung (Intervall zwischen den Operons) die offenbar aus Gruppen von Gedächtniselementen bestehen, die keine Aminosäure kodieren. Operons sind gewöhnlich den in der Nachbarschaft liegenden Genen untergeordnet, die den Beginn und das Ende der Ablesung der Operons koordinieren.

4. Replikon — eine kompakte, linear angeordnete Gesamtheit von Operons und anderen Informationen niederer Ränge, die zu einem materiellen Träger gehören und als Ganzes redupliziert werden. Replikons können 10^2 bis 10^3 und mehr Operons enthalten und haben einen Beginn der Ablesung (Replikator) und ein Ende der Ablesung (Intervall zwischen den Replikons), die aus Gruppen von Gedächtniselementen bestehen, die keine Aminosäure kodieren.

5. Segregon (Kopplungsgruppe) — eine kompakte, linear angeordnete Gesamtheit von Replikons, die als Ganzes an der Rekombination und Segregation beteiligt sind. Segregons können Dutzende Replikons enthalten und haben ein Zeichen für das Erkennen des Segregons während der Segregation (Zentromere) und Begrenzungszeichen (Telomere), die offenbar von einzelnen Replikons realisiert werden.

Die Klassifikation der Mitteilungen nach dem Einschlußprinzip gestattet den Aufbau eines hierarchischen Rangsystems. Dieses System hat folgende allgemeine Eigenschaften:

a) jeder Rang der genetischen Informationen entspricht einem bestimmten genetischen Ablesungs- oder Transkriptionsprozeß:
das Kodon — für die Bildung des Komplexes tRNS mit einer Aminosäure,
das Zistron — für die Veränderung der Anordnung der Aminoazyl-tRNS auf der mRNS, d. h. für die Matrizensynthese des Eiweißes,
das Operon, — für die Synthese der mRNS auf der DNS,
das Replikon — für die Reduplikation der DNS
das Segregon — für die Anordnung der reduplizierten DNS-Moleküle in eine Kopplungsgruppe, was ihre gemeinsame Absonderung sichert.

b) bei der Formierung der Informationen der nächsthöheren Ränge aus den Informationen der niederen Ränge nimmt die kodierende Rolle der Anordnung gesetzmäßig mit der Zunahme des Ranges der Informationen ab. Während die Funktionen der Kodons völlig von der Anordnung der Basen (siehe Tabelle) bestimmt

werden, hängen die Funktionen der Operons nur schwach von der Anordnung der Zistrons in ihnen ab, und die Funktionen der Replikons können offenbar überhaupt nicht mit der Anordnung der Operons in Verbindung gebracht werden.
c) alle Prozesse der Transkription, mit Ausnahme der Bildung des tRNS-Aminosäure-Komplexes, haben voneinander unabhängige Zeichen zur Steuerung dieser Prozesse: Zeichen für den Anfang und für das Ende, Zeichen für das Erkennen usw.

Tabelle

Der genetische Kode [8]

Erste Stelle (5'-Ende)	Zweite Stelle U	C	A	G	dritte Stelle (3'-Ende)
	Phe	Ser	Tyr	Cys	U
U	Phe	Ser	Tyr	Cys	C
	Leu	Ser	nonsense	nonsense	A
	Leu	Ser	nonsense	Try	G
	Leu	Pro	His	Arg	U
C	Leu	Pro	His	Arg	C
	Leu	Pro	GluN	Arg	A
	Len	Pro	GluN	Arg	G
	Ileu	Thr	Asp	Ser	U
	Ileu	Thr	Asp	Ser	C
A	Ileu	Thr	Lys	Arg	A
	Met	Thr	Lys	Arg	G
und Beginn der Ablesung					
	Val	Ala	Asp	Gly	U
G	Val	Ala	Asp	Gly	C
	Val	Ala	Glu	Gly	A
	Val	Ala	Glu	Gly	G

Anmerkung: U, A, C, G sind die Stickstoffbasen auf der mRNS;
Phe, Leu, Ser usw. die Namen der Aminosäuren;
die Spalten bedeuten vom 5'-Ende beginnend, daß sich die Stickstoffbasen an erster, zweiter oder dritter Stelle im Triplett befinden.

d) bei der Übertragung der genetischen Information in der Richtung: DNS des Elters → DNS des Nachkommen → mRNS → Eiweiß → Produkt der biochemischen Reaktion wächst die Zahl der Informationsträger auf jeder folgenden Etappe an. Wir können diesen Prozeß als einen Verstärkungsprozeß der einzelnen Informationen betrachten.
e) die genetischen Informationen aller Ränge haben ihre Verdopplungsmechanismen, die die Zuverlässigkeit der Speicherung und Ablesung der Information erhöhen und zwar:

beim Antikodon — die Vervielfachung der Information durch die Synthese und die Aktivierung der tRNS
beim Zistron — die Vervielfachung bei der Synthese der Eiweißmoleküle
beim Operon — die Vervielfachung bei der Synthese der mRNS-Moleküle
beim Replikon — die Verdopplung der DNS-Kette und
beim Segregon — die Polytänie
beim Genom sind es die Diploidie und die Polyploidie.
Dabei verdoppelt jeder Verdopplungsmechanismus der Informationen auch die Informationen der vorhergehenden Ränge.

Die genetische Sprache

Nach Chomsky und Miller ist die Sprache als endliche oder unendliche Menge von Sätzen definiert, von denen jeder eine endliche Länge hat und durch Vereinigung aus einer endlichen Menge von Elementen aufgebaut wird [2]. Die Sprache besteht formal aus einer Menge von Elementen, dem Wortschatz, und einer Sammlung von Regeln, der Grammatik. Dabei betrachtet man als Satz jede Konstruktion, die der formalen Grammatik entspricht und nicht unbedingt einen Sinn haben muß. Die Sprachen kann man in natürliche, spontan entstandene und in künstliche, für wissenschaftliche und technische Erfordernisse erarbeitete Sprachen einteilen. Die Grammatiken der natürlichen Sprachen zeichnen sich durch geringere Strenge der Regeln und durch eine große Anzahl von Ausnahmen von den Regeln aus.
Die natürlichen menschlichen Sprachen treten in der Schrift- und Lautform auf, die im wesentlichen äquivalent sind, sich aber in Einzelheiten unterscheiden. In beiden Formen werden die sprachlichen Texte nach dem Prinzip der linearen Vereinigung von Elementen aufgebaut, wobei die zeitliche Aufeinanderfolge der Laute des mündlichen Textes der räumlichen linearen Reihenfolge der Zeichen des schriftlichen Textes entspricht. Eine solche Übereinstimmung ist nur den entwickelten Sprachen zu eigen, die einen langen Entwicklungsweg ihrer Schrift durchlaufen haben. Kriterium dieser Entwicklung von der Zeichenschrift zur Buchstaben- oder Hieroglyphenschrift war die Entdeckung des Isomorphismus zwischen der Schriftform der Sprache und ihrer Lautform. Die Lautstruktur einer Sprache ist ihrer Ausgangsnatur nach linear und diese Besonderheit wird durch die Struktur des Sprechapparates des Menschen bestimmt.
Die entwickelten natürlichen menschlichen Sprachen besitzen einige Niveaus bezüglich ihres Aufbaus. Jedes Niveau hat eine bestimmte Menge von Elementen und ein System von typischen Regeln zur Satzbildung. Die Elemente der folgenden Niveaus schließen die Menge der Konstruktion der vorangegangenen Ebene ein. Deshalb ist die Struktur der natürlichen Sprachen hierarchisch und nach dem Einschlußprinzip aufgebaut. Bei der Gegenüberstellung dieser einfachsten linguistischen Regeln und den oben beschriebenen Besonderheiten der Struktur des genetischen Gedächtnisses ist zwischen beiden eine nicht zufällige Analogie zu bemerken. Wir werden deshalb die Menge der Zustände der Elemente des genetischen

Gedächtnisses als Alphabet mit 4 Buchstaben für die Nukleinsäuren- und als Alphabet mit 20 Buchstaben für die Aminosäureelemente des Gedächtnisses auffassen. Die endlichen, linear angeordneten Gesamtheiten der Elemente werden wir als Texte betrachten. Wir haben somit in den genetischen Systemen eine Menge von Texten, die in zwei äquivalenten Formen, in der Polynukleotidform und in der Polypeptidform, mit Hilfe der entsprechenden Alphabete und mit bestimmten Regeln geschrieben werden.

Aus diesen Alphabeten und aus der Gesamtheit aller genetischen Regeln, die für die reale Existenz der Individuen in der Natur erforderlich ist, setzt sich die genetische Sprache zusammen. Dementsprechend gibt es sowohl genetische Texte, die zu Individuen beliebiger existierender oder ehemals existierender Arten gehören als auch eine praktisch unbegrenzte Vielfalt potentiell möglicher genetischer Texte, die in der Natur noch nicht realisiert wurden.

Es erhebt sich die Frage, welche Vorteile sich aus der Verwendung der genetisch-linguistischen Analogie für das Verständnis der Arbeit genetischer Systeme ergeben.

In erster Linie kann diese Analogie dazu dienen, die auf einem Gebiet entwickelten Methoden auf das andere anwenden zu können. Insbesondere können die Prinzipien der mathematischen Formalisierung der Sprache, die für die maschinelle Übersetzung notwendig war, zur Formalisierung der genetischen Sprache genutzt werden. Ein anderes wichtiges Problem stellt die Entwicklung der grammatischen Regeln dar. Es ist interessant, die Ähnlichkeiten und Unterschiede der Entwicklungswege dieser unabhängig voneinander entstandenen Sprachen zu untersuchen und die realen Gründe der einen oder anderen Besonderheiten zu erkennen. Wir müssen davon ausgehen, daß die genetische Sprache, weil sie spontan während der Herausbildung der belebten Natur entstand, zu den natürlichen Sprachen gezählt werden muß. Die Bedingungen, unter denen die genetische Sprache entstand und sich entwickelte, unterscheiden sich aber sehr stark von den Bedingungen der Entstehung und Entwicklung der menschlichen Sprachen, eine vergleichende Untersuchung der Strukturen dieser Sprachen wäre interessant.

Die genetischen Texte, die im Ergebnis der natürlichen Auslese entstanden, kodieren eine bestimmte Funktion, d. h. sie haben einen gewissen Sinn. Es sind auch genetische Texte denkbar, die nach formalen grammatischen Regeln aufgebaut sind, aber keine Funktionen kodieren. Bei der formalen Beschreibung einer Sprache unterscheiden sich die nichtkodierenden in keiner Weise von den kodierenden Texten. Wir wollen uns aber den formalen Regeln für den Aufbau unterschiedlicher Niveaus der genetischen Sprache zuwenden.

Bei dem gegenwärtigen Stand der Untersuchung der genetischen Sprache ist es in vielen Fällen nicht möglich, die Regeln für die Satzkonstruktion aus den Elementen zu formulieren, oder wir können nur die allgemeinen Regeln finden. Wir können den linearen Charakter der Vereinigung der Elemente und die Existenz von nicht weniger als fünf aufeinander folgenden Ebenen der genetischen Sprache feststellen. Jede dieser Ebenen verfügt über eine unabhängige Interpunktion. Bei den höheren Niveaus nimmt die Rolle der Anordnung der Elemente bei der Ko-

dierung gesetzmäßig ab. In diesem Sinne unterscheidet sich die genetische Sprache nicht von den anderen natürlichen Sprachen.
Auf der Kodonebene können wir auf Grund allgemeiner formaler Regeln die Tatsache feststellen, daß es sich um einen Triplettkode handelt, auf die Existenz bestimmter Regeln zur Bildung verschiedener Kodonsynonyme hinweisen und ein vollständiges Verzeichnis der Kodons und Nonsense-Kodons anführen (Tabelle 1). Die Kodonsynonyme haben meist eine gemeinsame „Wurzel" (die beiden ersten Basen sind gleich.) Nach der Anordnung der dritten Base kann man die Synonyme in verschiedene Gruppen einteilen. Dabei sind in einigen Fällen nur zwei Basen nicht unterscheidbar (A und G oder U und C), in anderen Fällen drei Basen (U, C, A). Die molekularen Mechanismen, die diese Regeln sichern, sind unterschiedlich. Es ist interessant, daß sich auch die Nonsense-Tripletts einer der Regeln für die Bildung von Synonymen unterordnen (UUA und UAG), d. h. daß dieses Kriterium nicht die Unterscheidung von Nonsense-Tripletts und Kodons gestattet. Als Kriterien für die Richtigkeit der aufgebauten Konstruktionen dieser Ebene dienen die Forderung nach einem Triplettkode und die Regel für die Bildung von Synonymgruppen.
Auf dem Niveau der Zistrons sind die Angaben über die Konstruktionsregeln sehr dürftig. Man kann die Existenz des Anfangspunktes eines Zistron und das Intervall zwischen den Zistrons anführen. Einige Teile der Zistrons sind für ihre Funktion notwendig, während andere dafür nicht unbedingt erforderlich sind. Einige der funktionellen Teile kodieren die katalytischen Funktionen, d. h. Operationen, Tätigkeiten, die von dem betreffenden Eiweiß hervorgebracht werden, andere kodieren die Spezifität der Eiweiße zu den Metaboliten, d. h. ein Objekt der Operation, wieder andere kodieren die Spezifität der Eiweiße gegenüber anderen Eiweißen, d. h. die Übereinstimmung der Wirkungen oder Formierung einer einheitlichen Tätigkeit. Die Gesetzmäßigkeiten einer solchen Kodierung wurden bisher erst in geringem Maße untersucht. So ist erst für zehn bis zwanzig Eiweiße die vollständige Aminosäuresequenz entschlüsselt. Einige Unterschiede zwischen ihnen konnten untersucht werden. Das ist für die Aufstellung einer Grammatik auf der Zistronebene völlig unzureichend, besonders weil man gerade für die niedrigsten Ebenen der Sprachstruktur (Kodon, Zistron, Operon) in der genetischen Sprache die entwickeltste Grammatik erwarten muß, wie das bei allen natürlichen Sprachen beobachtet wird.
Auf der Operonebene wurden ebenfalls bisher nur zehn bis zwanzig Texte untersucht, wobei man nur in einigen Fällen annehmen kann, daß die Anordnung der Operons eine funktionelle Rolle spielt, d. h. den Sinn der Operons kodiert. Die Zistrons, die die Untereinheiten eines funktionellen Aggregats kodieren, sind gewöhnlich einfach aneinander gereiht. Die Operons haben einen Anfangs- und einen Endpunkt. Sie besitzen spezifische Abschnitte, Operatorgene, die sie anderen Operons oder Zistrons unterordnen, und die entsprechenden Steuerzistrons kodieren die zum Operator gehörenden Abschnitte in der Struktur ihrer Eiweiße. Auf der Ebene der Operons existiert auf diese Weise eine gute Übereinstimmung der Funktionen der Operons untereinander.

Auf der Replikonebene sind die genetischen Texte nur in einigen Fällen einigermaßen ausreichend untersucht worden (Genkarten des Phagen T4, von *Escherichia coli*, *Salmonella*, *Drosophila melanogaster* u. a.). Die Anordnung der Lage der Loci auf den Genkarten der Replikons hat offenbar keinen funktionellen Sinn. Es existieren Anfangs- und Endpunkte der Replikons. Eine allgemeine Regel ist nur die Gleichförmigkeit (Isomorphismus) der Anordnung der homologen Replikons bei den Individuen einer Art. Die Regeln der Übereinstimmung und Koordinierung der Replikons bleiben unklar.
Auf der Segregonebene wurden bisher die genetischen Texte schließlich nur fragmentarisch untersucht. Wahrscheinlich haben sie keine allgemeinen Strukturregeln, mit Ausnahme der Existenz der Zeichen der Segregons (Zentromer, Telomer) und des Isomophismus der Anordnung der homologen Segregons.
Die Gegenüberstellung der Polynukleotid- und der Polypeptidform der genetischen Sprache auf den verschiedenen Ebenen zeigt folgendes: Auf der Kodonebene wird eine eindeutige Übereinstimmung nur beim Übergang von der Polynukleotid- zur Polypeptidform beobachtet. In umgekehrter Richtung ist die Übereinstimmung mehrdeutig, d. h. jeweils einer Aminosäure entsprechen mehrere Kodons. Auf der Zistronebene steht die kolineare Übereinstimmung des Zistrons und der Primärstruktur des Polypeptids im Vordergrund. Die funktionellen Abschnitte des Polypeptids werden jedoch nicht unbedingt in der Struktur des Zistrons von kompakten Kodongruppen kodiert. Auf den höheren Ebenen fehlt die Kolinearität zwischen den Polynukleotid- und den Polypeptidtexten. Einige Polypeptide kodieren die für das Erkennen erforderlichen Abschnitte der Polynukleotide, d. h. die spezifische Wechselwirkung mit ihnen, z. B. Replikator, Operator. Es gibt aber auch genetische Mitteilungen, die nur in der Polynukleotidform verschlüsselt sind (Loci, tRNS, ribosomale RNS). Aus alledem folgt, daß eine natürliche genetische Sprache existiert, die den Grundforderungen der Sprachen formal genügt. Die Grammatik der verschiedenen Ebenen der genetischen Sprache konnte bisher noch nicht formuliert werden, jedoch besteht kein Zweifel daran, daß sie existiert, zumindest auf den unteren Ebenen.

Die molekulargenetischen Steuerungsprozesse

Die heute am besten untersuchten molekularen Steuerungssysteme sind die Operonsysteme. Bei den Bakterien findet man einfache Induktions- und Repressionssysteme der Enzymsynthese (Operons der Galaktose, der Laktose, des Tryptophans, des Histidins) und komplizierte Operonsysteme (Systeme des Arginins, des Zysteins, Threonins, Isoleuzins, Leuzins u. a.) [3]. Beim Mais wurden drei Systeme von Regulatoren und Operatoren unterschieden [4].
Die Analyse der Operonsysteme der Steuerung besteht vom Standpunkt der Informationstheorie in der Isolierung von Elementen, der Bestimmung ihrer Zustände und elementaren Informationsflüsse und in der Konstruktion verschiedenartiger Informationssysteme mit komplizierter werdenden Funktionen.
Es wurden folgende Elemente der Operonsysteme isoliert:

1. die funktionellen Eiweiße der äußeren Wirkung, die die äußeren Metaboliten beeinflussen und die Rolle von Ausgängen der genetischen Steuerung spielen, z. B. Enzyme
2. die funktionellen Eiweiße der inneren Wirkung, die die Elemente des genetischen Systems beeinflussen (DNS- und RNS-Polymerasen u. a.)
3. Eiweißagenzien der inneren Wirkung (Repressoren u. a.), die die Wechselwirkung zwischen den verschiedenen Teilen des Erbgedächtnisses realisieren und oft die Rolle von Eingängen der genetischen Steuersysteme spielen
4. Strukturzistrons des Erbgedächtnisses
5. Loci des Erbgedächtnisses, die den Anfang und das Ende der Strukturmitteilungen (des Zistrons, Operons, Replikons) kodieren: Promotor, Intervall zwischen den Operons u. a.
6. Operatoren
7. Zistronregulatoren
8. Hilfsloci, die die tRNS, die ribosomale RNS u. a. kodieren
9. Messenger-Zistrons und die Zeichen des Beginns und des Endes ihrer Ablesung auf der mRNS
10. Hilfsagenzien: tRNS, ribosomale RNS u. a.

Die metabolischen Effektoren spielen die Rolle von Eingangs- und Ausgangssignalen der genetischen Steuerungssysteme.

Alle isolierten Elemente bestehen aus Zellen des genetischen Gedächtnisses. Die von den Zuständen der Gedächtniszellen jedes Elementes kodierte Information kann in Abhängigkeit vom Ort ihrer Realisierung einer von zwei Klassen angehören: wenn die Information Funktionen dieses Elementes selbst bestimmt, bezeichnet man sie als funktionelle Information, bestimmt sie die Funktionen anderer Elemente, wird sie als Strukturinformation bezeichnet. Alle Elemente des Erbgedächtnisses, die eine funktionelle Information tragen (Promotor, Operator, u. a.), sind zur Steuerung der Ablesung der Strukturinformation erforderlich. Die Zustände der Zellen dieser Elemente kodieren das Erkennen bestimmter Eiweißmoleküle.

Die direkten Wechselwirkungsprozesse der Elemente, die von einer Veränderung ihrer Zustände begleitet werden, betrachtet man als Informationsverarbeitungs- und Übertragungsprozesse vom Steuerelement zum gesteuerten Element, d. h. als elementare Informationsflüsse. Den Fluß bezeichnet man als informationsverstärkend, wenn mit ihm die Anzahl der materiellen Informationsträger zunimmt und als informationsschwächend, wenn die Anzahl der materiellen Träger abnimmt.

Aus den aufgezählten Elementen setzen sich die elementaren genetischen Steuersysteme der DNS-, RNS- und Eiweißsynthese zusammen. Jedes hat am Eingang eine spezifische Matrize, die von einem Steuerelement aktiviert wird, und am Ausgang ein kodierendes Polymer. Aus den elementaren Systemen und einigen weiteren Elementen bauen sich die autonomen genetischen Steuersysteme auf, die unabhängig die Synthese des betreffenden kodierenden Polymers als Antwort auf das Auftreten eines äußeren Signals ein- oder ausschalten. Die autonomen Systeme enthalten nicht weniger als zwei Ebenen für die Verstärkung des Informationsflusses, wobei die obere Ebene (Regulator) die Identifizierung des Effektors bewirkt, und die untere (z. B. das Operon) die Synthese des betreffenden Polymers ausführt. Zwischen jedem Strukturzistron und dem Ausgang eines autonomen Steuersystems existieren einige Stufen zur Informationsverstärkung. Nur so kann die Information, die an einem einzigen Locus des Erbgedächtnisses kodiert ist, den Ablauf der Zellprozesse steuern.

Das äußere Signal dagegen (Effektor) ist der Beginn eines Flusses, der die funktionelle Information schwächt (er wird durch einen einzigen Locus des Operators determiniert), deshalb kann das äußere Signal nur für die Steuerung der Ablesung der Strukturinformation benutzt werden und nicht in das Erbgedächtnis einbezogen werden.

Es gibt Varianten autonomer Systeme der Eiweißsynthese, bei denen der Effektor gleichzeitig Substrat oder Endprodukt ist, d. h. es erfolgt eine Rückkopplung zwischen dem Ausgang und dem Eingang des Systems. In Abhängigkeit vom Vorzeichen der Rückkopplung arbeitet das System unterschiedlich. Die Informationsanalyse und die Gegenüberstellung verschiedener experimenteller Befunde gestatten in einigen Fällen die Auswahl zwischen alternativen Hypothesen. So führt der Versuch einer Koordinierung zuverlässiger experimenteller Daten zur Natur des genetischen Kodes mit der Hypothese von der Aneinanderreihung der Kodeserien zur Forderung, daß die Ablesung der Zistrons von der mRNS in Richtung vom 5'- zum 3'-Ende der Matrize erfolgen muß. Dieses Resultat wird zur Zeit experimentell geprüft. Daten über die Struktur der Operonsysteme der Steuerung, die aus Mutationen gewonnen wurden, gestatteten Jacob und Monod [5] vorauszusagen, daß die Steuerung der Operons durch den Repressor und nicht durch den Induktor erfolgt.

Eine Untersuchung des stufenförmigen Allelismus mit der Operontheorie führt zur Notwendigkeit, eine Reihe konkurrierender Hypothesen zu streichen, so daß nur zwei von ihnen bleiben. Die Entscheidung zwischen diesen Hypothesen kann experimentell durchgeführt werden. Die Steuerung solcher Loci erfolgt schneller durch die Induktoren als durch die Repressoren.

Auf Grund der Informationsanalyse eines Systems genetischer Transkriptonsprozesse muß die Hypothese einer möglichen Aufnahme äußerer Strukturmitteilungen — die vorher nicht in der genetischen Sprache aufgezeichnet waren — in das Erbgedächtnis abgelehnt werden, ebenso die Hypothese der Informationsübertragung von Eiweißen auf Nukleinsäuren. Die erste der Hypothesen ist irreal, weil es innerhalb der genetischen Systeme keinen Mechanismus für die Aufzeichnung äußerer Mitteilungen in der Sprache des genetischen Gedächtnisses gibt [6]. Die zweite Hypothese kann im Rahmen der bekannten genetischen Mechanismen nicht auf einfache Art und Weise mit der Organisation der Synthese der kodierenden Polymere in Einklang gebracht werden.

Neben den klassischen Operonsystemen der Steuerung mit zwei Ebenen wurden Schemata der Selbststeuerung der Operons diskutiert, bei denen das Regulatorzistron zum Operon der niederen Ebene gehört und den Repressor eben dieses

Operons hervorbringt. Aus den autonomen Systemen der Eiweißsynthese werden Systeme mit zwei Operons und noch kompliziertere Systeme aufgebaut, die entsprechend kompliziertere Funktionen besitzen. Die Verbindung zwischen den Operons kann durch Eiweißagenzien oder durch Effektoren erfolgen. Der Unterschied dieser beiden Typen von Verbindungen führt zu einem Unterschied der funktionellen Möglichkeiten der entsprechenden Zwei-Operonsysteme. Wenn eine der Bindungen positiv ist und die andere negativ, haben die Systeme des zweiten Typus oszillierende Zustände, während bei den Systemen des ersten Typus solche Zustände nicht auftreten.
Die funktionelle Verschiedenheit der komplizierteren Systeme mit mehreren Operons ist unbegrenzt.

Die Hierarchie der Steuerungsebenen in den genetischen Systemen bezüglich ihrer Wirkungsgeschwindigkeit

Die Wirkungsgeschwindigkeit eines Steuersystems wird durch ein mittleres Zeitintervall charakterisiert, in dessen Verlauf es seinen Zustand unter der Einwirkung eines gewissen Signals verändert. Die Steuerungsebenen in einem genetischen System kann man nach der Wirkungsgeschwindigkeit klassifizieren, dabei besitzt jede von ihnen ihre spezifischen Elemente und Methoden zur Organisation der Systeme.
Bei der Bildung einer höheren Steuerungsebene aus Systemen niederer Ebenen sind zwei Organisationsmethoden möglich: die Strukturmethode, wenn ein höheres Niveau die Steuerung der Systeme der vorangehenden Ebenen begrenzt, und die statistische Methode, wenn die Steuerung der vorangehenden Ebenen nicht durch ein höheres Niveau eingeschränkt wird und zufällige Wechselwirkungen zwischen ihnen bestehen [7].
In genetischen Systemen unterscheidet man nach der Geschwindigkeit ihrer Wirkung folgende Steuerungsebenen:
1. Das metabolische Niveau, zu dem alle Prozesse gehören, die sich unter der allgemeinen Kontrolle der Loci des Erbgedächtnisses durch funktionelle Eiweiße befinden und nicht unmittelbar mit dem Ein- oder Ausschalten der Loci verbunden sind. Die Enzyme spielen die Rolle elementarer metabolischer Regulatoren. Die Gesamtheit der Enzyme wird in jedem Moment von der Gesamtheit der zulässigen metabolischen Prozesse bestimmt. Die wesentlichen Besonderheiten der Organisation des metabolischen Niveaus sind der ausgewogene Charakter der Syntheseprozesse und der Abbauprozesse, des Transportes der Substrate und Produkte, die Konstanthaltung der allgemeinen Parameter des Mediums, die Optimierung des metabolischen Gleichgewichts durch eine bestimmte Zelltopographie der Enzyme und Enzymsysteme, die Rückkopplungen auf dem Steuerungsniveau der Enzymaktivität u. a. Die metabolischen Systeme sind strukturstatistische Systeme. Ihre Wirkungsgeschwindigkeit ist bedeutend höher als die der Operonsysteme;
2. Das Operonniveau, zu dem die Steuerungssysteme gehören, die die Synthesegeschwindigkeit von Biopolymeren (DNS, RNS, Eiweiße) als Antwort auf ein

eintretendes Signal verändern. Die Operonsysteme haben einen Einfluß auf die Masse der produzierten Eiweiße und die Konzentrationsänderung der Metaboliten. Die minimale Dauer der Übergangsprozesse der Ein- und Ausschaltung liegt in der Größenordnung von einigen Minuten, während es nach oben keine Begrenzungen gibt. Alle im vorhergehenden Paragraphen aufgezählten Elemente mit Ausnahme der funktionellen Eiweiße der äußeren Wirkung sind spezialisierte Elemente der Operonniveaus.

Sowohl die Wirkungsweise der Operonsysteme der Steuerung als auch die Wechselwirkung zwischen den Operons durch Eiweißagenzien gehen wahrscheinlich nicht über die zelluläre Ebene hinaus. Für die Wechselwirkung zwischen den Operons mittels Effektoren existieren solche Einschränkungen nicht. Das Operonniveau der Steuerung ist ein struktur-statistisches Niveau;

3. Zum Zellniveau gehören die genetischen Systeme, bei denen die Dauer der Grundzustände mit der Dauer des Zellzyklus vergleichbar ist, bei denen aber die Dauer der Übergangsprozesse viel geringer ist als die Dauer des Zellzyklus. Eine Besonderheit des Zellniveaus ist die Irreversibilität der Zustandsänderungen der Elemente, die wahrscheinlich das Ergebnis der Wirkung von Histonen auf die Funktion der Operons ist. Die Reduplikation der DNS ist der wichtigste Übergangsprozeß im Zellzyklus. Bei den höheren Organismen ist der Hauptprozeß der Zellebene der Mitosezyklus, für den wiederum die Spiralisation der Chromosomen charakteristisch ist, die wahrscheinlich das metabolische Niveau nicht berührt. Die Zentriolen, Zentromere und Telomere sind spezifische Elemente der Zellebene. Das Zellniveau ist struktur-statistisch;

4. Die ontogenetische Ebene im Organismus. Das genetische System der Organismen kann als Gesamtheit der zellgenetischen Systeme betrachtet werden, die untereinander auf verschiedenen Ebenen durch Effektoren und spezialisierte Agenzien miteinander in Wechselwirkung treten. Zur ontogenetischen Ebene gehören Systeme, bei denen die Dauer der Hauptzustände mit der Dauer der Ontogenese vergleichbar ist, während die Dauer der Übergangsprozesse dabei wieder viel kürzer ist als die Dauer der Ontogenese. Zu den spezialisierten Elementen dieser Ebene zählen in erster Linie einige Hormone, die die genetische Wechselwirkung auf der Zellebene realisieren. Die genetischen Mechanismen der Ontogenese sind jedoch wenig untersucht worden. Die ontogenetische Steuerungsebene gehört zum struktur-statistischen Typ;

5. Die Populationsebene der Steuerung erfaßt genetische Systeme, bei denen die Dauer der Übergangsprozesse gleich oder größer ist als die mittlere Lebensdauer einer Generation. Hierher gehören die Systeme, die auf allen Ebenen direkt oder indirekt Prozesse wie Isolation, Veränderlichkeit infolge Mutation und Rekombination kontrollieren. Die integralen Prozesse der Ontogenese der Individuen, ihre Vermehrung, ihr Überleben u. a. werden als elementare Übergangsprozesse der Populationen betrachtet. Das Populationsniveau der Steuerung gehört zum statistischen Typ.

Die vier genannten struktur-statistischen Steuerungsniveaus, die das genetische System eines Individuums charakterisieren, kontrollieren hierarchisch die Ebene

der biochemischen Prozesse in den Zellen und sind ihrerseits dem Populationsniveau untergeordnet. Die Hierarchie dieser Steuerungsebenen entspricht vollständig der zunehmenden Kompliziertheit und Vollkommenheit der genetischen Steuerungssysteme der Individuen.
Das sind die Möglichkeiten einer qualitativen Informationsanalyse der genetischen Systeme. In allen Fällen, in denen die betrachteten genetischen Systeme und ihre Funktionen kompliziert sind, ist es vorteilhaft, diese Analyse in mathematischer Form durchzuführen. Deshalb ist die Konstruktion und Analyse von Informationsmodellen genetischer Systeme eine sinnvolle Methode der theoretischen Genetik.

Literatur

1. Ratner, W. A., Genetische Steuerungssysteme, Nowosibirsk, 1966.
2. Chomsky, N., Miller, J., Einführung in die formale Analyse der natürlichen Sprachen. „Kybernetische Sammlung", Neue Serie, 1965, Nr. 1, S. 229—291.
3. Ames, W. N., Martin, R. G., Ann. Rev. Biochem., 1964, 33, p. 235—258.
4. McClintock, B., Cold Spring Harbor Symposia. Quant. Biol. 1956, 21, p. 197—216.
5. Jacob, F., Monod, J., Regulationsmechanismen der Zelle, (Sammelband), Moskau, 1964, S. 278—304.
6. Ljapunow, A. A., „Probleme der Kybernetik", (Sammelband), 1958, Nr. 1, S. 5—12.
7. Ljapunow, A. A., „Probleme der Kybernetik", (Sammelband), 1963, Nr. 10, S. 179—193.
8. Cold Spring Harbor Symp. Quant. Biol., 1966, 31, p. 1.

I. A. Poletajew

EINIGE MATHEMATISCHE MODELLE VON BIOGEOZÖNOSEN UND BEMERKUNGEN ZUR MODELLIERUNG

Bemerkungen zur Modellierung. In letzter Zeit entwickelt sich die mathematische Modellierung immer stärker und gewinnt an Popularität [1]. Allmählich wird sie sogar zu einem besonderen Beruf. Deshalb scheint die Zeit gekommen, die allgemeinen Fragen der Technologie des Modellierungsprozesses, die grundlegenden Begriffe und Termini zu erörtern.

Begriff und Terminus „Modell" sind durchaus nicht neu und außerordentlich umfassend. Als Modell bezeichnet man sowohl ein bemaltes Spielzeug als auch ein System von Differentialgleichungen, die Fruchtfliege *Drosophila* und vieles andere. Es erscheint wichtig, zur Vermeidung von Verwirrung und Mißverständnissen, begründete Klassifikationsmerkmale auszuwählen.

Bei der Konzeption der Modellierung eines gewissen Objektes, eines Prozesses, eines Systems u. a. — im weiteren werden wir es als Original bezeichnen —, untersuchen wir vor allem seine Struktur und Funktion, gliedern es in Teile, vielleicht nach verschiedenen Merkmalen, z. B. nach der räumlichen Anordnung, der chemischen Zusammensetzung, dem Phasenzustand. Die Teile zerlegen wir wiederum in kleinere Teile und so weiter bis zu unteilbaren Elementen. Dann klären wir die Eigenschaften der Elemente, der Teile und des Systems im ganzen, die möglichen Gesamtheiten der Werte dieser Eigenschaften, die Zustandsänderungen, ihre Verbindungen, d. h. die Wechselwirkung der Elemente, der Teile miteinander und des Systems im ganzen mit seiner Umgebung.

Weiter wählen wir, ausgehend von den Zielen der Untersuchung und unserer Intuition, völlig willkürlich aus der allgemeinen Gesamtheit der uns bekannten Merkmale und Eigenschaften eine gewisse Teilmenge aus, die als wesentlich erklärt wird. Von den übrigen Merkmalen abstrahieren wir. Danach suchen wir in der Natur oder konstruieren ein gewisses neues Objekt, das die Gesamtheit der wesentlichen Merkmale und Eigenschaften des Originals und selbstverständlich viele eigene zusätzliche Merkmale besitzt. Das zweite Objekt erklären wir zum Modell des Originals, wenn Isomorphismus der wesentlichen Merkmale des ersten und zweiten Objektes vorliegt.

In umschreibender Ausdrucksweise werden die Größen und ihre Umformungen im Original nicht eindeutig durch Veränderliche und Operationen des Modells innerhalb der Grenzen der wesentlichen Eigenschaften wiedergegeben. Dabei kann eine beliebige Zustandsänderung des Originals einer Umformung des Modellzustandes gegenübergestellt werden, welche die durch die Wiedergabe festgelegte

Übereinstimmung nicht zerstört. Es ist gebräuchlich, die Wiedergabe selbst als Kodierung des Originals im Alphabet, in der Sprache des Modells zu bezeichnen. Die Kodierung wird im Gedächtnis, d. h. in den Aufzeichnungen gespeichert und bei der Deutung der Versuchsergebnisse mit dem Modell in der Sprache der Eigenschaften des Originals benutzt.

Zu einem Original kann man viele Modelle konstruieren, die sich in verschiedenen Merkmalen voneinander unterscheiden werden. Das gibt den Anlaß und die Möglichkeit zur Klassifizierung der Modelle. Betrachten wir kurz einige Klassifikationsmerkmale von Modellen. Stellen wir uns eine gewisse Menge von Eigenschaften und Merkmalen des Originals vor. Indem wir daraus die Teilmenge der wesentlichen Merkmale, die im Modell wiedergegeben sind, aussondern, bestimmen wir damit das Modell „dem Inhalt nach". Es ist offensichtlich, daß die Menge der möglichen Modelle mit der Menge aller Teilmengen, der Menge der Merkmale des Originals übereinstimmt; es versteht sich, daß nur sehr wenige Elemente dieser Menge für uns einen Sinn und praktische Bedeutung haben werden, obwohl alle Elemente denkbar sind.

Wenn das Modell M_2 alle Merkmale des Originals wiedergibt, die durch das Modell M_1 wiedergegeben werden, und außerdem noch einige zusätzliche, die nicht in M_1 enthalten sind, so ist es üblich, M_2 ein weites und M_1 ein enges Modell zu nennen. Es sei das Original von uns willkürlich in einige Teile oder Elemente aufgegliedert und es möge das Modell M_3 nur die Merkmale des Originals im ganzen wiedergeben und das Modell M_4 außerdem erlauben, die Merkmale der Teile und Elemente zu verfolgen. Dann ist das Modell M_4 ein starkes und das Modell M_3 ein schwaches Modell.

Da das Modell dadurch bestimmt wird, daß es nur einige Merkmale des Originals enthält und von den übrigen abstrahiert, ist es dem Wesen nach eine Abstraktion oder eine Idealisierung des Originals. Die Bedeutung idealisierter Objekte in der Erkenntnis kann nicht hoch genug eingeschätzt werden. Wir wollen ein Beispiel geben: Die Entwicklung der Mechanik des starren Körpers als Wissenschaft begann mit der Formulierung der Bewegungsgesetze eines Körpers unter der Einwirkung von Kräften durch NEWTON. Außerordentlich wichtig ist die Tatsache, daß diese Gesetze für ideale Objekte formuliert sind, die in der Natur nicht existieren, z. B. ein Massenpunkt außerhalb eines Kraftfeldes. Die Untersuchung realer Objekte — und nur solcher Objekte — hätte die Entwicklung der Mechanik als wissenschaftliche Theorie augenscheinlich aufgehalten.

Bei der Rückkehr zur Klassifizierung der Modelle muß man eines der grundlegenden Merkmale — die Realisierung — erwähnen. Es ist üblich, als Realisierung eines Modells die Gesamtheit derjenigen seiner Merkmale und Eigenschaften zu bezeichnen, die dem Original nicht eigen sind, die physische Natur z. B. Besonders im Charakter der Realisierung liegen die Vorteile, die der Forscher in Form der Zugänglichkeit und Bequemlichkeit der Handhabung eines erfolgreich realisierten Modells hat.

Nach der Natur der Realisierung lassen sich die Modelle in zwei wichtige Klassen einteilen: in reale und Zeichenmodelle. Die ersteren tragen die Möglichkeit der isomorphen Wiedergabe gewisser Eigenschaften des Originals kraft ihrer natürlichen Qualitäten, die ihnen von Natur aus eigen sind, in sich; die Fruchtfliege z. B. modelliert die Prozesse der Vererbung von Merkmalen des Menschen infolge der Allgemeinheit der Vererbungsgesetze; die letzteren, die ihrer Natur nach nur eine schwache Spezifik besitzen, lassen fast willkürliche Konstruktionen zu, die das Original kopieren. Es ist selbstverständlich, daß Zeichenmodelle, die formale Symbole und Operationen verwenden, welche für sie definiert sind, eine erheblich größere Biegsamkeit und Universalität besitzen als reale Modelle. Es können sogar Zeichenmodelle phantastischer Objekte konstruiert werden, da der abstrakten Symbolik keinerlei Grenzen von außen (vom Typ der Naturgesetze) auferlegt sind, wie das bei realen Modellen der Fall ist.

In Verbindung damit muß man eine Bemerkung zu der Behauptung machen, daß „Lebensprozesse prinzipiell keiner Modellierung unterworfen werden können“. Wenn man hier unter Modellierung auch die Zeichenmodellierung versteht, dann ist die angeführte Aussage sinnlos. Selbst wenn man annimmt, daß nur die reale Modellierung und dabei die Modellierung lebender Objekte mittels nichtlebender betrachtet wird, so ist auch in diesem engen Sinne die Wahrhaftigkeit der Aussage mehr als zweifelhaft.

Die Unmöglichkeit der Modellierung wird damit begründet, daß sich lebende Objekte „nicht dem zweiten Hauptsatz der Thermodynamik unterordnen“ oder vorsichtiger ausgedrückt, der zweite Hauptsatz nicht auf sie anwendbar sei. Wir können mit Systemen, die in ihre Zusammensetzung lebende Organismen einschließen, reale oder spekulative Experimente durchführen und haben folglich die Möglichkeit, die Frage der Einhaltung oder Nichteinhaltung eines beliebigen Naturgesetzes durch solche Systeme zu klären. Damit wird die Anwendbarkeit des zweiten Hauptsatzes der Thermodynamik auf lebende Objekte begründet. Was die Ergebnisse ähnlicher Experimente betrifft, so sind sie gut bekannt: lebende Organismen ordnen sich allen Gesetzen der Physik, damit auch dem zweiten Hauptsatz, unter. Man sollte nicht vergessen, daß eine der vielen äquivalenten Formulierungen des zweiten Hauptsatzes lautet: „Es ist unmöglich, ein Perpetuum mobile zweiter Art zu schaffen“. Diejenigen, die die Nichtanwendbarkeit dieses Gesetzes auf lebende Organismen beweisen wollen, sind folglich verpflichtet — experimentell! — die Möglichkeit eines solchen Perpetuum mobiles zu zeigen. Da ein solches Perpetuum mobile nicht geschaffen wurde und solange es nicht geschaffen wird, ist die oben angeführte Behauptung nicht bewiesen.

Sowohl auf dem Gebiet der realen als auch auf dem Gebiet der Zeichenmodelle haben sich allmählich die Traditionen herausgebildet und gefestigt, bestimmte Realisierungstypen zu verwenden. Es erschienen beliebte Modellobjekte, die gleichsam als Material für die Konstruktion von Modellen dienen. So wird die Untersuchung der Vererbung des Menschen an der *Drosophila* oder an Darmbakterien durchgeführt; die im zweiten Teil unserer Arbeit angeführten Biozönosen werden auf der Grundlage der Theorie der gewöhnlichen Differentialgleichungen konstruiert. In der Zeichenmodellierung werden häufig die Boolsche Algebra, die Matrizenalgebra und die Markoffschen stochastischen Prozesse angewendet. Die Gesamtheit der Kenntnisse vom Modellobjekt als solchem wird als Metatheorie des Modells bezeichnet. In den Grenzen der Metatheorie wird das Modell als die Gesamtheit der Begrenzungen, d. h. Formeln, Aussagen, Prädikate u. ä., die in der Sprache der Metatheorie ausgedrückt sind und das Modell beschreiben, formuliert. So bildet die Angabe eines bestimmten Systems von Differentialgleichungen das Modell der Biogeozönosen in der Sprache der Theorie dieser Gleichungen. In diesem Sinne ist das mathematische Modell definiert als ein Modell, das ein Gebiet der Mathematik als Metatheorie benutzt.

Ein sehr wichtiger und wesentlicher Umstand, der es verdient, vermerkt zu werden, ist die Tatsache, daß die Konstruktion eines mathematischen Modells nicht zur Mathematik gehört und keine Obliegenheit der Mathematik ist. Das ist das Tätigkeitsfeld der Naturwissenschaftler, besonders derjenigen, von denen nur flüchtige Kenntnisse der Anwendung mathematischer Methoden verlangt werden. Die Hilfe eines Mathematikers ist in dieser Etappe streng genommen nicht obligatorisch, obwohl sie sich häufig als nützlich und sogar als notwendig erweist. Die Dienste des Mathematikers sind unumgänglich in der Etappe der Arbeit des Modells, z. B. bei der Integration eines Systems von Differentialgleichungen, bei der Auswahl der Berechnungsmethode, bei der Aufstellung des Programmes für Elektronenrechner und besonders bei der Ausarbeitung von Fragen der Metatheorie, wie dem Beweis von Theoremen und der Ausarbeitung formaler Systeme der Metatheorie.

Die Mathematik ist für das Modell nur die Sprache, in der die (möglicherweise hypothetischen) Aussagen rein biologischen Inhalts, die man unmöglich formulieren kann, ohne ein spezialisierter Biologe zu sein, aufgezeichnet werden. Die moderne Mathematik, einschließlich der Theorie der Programmierung von Elektronenrechnern, stellt einen sehr breiten und reichhaltigen Apparat für die Formulierung vieler praktisch und theoretisch wichtigen biologischen Modelle dar, der möglicherweise bis jetzt auch noch nicht universell ist.

Die Konstruktion mathematischer Modelle in Form eines Programms für Elektronenrechner ist ein besonders wirksames Mittel, das bei der Überwindung vieler wesentlicher Schwierigkeiten der Formulierung von Hypothesen helfen kann. Jedoch hat die Programmsprache für Elektronenrechner oder die Eingangssprache auch Nachteile. Der entscheidende Nachteil ist die Kompliziertheit der Erforschung von Eigenschaften des Modellprogrammes „in allgemeiner Form", da man mit einem solchen Modell nur bei gegebenen Zahlenwerten der Koeffizienten rechnen kann.

In einer Reihe von Fällen wird vom Modell etwas mehr verlangt, nämlich Antworten auf gewisse allgemeine Fragen und die Lösung von Aufgaben, die dem Modell gestellt werden. So wird z. B. gefordert, nach der Art des Systems von Differentialgleichungen das Vorhandensein stationärer Lösungen, ihre Anzahl, die Koordinatenwerte, die Stabilität, das Vorhandensein von Grenzzyklen, Anziehungsgebieten, die Werte der Koeffizienten oder die Gesamtheit der ihnen auferlegten Bedingungen, die zu jenen oder anderen Eigenschaften des Modells führen u. ä. zu bestimmen. Die Gesamtheit der Antworten auf Fragen ähnlicher

Art bildet die mathematische Theorie des Originals. Auf diese Weise ist das Modell keine Theorie, dient jedoch als Grundlage für eine solche.
Damit ein „theoretischer" Typ des Modells diese Aufgabe erfüllen kann, muß er die Möglichkeit zulassen, allgemeine Schlüsse zu ziehen, ohne eine numerische Durchrechnung und Konstruktion von Lösungen in einem dichten Netz von Zahlenwerten der Parameter des Modells vorzunehmen. Gerade deshalb ist die Konstruktion sehr weiter und starker Modelle nicht rationell, besonders während der ersten Schritte der Untersuchung. Das widerspricht der besonders unter den Biologen weit verbreiteten Meinung, daß das Modell so „vollständig wie möglich" die Eigenschaften des Originals wiedergeben muß. Tatsächlich sind, wie die Praxis der Modellierung zeigt, die erhaltenen Ergebnisse um so wertvoller und verlangen um so weniger Anstrengungen, je schwächer und enger das Modell ist und je besser eine vernünftige Idealisierung des Originals im Modell verwirklicht wird.
Das Gesagte bezieht sich in hohem Maße auch auf „Such"-modelle, die mit dem Ziel konstruiert werden, die Folgerung aus dem Hypothesensystem über die Elementarprozesse, die dem Modell zugrunde gelegt werden, aufzufinden. Nur „Porträt"-modelle, die bestimmt sind, als „Ersatz" für ein Original zu dienen, das für Experimente und Beobachtungen unzugänglich ist, müssen gewöhnlich ziemlich weit und stark konstruiert werden, wobei man meist Elektronenrechner zur Hilfe nimmt.
Im wesentlichen beschäftigt sich ein Biologe, wie jeder Naturforscher, so oder so mit der Suche nach Hypothesen über die Mechanismen, die im Forschungsobjekt wirken, der Darlegung dieser Hypothesen in der einen oder anderen Sprache, verfolgt die Schlüsse aus den Hypothesen und vergleicht sie mit Beobachtungen des Originals. Anders ausgedrückt, er beschäftigt sich mit (Such-) Modellierung.
Die mathematische Modellierung trägt in diesen Prozeß eine Reihe von Besonderheiten hinein, die wesentliche Vorteile besitzen, ihn im wesentlichen aber nicht ändert. Zunächst wird der Prozeß selbst formal, d. h. übersichtlich im ganzen und in den Details. Außerdem verleiht die Benutzung der Mathematik als Metatheorie, als „Sprache", den Schlußfolgerungen Beweiskraft, erlaubt es, entfernte Folgen des Ausgangsystems der Hypothesen streng und erschöpfend zu betrachten. Schließlich läßt die mathematische Modellierung kein Halbwissen, keine Lücken im Hypothesensystem zu. Der Forscher ist gezwungen, auf alle Fragen erschöpfend zu antworten, d. h. Hypothesen vorzuschlagen, bevor er das abgeschlossene Modell konstruiert. Dieser Umstand besitzt eine erhebliche wissenschaftlich-methodische und gewissermaßen erzieherische Bedeutung. Häufig führt bereits der Versuch, ein mathematisches Modell zu konstruieren, zur Entdeckung und Aufstellung einer ganzen Reihe wesentlicher Fragen und Probleme bezüglich des Forschungsobjektes. Der populäre Ausspruch: „Der Mensch weiß faktisch nur das, was er zu tun versteht" (lies: zu modellieren), ist im Grunde genommen eine Umschreibung der bekannten These: „Die Praxis ist das Kriterium der Wahrheit".
Es ist zu erwarten, daß die Verbreitung und die Popularität der Methoden der

mathematischen Modellierung in der Biologie, und nicht nur in der Biologie, unaufhaltsam anwachsen und sich auf die Erforschung von Lebenserscheinungen auf allen Stufen ausdehnen werden. Besonders unterstreichen möchte man die Wichtigkeit der Untersuchung eines so bedeutenden Gebietes, wie das Verhalten und die Psyche der Lebewesen und des Menschen. Hierzu gehören Auswahl, das Treffen von Entscheidungen, der Einfluß von Emotionen, die Einschätzung von Situationen, instinktive Bestrebungen. Dieses erst wenig erforschte Gebiet ist der Zugang zum Studium der Kollektivpsychologie, der Soziologie, der „Psychozönologie", eines sehr wichtigen Forschungsgebietes der modernen Wissenschaft.
Die Betrachtung und Erörterung der Methodik der Modellierung haben außerdem noch die Bedeutung, daß sie die Problemstellung der spontanen Entstehung der Modellierung in lebenden Systemen — der Modellierung von Objekten und Prozessen des äußeren Milieus und seines inneren Zustandes in der Metatheorie der Gehirnprozesse, die augenscheinlich eine der wesentlichsten und unabdingbarsten Teile der Wahrnehmung der Welt und des Denkens ist — vorbereiten.
Im weiteren führen wir als Beispiel die Beschreibung einiger mathematischer Modelle der Biogeozönosen an.

Modelle der Biogeozönosen. Als mathematisches Modell der Biogeozönosen oder eines anderen Objektes werden wir ein System von Veränderlichen, Gleichungen oder Ungleichungen bezüglich dieser Veränderlichen und die Rechenregeln bezeichnen, in denen die Gesamtheit der meßbaren Größen und ihre Umformungsprozesse, die innerhalb der Grenzen der Biogeozönosen oder eines anderen Objektes existieren, wiedergegeben werden und das von uns als wesentliches System gekennzeichnet worden ist.
Bei der Modellierung der Biogezönosen folgen wir Volterra [2] und benutzen den Apparat der gewöhnlichen Differentialgleichungen. Ziel der Modellierung ist nicht das Erreichen einer Ähnlichkeit mit irgendeiner Biogeozönose, d. h. Porträtmodellierung, sondern nur die Erforschung der Gesetzmäßigkeiten der Elementarprozesse an vereinfachten Modellen idealisierter Erscheinungen, womit wir einer, z. B. in der theoretischen Physik längst benutzten Methode folgen.
Die grundlegenden Vereinfachungen, die häufig in die Modelle eingeführt werden, sind folgende:

a) die Homogenität der Biogeozönosen, das Fehlen einer Abhängigkeit der Größen von den räumlichen Koordinaten;
b) die Konstanz der Bedingungen des Milieus in der Zeit (das Fehlen von Saisons);
c) alle Reaktionen auf Einwirkungen erfolgen augenblicklich, ohne zeitliche Verzögerung.

Es wird angenommen, daß wir wenigstens zeitweilig über ein vollständiges Verzeichnis der „Komponenten" und Typen der Stoffe sowie der Energie verfügen, die innerhalb der Grenzen der Biogeozönosen im Umlauf sind. Die Komponenten sind nicht unabhängig — eine Komponente kann in den Bestand der anderen eingehen —; die Gesamtheit der Komponenten ist abgeschlossen. Die Intensität der Prozesse, die die Menge der Komponenten $x_i (i \in \bar{I} = \{1,2,\ldots,\bar{I}\})$ infolge ihres Transportes, ihrer Ansammlung, Umwandlung u. ä. verändern, werden im Modell durch Größen dargestellt, die Ableitungen nach der Zeit sind:

$$\dot{x}_i = \frac{dx_i}{dt}.$$

Die Biomasse der Arten in den Biogeozönosen $z_k (k \in \tilde{K} = \{1, 2, \ldots, \tilde{K}\})$ wird als zusammengesetzte Komponente betrachtet; die Zusammensetzung der Biomasseneinheit wird durch den Vektor $\tilde{A}_k = \langle a_{ik} \rangle$; $(k \in \tilde{K}; i \in \tilde{I})$ gegeben, wobei a_{ik} die Menge der Komponente i je Einheit der lebenden Komponente k ist.

Ein Exemplar der Art k kann verschiedene Typen von Aktivitäten aufweisen: Grundumsatz, Vermehrung, Nahrungsgewinnung, Verteidigung. Die Aktivitätstypen werden mit dem Index $j \in \tilde{J} = \{0, 1, 2, \ldots, \tilde{J}\}$ numeriert; die Aktivitäten sind meßbar, das Maß jeder Aktivität p_{ik} ist nicht negativ: $p_{ik} \geqq 0$.

Das Auftreten der Aktivität j der Art k ist verbunden mit dem Verbrauch, der Verarbeitung der Komponenten; das Ausmaß des Verbrauchs wird durch den Vektor $\tilde{B}_{jk}(p_{jk})$ gegeben; $B_{jk} = \langle b_{ijk}(p_{jk}) \rangle$. Im weiteren werden wir annehmen, daß $b_{ijk}(p_{jk}) = b_{ijk} \cdot p_{jk}$ mit $b_{ijk} = \text{const} \geqq 0$ ist. Mit der Aktivität p_{jk} ist gleichzeitig die Produktion, die Absonderung einiger Komponenten verbunden, die durch den Vektor $\tilde{C}_{jk}(p_{jk}) = \langle c_{ijk}(p_{jk}) \rangle$ numeriert werden; wiederum setzen wir $c_{ijk}(p_{jk}) = c_{ijk} \cdot p_{jk}$; $c_{ijk} = \text{const} \geqq 0$; die Größen b_{ijk}, c_{ijk} werden wir als bekannt annehmen.

Betrachten wir die Kinetik des Populationsbestandes der Biogeozönosen: Die Änderungen $\dot{z}_k$ der Anzahl oder der Biomasse setzen sich aus den Geburten und Sterbefällen zusammen; die Migrationen werden vernachlässigt:

$$\dot{z}_k = G_k p_{mk} z_k - S_k z_k - \sum_k \lambda_{k'k} z_{k'} z_k p_{k'k}. \qquad (k)$$

$G_k = \text{const} > 0$ ist der Vermehrungskoeffizient; p_{mk} die Vermehrungsaktivität; $S_k = \text{const} > 0$ der Koeffizient der natürlichen Sterblichkeit, man kann S_k als abhängig von der Menge der absorbierten Nahrung annehmen, um den Tod infolge Hungers zu berücksichtigen; $\lambda_{k'k} = \text{const} > 0$ die Effektivität der Jagd von k' auf k; $p_{k'k}$ die Aktivität k' zur Erbeutung von k.

Für „Primärnahrung" kann man die ersten zwei Glieder in (k) durch eine Konstante, den Zufluß, der von außen hereingetragen wird, z. B. das Sonnenlicht, ersetzen und schreiben:

$$\dot{x}_l = C_l - \sum_k \lambda_{kl} z_k x_l p_{lk};$$

$$c_l \lambda_{kl} = \text{const} > 0. \qquad (l)$$

Um das System (k, l) zu integrieren, ist es notwendig, die Größen p_{ik} zu bestimmen, die in die Gleichungen eingehen.

Einige Aktivitäten $j = l$; $l \in L = \{1, 2, \ldots, \tilde{L}\}$ $\tilde{L} \in \tilde{J}$ sind mit der Aufnahme von Komponenten, z. B. durch Jagd, Wasseraufnahme, Photosynthese, verbunden. Im zeitlichen Mittel besteht für jeden Organismus ein Gleichgewicht von Zugang und Verbrauch

$$\sum_l a_{il} \Delta_{lk}(p_{lk}) \geqq \sum_j b_{ijk} p_{jk}, \qquad (i')$$

wobei a_{il} die Komponente i des Vektors $\tilde{A}_l$ für die Art l der Nahrung (des Opfers), $\Delta_{lk}(p_{lk})$ die Menge der Nahrungseinheiten l, die auf Grund der Aktivität p_{lk} erbeutet wurden, sind.

Die Größe der Aktivitäten p_{jk} ist in der Gesamtheit nach den Zeitverlusten, der durchschnittlichen und augenblicklichen Leistung, nach physiologischen Grenzen bei der Nahrungsaufnahme, der Vermehrung u. a. begrenzt.

Wir nehmen alle Typen von Begrenzungen als bekannt an. Sie werden mit dem Index $r \in \tilde{R} = \{1, 2, \ldots, \tilde{R}\}$ numeriert.

Jede Begrenzung kann in der Form

$$F_{rk}(p_{0k}, p_{1k}, \ldots, p_{jk}, \ldots, p_{Jk}) \leq \Phi_{rk} \qquad (r')$$

geschrieben werden, wobei F_{rk} eine gegebene Funktion, Φ_{rk} eine Konstante oder möglicherweise eine gegebene nicht anwachsende Funktion der Anzahl z_k sind.

Wir formen die Ausdrücke (i'), (r') um, indem wir vereinfachende Annahmen über die lineare Form der Abhängigkeiten machen. Wir nehmen an, daß

$$\Delta_{lk}(p_{lk}) = \lambda_{lk} \cdot p_{lk} \cdot x_l; \quad F_{rk}(p_{0k}, \ldots, p_{jk}) = \sum \varphi_{rjk} \cdot p_{jk}; \quad \lambda_{ek}, \varphi_{rjk} = \text{const} \geq 0.$$

Für den Grundumsatz $(j = 0)$ nehmen wir nach Definition $P_{0k} = \text{const} > 0$ an und bezeichnen mit

$$P_{0k} b_{i0} = B_{ia} = \text{const} > 0;$$

$$\varphi_{rk} - \varphi_{r0} p_{0k} = \psi_{rk} = \text{const} > 0.$$

Außerdem führen wir die Bezeichnung $a_{il}\lambda_{ik}x_l - b_{ilk} = X_{ilk}$ ein.

Dann gilt:

$$\sum_j \varphi_{rjk} p_{jk} \leqq \Psi_{rk}; \; r \in \tilde{R}; \qquad (r)$$

$$\sum_l X_{ilk} p_{lk} \geqq B_{i0k} + \sum_{i \in j} b_{jk} p_{jk}; \qquad (i)$$

$$p_{jk} \geqq 0. \qquad (j)$$

Betrachten wir für die Art k einen Raum von J Dimensionen mit einem orthogonalen Koordinatensystem, entlang dessen Achsen die Größen p_{jk} abgetragen sind. Die Gesamtheit der Ungleichungen (r), (i), (j) schneidet ein konvexes Polyeder, das zulässige Gebiet, heraus; es versteht sich, daß im Falle der Unvereinbarkeit der Ungleichungen das zulässige Gebiet nicht existieren kann.

Die Auswahl eines Punktes innerhalb des zulässigen Gebietes — des faktischen Verhaltens des Organismus bezüglich der Aktivitätsverteilung — wird von physiologischen und ethologischen Besonderheiten der Art k diktiert. Die Frage nach der faktischen Auswahl gehört in die Kompetenz der Biologie.
Für die Einschätzung der Wachstumsgeschwindigkeit der Population der Art k von oben her, akzeptieren wir die Hypothese, daß der Organismus immer danach strebt, die Vermehrungsaktivität zu maximieren:

$$p_{mk} = \text{Max.} \tag{m}$$

m ist der Aktivitätsindex der Vermehrung. Dann können die Werte p_{ik} als Lösung einer linearen Programmierungsaufgabe unter den Bedingungen (r), (i), (j) und der kriterialen Funktion (m) gefunden werden. Ohne die vorher eingeführten vereinfachenden Annahmen wird die Aufgabe wesentlich schwieriger.
Die gefundenen Werte p_{ik}, die durch konstante Größen ausgedrückt sind, ergeben eingesetzt in die Gleichungen (k), (l) ein System gewöhnlicher Differentialgleichungen mit konstanten Koeffizienten.
Die Lösung der linearen Programmierungsaufgabe ergibt einige kritische Komponenten und Begrenzungen (i^*, j^*, r^*) aus der Zahl der Ungleichungen (r), (i), (j), die faktisch die Lösung bestimmen. Die übrigen haben auf die Lösung keinen Einfluß und brauchen auf diese Weise von Anfang an nicht in die Betrachtung einbezogen werden. Die Frage nach der Angabe der kritischen Begrenzungen der Aufgabe, den Komponenten der „Engstelle“, die sich als defizit erweisen, und den Ungleichungen, die faktisch die Aktivitäten begrenzen, sind von erstrangigem Interesse für die Biologie. Das Vorhandensein einer endlichen Zahl kritischer Komponenten und Begrenzungen erlaubt es, die Aufgabe übersichtlich zu gestalten und von der vollständigen Aufzählung der Komponenten und Begrenzungen, die wir anfangs forderten, abzusehen.
Die kritischen Komponenten und Begrenzungen können sich im Prozeß der Änderung des Bestandes der Biogeozönosen verändern. Dabei ändert sich das System der Differentialgleichungen (k), (l). Deshalb ist es bei der Integration des Systems notwendig, den Bestand des Verzeichnisses (i^*), (j^*) und (r^*)zu überprüfen.
Die Einführung des Aktivitätsmaßes p_{jk}, der Begrenzungen (r) und der Komponentenbalance (i) führt zu Differentialgleichungen eines Typs, der sich von dem von Volterra [2] benutzten unterscheidet. In den Illustrationsbeispielen wurden Differentialgleichungen erhalten, deren rechter Teil in Form einer rationalen Funktion von x_l, z_k geschrieben wurde.
Für einige untersuchte Systeme wurden stabile Punkte und Übergangsprozesse gedämpften Typs erhalten.
Da die Populationskinetik in jedem Zeitpunkt durch eine endliche — aber möglicherweise nicht konstante — und dabei nicht große Anzahl kritischer Begrenzungen und Komponenten der „Engstelle“ bestimmt wird, wird die Struktur der Biogeozönosen im ganzen ziemlich einfach und übersichtlich sein. Ein Unterschied in den Typen der „Engstellen“ drückt der Existenz von Arten und der

Struktur der Biogeozönosen einen kräftigen Stempel auf; die Reaktionen auf Veränderungen des Milieus hängen zweifellos vom Typ der „Engstelle" ab. In verschiedenen Phasen des Lebenszyklus ist es logisch, verschiedene „Engstellen" und verschiedenen Druck ihrerseits zu erwarten. Eine der Phasen kann sich unter dem größten Druck befinden und dadurch kritisch für den ganzen Lebenszyklus werden.
Da die Lebenstätigkeit der Arten von den Engstellen bestimmt wird, hängen alle hervorgebrachten Prozesse, die Stoff- und Energieströme, die Intensität der Kreisläufe und andere biogene Prozesse, letzten Endes gleichfalls von den „Engstellen" ab. Das Erkennen der kritischen Komponenten und Begrenzungen in der Natur gehört in die Kompetenz der Biologen.

Literatur

1. Poletajew, I. A., Über einige mathematische Modelle der Biozönosen. — „Probleme der Kybernetik", Sammelband 1966, 16. Auflage.
2. Volterra, V., d'Ancona, U., Die biologischen Assoziationen vom mathematischen Standpunkt, 1935.

B. I. Balanter

DIE ANWENDUNG DER MATHEMATISCHEN MODELLIERUNG BEI DER STOCHASTISCHEN ANALYSE EINIGER ÜBERTRAGUNGSSYSTEME BIOELEKTRISCHER SIGNALE

Gegenwärtig werden bei der Untersuchung physiologischer Prozesse erfolgreich mathematische Methoden angewendet, mit deren Einführung bereits in den Arbeiten von Lasarow [1], Bernstein [2], Rashewski und Wiener begonnen wurde. Die Benutzung dieser Methoden erlaubt, komplizierte quantitative Beziehungen zu bestimmen und versteckte Eigenschaften von Prozessen aufzudecken, die außerhalb der Erfassungsgrenzen anderer Methoden stehen.
Die ungenügende Erforschung der Struktur und die Kompliziertheit vieler physiologischer Systeme bereiten große Schwierigkeiten bei der Lösung des allgemeinen Problems ihrer Analyse. Man kann annehmen, daß besonders in der Neurophysiologie die Erarbeitung und die breite Anwendung quantitativer Methoden die Lösung vieler aktueller Aufgaben beschleunigt, die mit der Erforschung der Funktionsmechanismen des Nervensystems, mit der objektiven Beurteilung wesentlicher Parameter und mit der Aufklärung der Prinzipien seiner funktionellen Organisation und Regulation verbunden sind.
Die elektrische Aktivität, die in den einzelnen Abschnitten des Gehirns registriert wird (Elektroenzephalogramm — EEG), in den Nerven (Elektroneurogramm — ENG) und in den Muskeln (Elektromyogramm — EMG), spiegelt im wesentlichen die Tätigkeit dieser Gebilde wider. Deshalb hat die Analyse von Elektrogrammen in Verbindung mit der Erforschung von Übertragungs- und Umwandlungsprozessen bioelektrischer Signale in den verschiedenen Teilen des ZNS große Bedeutung für die moderne Physiologie und Biophysik.
Obwohl es schon Versuche der Analyse des EEG gibt, z. B. im Sammelband „Mathematische Analyse elektrischer Erscheinungen des Gehirns", betrachteten noch bis vor kurzem die Experimentatoren das ENG und das EMG als chaotische Anhäufung von Biopotentialen, die der quantitativen Analyse nicht zugänglich ist. Inzwischen gelingt es, mit gewissen Vereinfachungen und unter Zuhilfenahme des Apparates der mathematischen Modellierung auch das ENG und das EMG zu analysieren.
Alle im Nervensystem verlaufenden Prozesse sind das Resultat einer gemeinsamen Aktivität einer großen Zahl von Nervenzellen. Deshalb ist die Erforschung von Übertragung und Umwandlung bioelektrischer Signale in der Nervenzelle eine wichtige Etappe der Lösung von Aufgaben der Analyse neurophysiologischer Prozesse. Zur Aufgabe der Modellierung des Neurons gehört auch die Erforschung verschiedener Seiten des Funktionsablaufes der Nervenzelle als Element der

Nervennetze. Die moderne Neurophysiologie liefert eine Reihe wesentlicher experimenteller Daten zum Aufbau hinreichend adäquater mathematischer Neuronenmodelle bei der Untersuchung bestimmter Verhaltenseigenschaften des Neurons.

Mit dem Problem der Modellierung von Erregungsprozessen des Neurons und der Übertragung eines Nervenimpulses über eine Faser beschäftigt sich eine große Anzahl von Arbeiten. Viele der in ihnen beschriebenen diskreten Modelle von Nervenzellen sind unterschiedliche Modifikationen des Schemas des formalen Neurons von McCulloch und Pitts [5]. Diese formallogischen Neuronenmodelle sind für die Erklärung einer Reihe von Eigenschaften des biologischen Neurons bei der Übertragung bioelektrischer Signale bei Erregungsprozessen unzureichend. Die vorgeschlagenen Modelle erlaubten es z. B. nicht, die Spezifik der Spontanaktivität, die raum-zeitliche Summierung der Eingangssignale und den Einfluß der Refraktärphase auf das Verhalten des Neurons zu untersuchen.

Als nächste Etappe der Modellierung von Nervenzellen muß die Konstruktion von Modellen, die eine Schwelle und eine Refraktärphase besitzen, nach dem Schema von Gelfand und Zetlin [6] angesehen werden. Gelfand und Zetlin und auch Wiener und Rosenblueth, arbeiteten zur Erklärung der Erregungsausbreitungsprozesse in aktiven biologischen Medien kontinuierliche Modelle von Regelsystemen aus. Mit Hilfe des kontinuierlichen Modells eines homogenen Mediums und seiner diskreten Analogien wurde die Beschreibung einiger Prozesse in erregten Geweben gegeben, wurde der Charakter der Impulsleitung im homogenen Medium studiert, wurden die Eigenschaften der Herzmuskelfasern betrachtet und verschiedene pathologische Störungen der rhythmischen Aktivität des Herzmuskels, wie Arhythmie, Bradykardie, Wenckebach-Perioden, „Frequenzteilung“, Fibrillieren u. a., nachgebildet.

Eine Reihe von Faktoren bedingt den in den elektrophysiologischen Experimenten beobachteten stochastischen Charakter der Impulsaktivität der Nervenzellen, d. h. die Fluktuation der Parameter der durch Neuronen generierten Impulsströme in Prozessen spontaner und ausgelöster Aktivität. In Verbindung damit war die Hinwendung zu Wahrscheinlichkeitsmodellen natürlich. In einer Reihe von Arbeiten [8, 9] erhielt man mit Hilfe stochastischer Modelle von Verarbeitungsprozessen der Eingangssignale durch Neuronen wesentliche Eigenschaften dieser Prozesse, z. B. die raum-zeitliche Summation, verschiedene Besonderheiten der Rhythmustransformation, die Perioden von Samoilow und Wenckebach, die Hemmungen von Wedenski. Die Wahrscheinlichkeitsmodelle gaben eine, im Vergleich zu den determinierten Modellen, adäquatere Beschreibung des Verhaltens von Nervenzellen und ihrer Kollektive, da sie die Wiedergabe von im Versuch beobachteten stochastischen Zügen der Neuronen und Nervengebilde erlaubten.

Den Fragen der Modellierung von Prozessen in Neuronennetzen, wie auch der Modellierung der Nervenzelle, des Neurons, sind zahlreiche Untersuchungen gewidmet, über die Harmon und Lewis [10] eine ausführliche Übersicht gegeben haben. In diesen Arbeiten werden aus den formalen Neuronen des Schwellentyps verschiedene logische und Informationsstrukturen zur Untersuchung der Eigenschaften und Funktionsprinzipien synthetisiert. Mit Hilfe solcher Strukturen ge-

lingt es z. B., optimierende und selbstoptimierende Systeme, Systeme mit bestimmter Logik zu erhalten. Unter dem Einfluß der Entwicklung ähnlicher modellierender Geräte entstand die mathematische Theorie der Automaten.
Bei der Modellierung von Prozessen in Nervennetzen wurden in der überwiegenden Mehrheit der Arbeiten hauptsächlich Aufgaben der Synthese gelöst, die nicht mit der Verarbeitung experimenteller Daten und mit der Bestimmung wesentlicher Parameter und Charakteristiken physiologischer Systeme verbunden sind. In diesem Zusammenhang verdient die Arbeit von ROSENBLUETH und WIENER und Mitarb. besondere Beachtung, die als eine der ersten auf dem Gebiete der statistischen Analyse neurophysiologischer Prozesse erschien. In ihr wurde ein Wahrscheinlichkeitsmodell der Erregungsübertragung für einfache Spinalreflexe aufgebaut. Der Grundstein für das Modell war die raum-zeitliche Summation synaptischer Potentiale. An diesem Modell des diskreten Typs wurden statistische Charakteristiken des Objekts, d. h. das Verhältnis von Eingang — Ausgang, nachgebildet, und, was besonders wichtig ist, nach einer experimentell ermittelten statistischen Charakteristik eine Bewertungsmethode des Verteilungsgesetzes der Schwellen der motorischen Neuronen in einem gegebenen Bereich aufgestellt.
Ungeachtet der ernsthaften Versuche ist die Frage der Konstruktion von den Prototypen genügend ädäquater Modelle von Neuronennetzen und der Benutzung dieser Modelle zur Lösung von Aufgaben der Analyse von Prozessen in Nervengebilden z. Zt. noch unzureichend beantwortet. Es ist notwendig, auf bestimmte methodologische Unzulänglichkeiten hinzuweisen, die in einer Reihe von Arbeiten über die Modellierung von Neuronennetzen existieren. In einigen wird die Auswahl eines konkreten Operators, der das Verhalten des Objekts beschreibt, nach den Kriterien der größten Einfachheit der Struktur des Operators durchgeführt. In anderen betrachtet man das mathematische Modell als eine gedrängte, kompakte Form der Vorstellung von Grafiken, Tabellen u. a. Ohne die beschreibende Rolle ähnlicher mathematischer Modelle zu verneinen, ist es notwendig, auf eine andere, erkenntnisbezogene Rolle der Modelle hinzuweisen, die darauf gerichtet ist, sie zur Lösung des Problems der Identifikation der Systeme und der Bestimmung quantitativer Parameter, die die Erfüllung der Arbeitsfunktionen des Systems durch das System charakterisieren, zu benutzen.
Die Erforschung von Prozessen in physiologischen Systemen, ohne Berücksichtigung der inneren „Mikrostruktur“ dieser überaus spezifischen, aus vielen Elementen bestehenden Systeme der Übertragung bioelektrischer Signale, führt faktisch nicht zum Verständnis der Funktionsmechanismen. Die Berichtigung der Spezifik der Systeme, die die Prototypen der aufzubauenden Modelle sind, muß durch eine Auswahl bestimmter Charakteristiken der Ein- und Ausgangssignale und des strukturfunktionellen Schemas erreicht werden. Durch diese Auswahl wird auch die Form des Verbindungsoperators, d. h. der funktionellen Abhängigkeiten zwischen einigen wahrscheinlichen Charakteristiken der Ein- und Ausgangssignale und Parameter, die das Strukturschema des Systems charakterisieren, bestimmt.
Eine Reihe neurophysiologischer Gebilde, wie das Rezeptorfeld, das motorische

Zentrum des Rückenmarks, der Nerven-Muskel-Apparat, können als Kollektiv einer großen Anzahl von Elementen betrachtet werden. In der ersten Etappe des Studiums der Reflextätigkeit des Gehirns entstanden die Vorstellungen über die Gesetzmäßigkeiten der Funktion der Nervenzentren und anderer Strukturen des ZNS auf der Grundlage der Vorstellung, daß letztere eine gewisse Gesamtheit von ihren Eigenschaften nach homogenen Elementen bilden. Später erhielt man Ergebnisse, die dafür sprachen, daß das Vorhandensein einer statistischen Verteilung der Parameter der Elemente nach der Menge eine wesentliche Eigenschaft des Aufbaus und der Funktion quasihomogener Elemente neurophysiologischer Systeme ist. Als Beispiel eines ähnlichen Vorgehens kann auf das Studium der Verteilungsgesetze der Anzahl der Nervenfasern im Nervenstamm in bezug auf drei miteinander in Beziehung stehende Parameter hingewiesen werden: den Durchmesser, die Geschwindigkeit der Leitung und die Erregungsschwellen [12, 13]; die quantitative Bewertung der Fluktuation in der Erregbarkeit der motorischen Neuronen [14]; und auf das Auffinden von Verteilungshistogrammen der mittleren Folgefrequenzen von Impulsen, die von Rezeptoren erzeugt werden, die ein homogenes Feld darstellen [15].

A priori darf die Möglichkeit des Unterschieds der Funktionen der Elemente, die einzeln oder innerhalb dieser oder jener Kollektive arbeiten, nicht ausgeschlossen werden. Sogar die Untersuchung einer noch so großen Gesamtheit einzelner Elemente ohne Berücksichtigung der statistischen Verteilungen ihrer wesentlichen Parameter, z. B. des Schwellenwerts der empfindlichen Membran, des Refraktärintervalls u. a., kann prinzipiell einige wichtige Seiten des Verhaltens der Kollektive dieser Elemente in der Dynamik nicht enthüllen.

Außer der statistischen Struktur der betrachteten Gebilde, der Heterogenität nach den Parametern der Elemente, ist ihre Funktion mit dem zufälligen Charakter der Signale verbunden, die an Ein- und Ausgängen wirken. Die Anwendung stochastischer Modelle, des Apparats der Theorie der Zufallfunktionen und der experimentell-statistischen Methoden gibt die Möglichkeit, eine ausreichend adäquate mathematische Beschreibung dieser Übertragungssysteme bioelektrischer Signale zu erhalten und die Hauptaufgaben ihrer Analyse zu lösen.

Formalisierte Schemata der Elemente und Systeme. Mathematische Beschreibung. Einzelelemente der betrachteten Systeme, wie Neuron, Rezeptorzelle oder Nerven-Muskelsynapse, können in funktionaler Hinsicht, d. h. vom Standpunkt der Umwandlung bioelektrischer Signale, vereinfacht mit einem allgemeinen, stochastischen Analogmodell beschrieben werden. Die Benutzung eines solchen Modells ergibt, im Vergleich zur Mehrzahl der Modelle des formalen Neurons, das nach dem Typ von McCulloch und Pitts geschaffen wurde, eine adäquatere Beschreibung der Funktion reeller Elemente physiologischer Systeme. Das in der Arbeit angenommene formalisierte Schema des funktionalen Elements ist eine aufeinanderfolgende Verbindung des summierenden Gliedes mit m Eingängen, des Schwellenelements und der Einrichtungen, die die Standardimpulse am Ausgang formieren. In die Konstruktion des Modells wird das gewöhnliche Schema eines Schwellenelements einbezogen, mit welchem das formale Neuron in der Mehrzahl diskreter, determinierter Modelle beschrieben wird. Einer der Unterschiede zwischen dem vorgeschlagenen Modell des Elements und der Mehrzahl der Schemata des formalen Neurons besteht darin, daß außer durch den Schwellenwert dieses Element noch durch einen anderen wesentlichen Parameter bestimmt wird, durch die Refraktärperiode. Bemerken wir, daß mit der Refraktärperiode die Zeit bezeichnet wird, in deren Verlauf das Element, unabhängig von den Werten des Eingangssignals und des Schwellenwertes des Elementes, keinen Impuls formieren kann.

Der Hauptunterschied zwischen dem gewählten Modell und dem formalen Neuron besteht in der Annahme eines stetigen, analogen Systems, da die Funktion des Elements als Leitungsprozeß des stetigen, zufälligen Eingangssignals durch das Schwellenelement betrachtet wird. Zur Beschreibung der Ein- und Ausgangsimpulsströme, die an den verschiedenen Ein- und Ausgängen des Elements wirken, muß das Modell des zufälligen Impulsflusses als adäquatestes angesehen werden. Die Impulsform der Ein- und Ausgangsströme ist standardisiert, die Impulse haben alle gleiche Amplituden und gleiche Impulsdauer. Es gibt keine Überschneidung von Impulsen.

Die Funktion des Elements beim Eintritt von Signalen in seine Eingänge vollzieht sich auf folgende Art und Weise: Die Eingangssignale, d. h. die Impulsströme, werden im Summator addiert. Dabei entsteht ein zufälliger Prozeß, der im weiteren als summarer Eingangsprozeß bezeichnet wird. Die Eingangsströme können sowohl erregend als auch hemmend sein. Deshalb stellt der summarische Eingangsprozeß die algebraische Summe dieser Ströme dar. In den Zeitmomenten, in denen dieser Prozeß einen Schwellenwert erreicht, jedoch nicht bevor die Refraktärperiode beendet ist, formiert sich am Ausgang des Elements ein Standardimpuls. Er tritt in den mit dem Element verbundenen Ausgangskanal, die Faser, und breitet sich mit bestimmter, von den Eigenschaften der Faser abhängender Geschwindigkeit auf ihr aus. Das Ausbreitungsgesetz des zufälligen Ausgangsstromes der Impulse hängt vom Charakter des Eingangsprozesses und von der Größe wesentlicher Parameter des Elements ab.

Für den Modellaufbau des Systems von Elementen ist es notwendig, sein Strukturschema auszuwählen. Das System kann als additive Vielzahl von verbundenen Elementen betrachtet werden. Durch die Verbindungen besteht eine Abhängigkeit zwischen den Impulsströmen am Ausgang der Elemente. Für die Beschreibung realer korrelativer Verbindungen zwischen den Elementen der betrachteten Systeme gibt es gegenwärtig keine der notwendigen Versuchsergebnisse. Mit dem Ziel der Einfachheit der Modellierung können diese Verbindungen durch den endlichen Effekt ihres Wirkens — durch den Grad der Synchronisation der Ausgangsimpulsströme — ersetzt werden.

Zur Lösung einiger an anderer Stelle dargelegten Aufgaben der Systemanalyse genügt es, einige Schemata von Systemen, die nach dem dargelegten Prinzip organisiert sind, zu betrachten:

I. Strukturschema: Die Ströme werden als unabhängig angenommen. Phasenverbindungen zwischen den Strömen fehlen.

II. Strukturschema: Die Ströme teilen sich in eine unterschiedliche Anzahl unabhängiger Gruppen, von denen jede aus vollständig synchronisierten Strömen besteht, d. h. aus Strömen mit gleichen mittleren Frequenzen und mit konstanter Phasenverschiebung zwischen den Strömen der Gruppe.
III. Gemischtes Schema: Es besteht aus zwei Gruppen von Strömen, die nach dem ersten und zweiten Schema organisiert sind.
Für die Bewertung der strukturfunktionellen Organisation solcher Modelle genügt es, wenn man folgende Charakteristiken ausrechnen kann: Die Verteilungsdichten wesentlicher Parameter der Elemente in der Gesamtheit; Parameter, welche die Trennung des Systems in synchrone Gruppen von Elementen im Falle der Organisation nach dem zweiten und dritten Schema bestimmen.
Diese Strukturschematisierung von Systemen entspricht in bestimmter Annäherung physiologischen Resultaten. So ist bekannt, daß sich bei einer gewöhnlichen Kontraktion des Muskels die motorischen Neuronen asynchron und unabhängig voneinander entladen [16]. Unter einigen physiologischen Bedingungen vollzieht sich eine Veränderung des Charakters des ENG oder des EMG, die eine teilweise oder vollständige Synchronisation der Entladungen einzelner Elemente der physiologischen Systeme, z. B. von Gruppen motorischer Neuronen, widerspiegelt.
Die Aufgabe, den zufälligen Prozeß bei seinem Durchgang durch das Element umzuwandeln, führt zur Bestimmung von Wahrscheinlichkeitscharakteristiken des Impulsstromes und von Ausschlägen des Prozesses über den Schwellenwert des Elements. Der summative Eingangsprozeß $X(t)$ ist nicht reibungslos, da in den Momenten des Erscheinens von Impulsen der Eingangsströme seine Ableitung $X'(t)$ unendlich werden oder Sprünge aufweisen kann. Außerdem ist dieser Prozeß nach einer Seite ein nichtmarkowscher, infolge des Vorhandenseins einer Nachwirkung um die Dauer Δ eines einzelnen Impulses.
Zur Bestimmung der mittleren Anzahl der Ausschläge in der Zeiteinheit, d. h. der Intensität solcher Prozesse, kann eine Methodik gewählt werden, die in der Theorie der zufälligen Impulsströme ausgearbeitet wurde [17]. Mit einer Zeitkorrektur der Refraktärphase des Elements kann man für die Intensität des Ausgangsstromes der Impulse folgende Formel erhalten:

$$f = \exp\left[-\frac{(h-\lambda\Delta)^2}{2\lambda\Delta}\right]\left\{\sqrt{\frac{2\pi\Delta}{\lambda}} + t_p \exp\left[-\frac{(h-\lambda\Delta)^2}{2\lambda\Delta}\right]\right\}^{-1}$$

wobei f die Intensität des Ausgangsstromes der Impulse,
λ die Intensität des summativen Eingangsstromes in den Momenten des Auftretens von Impulsen an den Eingängen,
h der Schwellenwert und
t_p die Refraktärperiode sind.
Der aufgeschriebene Ausdruck $f = \Psi(\lambda, h, t_p)$ kann als spezieller Operator des Elements angesehen werden, der die Umwandlung der mittleren Frequenz des summativen Eingangsstroms in die Intensität der mittleren Frequenz des Stroms am Ausgang bestimmt.

Für ein System, das aus gleichartigen Elementen besteht, die einen speziellen Operator der angeführten Art besitzen und statistisch verteilte, nach der Gesamtheit unabhängige Parameter h und t_p haben, wird folgender Ausdruck für die Verteilungsdichte der Anzahl der Elemente des Systems nach der Frequenzgröße gerecht:

$$W_1(f) = \frac{d}{df} \iiint\limits_{\psi(\lambda,h,t_p)<f} W_2(t_p)\, W_3(h)\, W_4(\lambda)\, dt_p\, dh\, d\lambda$$

wobei $W_1(f)$, $W_2(t_p)$, $W_3(h)$, $W_4(\lambda)$ die Verteilungsfunktionen der entsprechenden Parameter sind.
Den Integrationsbereich findet man aus der Beziehung

$$\Psi(h, \lambda, t_p) = f$$

Die Formel für die Verteilungsfunktion $W_1(f)$ kann als spezieller Operator des Systems im gleichen Sinne wie für ein Element angesehen werden.
Im folgenden werden experimentell-statistische Methoden der Berechnung von den Verteilungsfunktionen $W_1(f)$, $W_2(t_p)$, $W_3(h)$ und $W_4(\lambda)$ beschrieben.

Die Aufgabe der Systemidentifizierung

Um die strukturfunktionale Organisation der Systeme zur Übertragung bioelektrischer Signale quantitativ bewerten zu können, ist es notwendig, die Verteilungsdichten wesentlicher Parameter vollständig zu kennen. Infolge experimenteller und methodischer Schwierigkeiten gelingt es gegenwärtig nicht, diese Charakteristiken unmittelbar experimentell zu erhalten. Darum ist eine der wichtigsten Aufgaben der Analyse mathematischer Modelle die Ausarbeitung von Methoden zur Bestimmung der gesuchten Verteilungsdichten, d. h., der Identifikation von Systemen, die bezüglich der Parameter der sie bildenden Elemente heterogen sind. Diese Methoden sind infolge der Spezifik der Aufgabe mit bestimmten statistischen Bearbeitungsmethoden von EEG und EMG verbunden, die Ein- und Ausgangssignale für die entsprechenden physiologischen Systeme und für die Prototypen des zu untersuchenden Modells sind.
Für die Berechnung der Verteilungsdichte der Anzahl der Elemente des Systems nach der Größe der Refraktärperiode $W_2(t_p)$ kann folgende Methode vorgeschlagen werden: Sie wurde für die bekannte physiologische Methodik der „indirekten" rhythmischen Erregung des Objekts ausgearbeitet und basiert auf der Benutzung funktioneller Abhängigkeiten der statistischen Momente des summativen Ausgangsprozesses einiger Parameter der stimulierenden Signale. Bei gleichzeitiger Stimulation der Systemeingänge mit einer Serie von Impulsen verschiedener Folgefrequenz f_{st}, die eine für jedes Element überschwellige Amplitude haben, entsteht am Ausgang des Systems ein Impulsprozeß mit einer der Frequenz f_{st} vielfachen Folgefrequenz und einer sich nach einem bestimmten Gesetz verändernden Amplitude der Impulse. Diese Erscheinung entspricht dem bekannten experimentellen Ergebnis, daß sich der Mittelwert der Amplitude des Ausgangssignals von Nervengebilden ändert, wenn sich die Frequenz f_{st} verändert.

Das Gesetz der Veränderung der statistischen Mittel, d. h. der mathematischen Erwartung und der Streuung, des summativen Ausgangsprozesses bei Veränderung der Stimulationsfrequenz f_{st} kann auf folgende Weise bestimmt werden: Die Periode des Nichtansprechens t_p soll sich nach der Gesamtheit der Elemente des Systems in gewissen Grenzen ändern, und die maximale Eigenfrequenz f^0 der Folge der Impulse, die von den Elementen generiert werden (f^0 ist gleich t_p^{-1}), nimmt Werte von $f^0_{\min}$ bis $f^0_{\max}$ an. Dieses Intervall der Frequenzveränderung von f^0 kann in eine gewisse Anzahl k von Entladungsintervallen zerlegt werden, in welchen sich jeweils eine bestimmte Zahl von Elementen befindet. Für die Lösung der Aufgabe nehmen wir an, daß sich die am Ausgang der Elemente — die zu unterschiedlichen Gruppen der Größe f^0 gehören — formierenden Impulsströme unabhängig sind, daß die Impulsdauer konstant ist und die minimale Bedeutung der Refraktärperiode $t_{p\min}$ nicht überschreitet, und daß im Bereich der relativen Refraktärperiode $t > t_p$ die Schwellenfunktion eine konstante Größe ist.
Auf der Grundlage der eingeführten Vernachlässigungen kann behauptet werden, daß die Mittel des summativen Impulsprozesses gleich der Summe der entsprechenden Durchschnitte sind, die für k Gruppen von Elementen errechnet wurden. Die statistischen Durchschnitte für jede dieser Gruppen können auf Grund der Tatsache, daß die zu einer Gruppe gehörenden Elemente bei Einwirkung der oben beschriebenen Signale gleichartig reagieren, bestimmt werden.
Die Abhängigkeit der Frequenz der Antwort eines Elementes des betrachteten Modells von der Frequenz der Eingangsimpulse ist dem Gesetz der „Frequenzteilung“ unterworfen. Legt man diese Abhängigkeit zugrunde, kann man ein System von k linearen Gleichungen erhalten, die die Werte der mathematischen Erwartung M_y (f_{st}) und der Dispersion D_y (f_{st}) des Ausgangsimpulsprozesses $\mathfrak{A}(t)$ verbinden, und die in der Funktion einer Reihe fixierter Stimulationsfrequenzen f_{st} mit den Ordinatengrößen des Histogramms der Verteilung der Elemente des Systems und der Frequenz f^0 ausgedrückt werden. Die Lösung dieses Systems erlaubt auch, die gesuchte Verteilungsdichte der Frequenz f^0 nach den mit Hilfe statistischer Bearbeitungsmethoden der Versuchsergebnisse gefundenen Größen $M_y(f_{st})$ und $Dy(f_{st})$ bei gewissen Frequenzen f_{st} zu bestimmen.
Die Bestimmung der Verteilungsdichte der Anzahl der Elemente des Systems nach der Zeit der Refraktärperiode t_p auf Grund der bekannten Verteilungsdichte der Eigenfrequenz f^0 bereitet keine Schwierigkeiten, da diese zwei Größen durch eine funktionelle Abhängigkeit verbunden sind.
Betrachtet man ein System von Elementen mit den oben beschriebenen Eigenschaften und einem gewissen vorgegebenen kontinuierlichen Verteilungsgesetz der Größe f^0 mit einem Maximum, so werden die für eine Reihe diskreter Bedeutungen von f_{st} mit Hilfe des linearen Gleichungssystems berechneten Funktionen $M_y = M_y(f_{st})$ und $D_y = D_y(f_{st})$ ein absolutes Maximum in einem gewissen Punkt $f_1{}^0$ haben, ausreichend nah zur mittleren „Eigen“-Frequenz $\bar{f}^0$. Weiter kann gezeigt werden, daß eine bestimmte Bedeutung $f_2{}^0 > \bar{f}^0$ existiert, für welche die Werte der statistischen Durchschnitte $M_y(f_2{}^0)$ und $D_y(f_2{}^0)$ ein absolutes Minimum ergeben.

Die qualitative Untersuchung der Übertragungsprozesse von Signalen mit Hilfe des beschriebenen Schemas für den Fall komplizierter, mehrgipfliger Verteilungen der Anzahl der Elemente des Systems nach der Frequenz f^0 erlaubt, entsprechende Charakteristiken der Ausgangsimpulsprozesse zu erhalten. Es ist klar, daß das Verhalten des Systems in diesem Falle einen bedeutend komplizierteren Charakter haben wird. Beachten wir, daß die vollständige Untersuchung dieser Prozesse eine selbständige Aufgabe ist, deren Lösung vielleicht mit Hilfe der Modellierungsmethoden auf elektronischen Rechenmaschinen gelingt.

Die oben erhaltenen Resultate zeigen, daß es sogar an einfachen, für die Identifikation konstruierten statistischen Modellen gelingt, die in der Physiologie bekannten Erscheinungen, wie Rhythmustransformation, Frequenzteilung, lokales Frequenzoptimum und -pessimum und den speziellen Übertragungsblock nachzubilden. Gehen wir zur Errechnung des Verteilungsgesetzes der Anzahl der Elemente des Systems nach der Größe des Schwellenwertes h über. Der Versuch der Lösung dieser Aufgabe mit Hilfe der statistischen Analyse ist bekannt [11].

Weiter unten wird das Prinzip der Berechnung der gesuchten Verteilungsdichte dargelegt, das sich auf die Benutzung des speziellen Systemoperators stützt. Die linke Seite des Operators wird mit Hilfe der ausgearbeiteten Methoden [18, 19] bestimmt. Die in den rechten Teil des Operators eingehende Funktion $W_4(\lambda)$ stellt die Verteilungsdichte der Größe der Intensivität, d. h. der mittleren Frequenz des Eingangsstromes in den Momenten des Auftretens der Impulse nach der Gesamtheit der Elemente des Systems, dar. Mit gewisser Annäherung kann die Größe der Intensivität λ proportional der Stärke des äußeren Reizes angenommen werden. Wenn in einer Versuchsserie an den Eingängen der Elemente des Systems Signale von verschiedener „Stärke“ auftreten, so können dabei die Funktionen $W_4^{(i)}(\lambda)$ als bekannt angesehen werden; i ist hierbei die Nummer des Versuchs. Dann ist für jede vorgegebene Funktion $W_4^{(i)}(\lambda)$ und in der Annahme, daß $W_2(t_p)$ und $W_1(f)$ bestimmt sind, der spezielle Operator des Systems eine Integralgleichung in Bezug auf die unbekannte Funktion $W_3(h)$. Bei stabilen experimentellen Bedingungen können die Funktionen $W_2(t_p)$ und $W_3(h)$ als unabhängig vom Eingangssignal, d. h. von $W_4(\lambda)$ angenommen werden. Als Resultat kann für verschiedene $W_4^{(i)}(\lambda)$ ein System von Integralgleichungen geschrieben werden, dessen Lösung die gesuchte Verteilungsdichte $W_3(h)$ ist.

Das Produkt $W_2(t_p)\, W_3(h)$ ist der Kern oder die Gewichtsfunktion des speziellen Operators des Systems. Die Transformation dieser Funktionen führt zur Veränderung des Charakters und zum Umbau der „Struktur“ des Ausgangssignals des Systems. Am Beispiel der Verteilungsgesetze der Refraktärperioden oder der „Eigen“-Frequenzen der Elemente wurde eine quantitative und qualitative Veränderung des Ausgangssignals bei Transformation dieser Gesetze beschrieben.

Die quantitative Bewertung der Durchlaßfähigkeit der Systeme

Mit Hilfe der Berechnungsmethode der Funktion $W_2(f^{0-1})$ kann eine Lösung vorgeschlagen werden für den Vergleich zweier neurophysiologischer Systeme oder zweier verschiedener Zustände ein und desselben Systems, z. B. für die Norm und die Pathologie nach der Zahl der aktiven Elemente und der mittleren „Eigen"-Frequenz f^0. Die Lösung dieser Aufgabe hat eine große Bedeutung für die Analyse von Versuchsergebnissen [20]. Es wurde experimentell festgestellt, daß bei der Stimulierung der afferenten Wege des Rückenmarks oder des Nervs, der den Muskel inerviert, mit überschwelligen Signalen und genügend hohen Frequenzen der Amplitudenmittelwert des Signals — dem ENG oder EMG entsprechend — am Ausgang des motorischen Zentrums oder des Nerven-Muskel-Apparats bei einem pathologisch veränderten Objekt, z. B. bei Tetanus, größer ist, als bei einem normalen. Die oben beschriebenen Resultate der Modellierung erlauben, diese Erscheinung zu analysieren.

Die Vergrößerung der mittleren Amplitude der Antworten des Systems im pathologischen Zustand ist im Vergleich zur Norm mit der Transformation der Verteilungsdichte der Anzahl der Elemente des Systems nach der „Eigen"-Frequenz oder der Refraktärperiode verbunden. Der Unterschied in den Gesetzen der Verteilung $W_2(t_p)$ zweier vergleichbarer neurophysiologischer Systeme bedingt den Unterschied dieser Systeme nach der Anzahl der aktiven Elemente in dem gegebenen Prozeß und nach der mittleren „Eigen"-Frequenz der Impulsfolge, welche diese Elemente bei rhythmischer Stimulierung der Eingänge des Systems mit Impulsen überschwelliger Amplituden an den Ausgang des Systems weitergeben können. Zur Charakteristik der Grenzmöglichkeiten neurophysiologischer Systeme vom Standpunkt der Übertragung bioelektrischer Signale [20] wurde der Begriff „Durchlaßfähigkeit" eingeführt.

Ausgehend von den oben beschriebenen Modellvorstellungen, kann als passende quantitative Bewertung der Durchlaßfähigkeit die maximale Intensität des summativen Ausgangsimpulsstromes vorgeschlagen werden, der durch Summation der Impulsströme am Ausgang aller aktiven Elemente bei Stimulierung des Systems durch eine Serie von Impulsen überschwelliger Amplitude mit verschiedener Folgefrequenz entsteht. Diese Charakteristik wird nach einem vorher aufgebauten Histogramm der Verteilung der Anzahl der Elemente des Systems nach der „Eigen"-Frequenz bestimmt.

Eine derartige Einschätzung der Durchlaßfähigkeit entspricht dem Wesen dieses in die Neurophysiologie eingeführten Begriffs, da sie mit der Generierung durch eine maximale Anzahl von Elementen des Systems maximaler oder „eigener"-Frequenzen von Impulsströmen verbunden ist. Folglich gibt diese Einschätzung eine mengenmäßige Charakteristik der Grenzmöglichkeiten des Systems bei der Signalübertragung.

Berechnungsmethoden einiger statistischer Charakteristiken der „Struktur" bioelektrischer Systeme. Für die Untersuchung der zu betrachtenden Objekte des Nervensystems, insbesondere des motorischen Zentrums des Rückenmarks, der Rezeptorenfelder sowie der speziellen Eigenschaften der Nervenleitungen, hat die Bestimmung solcher statistischer Charakteristiken der summativen elektrischen Potentiale im Nerv, wie der Gesetze der Verteilung der Anzahl der Nervenfasern nach der Frequenz der Impulsfolge und der Leitungsgeschwindigkeit der Erregung große Bedeutung.

Diese Charakteristiken bestimmen im gewissen Sinne die „Struktur" des summativen ENG, welches als Summe von Impulsströmen in Nervenfasern betrachtet wird.
Solche Parameter der durch motorische Neuronen oder Rezeptoren generierten Impulsströme, wie die Folgefrequenz der Impulse f, die Leitungsgeschwindigkeit v und die Impulsamplitude a, sind nach der Gesamtheit der Nervenfasern statistisch verteilte Größen. Werte zur Berechnung der Verteilungsgesetze der aufgezeigten Parameter findet man mit Hilfe der von DOUGLAS und RITCHIE [21] ausgearbeiteten experimentellen Methode der entgegengesetzten Impulse sowie der von SEWEKE und CHAJUTIN [15] vorgeschlagenen Modifikationen.
Ein wichtiger Vorzug dieser Methode ist, daß bei ihrer Anwendung die Potentiale vom ganzen Nerv registriert werden, ohne Aussonderung einzelner Fasern. Die Methode der entgegengesetzten Impulse ist genügend einfach. Bei einer Stimulation des distalen Endes des durchtrennten Nervs mit einem Stromimpuls entsteht ein Potential, das aus den Aktionsströmen aller Fasern besteht. Dieses Potential, als antidrom bezeichnet, breitet sich entgegengesetzt der natürlichen, orthodromen bioelektrischen Aktivität aus.
Die durch die Rezeptoren generierten orthodromen Impulse der Ströme in den einzelnen Nervenfasern „stoßen" mit bestimmter Wahrscheinlichkeit im Zwischenelektrodenbereich (ZEB) der Reiz- und der Ableitelektrode mit den entgegengesetzten, antidromen Impulsen zusammen. Als Resultat des Eintreffens in der Refraktärphase werden die antidromen Impulse der Fasern, in denen ein Zusammentreffen von ortho- und antidromen Impulsen stattfand, aus der Summe von Impulsen, die das auf dem Oszillograph registrierte summative antidrome Potential (AP) bilden, ausgeschlossen.
Die Amplitude des AP verändert sich in bestimmter Weise mit der Veränderung der Länge des Zwischenelektronenbereichs bei Nervenreizung mit einzelnen Impulsen oder der Folgefrequenz der stimulierenden Impulse bei Nervenreizung mit einer Serie von Impulsen. Die Analyse des Wahrscheinlichkeitsmodells dieser Prozesse zeigt, daß der Charakter der Veränderungen der Amplitude des antidromen Potentials von der Art der Verteilungsgesetze, der Anzahl der Nervenfasern nach der Folgefrequenz und der Leitungsgeschwindigkeit abhängt.
Die Berechnungsmethoden dieser statistischen Charakteristiken sind für gewisse Experimente mit verschiedenen stimulierenden Einwirkungen auf den Nerv ausgearbeitet worden [18, 19]: mit Einzelimpulsen mit Veränderung des Elektrodenabstands; mit einer Serie von Impulsen mit Veränderung ihrer Folgefrequenz; mit zwei Impulsen mit Veränderung der Verzögerungszeit des zweiten Impulses in Bezug auf den ersten; mit einer Serie von Impulsen mit veränderlichem Abstand zwischen benachbarten Impulsen.
Die Berechnungsmethode der Verteilungsdichte der Folgefrequenz der Impulse in den Nervenfasern zur Bearbeitung der Versuchsergebnisse, die nach der Methode der „entgegengesetzten Impulse" aufgebaut wurden, wurde von uns dargelegt [19]. Für diese experimentelle Methodik ist die Wahrscheinlichkeit des Zusammentreffens der anti- und orthodromen Impulse im ZEB, die von der Defi-

nition der geometrischen Wahrscheinlichkeit abgeleitet wird, proportional der Länge d des ZEB und umgekehrt proportional der Entfernung l zwischen benachbarten orthodromen Impulsen.

Wie bei der Reizung eines Nervs durch einen einzelnen Stromimpuls festgestellt wurde, verringert sich mit der Zunahme der Größe d die Amplitude des antidromen Potentials (AP)[1]), das im Schnitt des Nervenstammes im Abstand d vom durchtrennten Ende abgeleitet wurde. Dieser experimentelle Fakt kann damit erklärt werden, daß bei Vergrößerung von d die Anzahl der Gruppen von Fasern wächst, für die die Wahrscheinlichkeit der Begegnung von Impulsen im ZEB gleich l ist, infolge der Verringerung der Anzahl der übrigen Nervenfasern, für die diese Wahrscheinlichkeit $< l$ und gleich: $p = \frac{2d}{l}$ ist. Hieraus folgt, daß die Verteilungsdichte $F\left(\frac{l}{2}\right)$ der Anzahl der Nervenfasern nach der Größe $\frac{l}{2}$ folgende Integralgleichung erfüllen muß:

$$\int_{\frac{l_{min}}{2}}^{d} F(z)dz + \int_{d}^{\frac{l_{max}}{2}} F(z)\,\frac{d}{z}\,dz = r(d),$$

wobei l_{min} und l_{max} die minimale und maximale Bedeutung für l des betrachteten Faserbündels, und

$r(d)$ der Wert der Durchschnittsgröße (in der Versuchsserie) der Amplitude des antidromen Potentials sind.

In unserer Arbeit [19] wird gezeigt, daß für die im Experiment erhaltene Funktion $r = r(d)$ im Bereich der Veränderungen von d von 0 bis $\frac{l_{min}}{2}$ eine lineare Regression gewählt werden muß, und im Bereich von $\frac{l_{min}}{2}$ bis $\frac{l_{max}}{2}$ eine nichtlineare.

Die Funktion $F\left(\frac{l}{2}\right)$ ist die Lösung der Integralgleichung. Für die analytische Lösung der Gleichung muß die empirische Abhängigkeit $r = r(d)$ als eine gewisse Funktion ausgedrückt werden, z. B. durch ein Polynom n-ten Grades. Die Lösung der Gleichung mit Hilfe numerischer Methoden ist möglich und praktisch wichtiger. Wählt man einen passenden Teilungsschritt des Intervalls $\left(\frac{l_{min}}{2}, \frac{l_{max}}{2}\right)$ aus und wendet eine der numerischen Quadraturformeln für die Berechnung von Integralen an, kann die Integralgleichung zur Bestimmung der Funktion $F\left(\frac{l}{2}\right)$ durch ein System linearer algebraischer Gleichungen ersetzt werden. Mit der

[1]) Es ist klar, daß hierbei nicht alle Fasern des Nervs betrachtet werden, sondern nur die, die zur modalen Gruppe gehören, d. h. zu der Gruppe, die der Art der Verteilung v_m nach der Geschwindigkeit der Impulsleitung entspricht.

Lösung des letzteren werden die Koordinaten des Histogramms der Verteilung der Nervenfasern nach der Größe $\frac{l}{2}$ bestimmt.

Aus der Verteilungsdichte der Größe $\frac{l}{2}$ kann man die Verteilungsdichte der Frequenz der Impulsfolge f, infolge Vorhandenseins einer funktionellen Verbindung zwischen diesen beiden Größen, erhalten: $f = \frac{v_m}{l}$.

Die Bestimmung der Verteilungsdichte der Nervenfasern nach der Folgefrequenz der Impulse mit Hilfe der Bearbeitung der Versuche, die nach der Methode entgegengesetzter Ströme ausgeführt wurden [18], fordert keine Anwendung analytischer Verfahren. In diesem Fall wird im Versuch die Größe der Amplitude von AP bei unterschiedlicher Stimulationsfrequenz f_a gemessen. Dann ist bei der Frequenz $f_a > f_{0min}$[1]) die Wahrscheinlichkeit des Zusammentreffens ortho- und antidromer Impulse im ZEB, beginnend in einem bestimmten Zeitmoment, in allen Nervenfasern gleich Null, d. h. es finden keine Begegnungen von Impulsen statt. Es ist klar, daß die Größe der Amplitude des AP, die an den Arbeitselektroden registriert wurde, in diesem Falle maximal ist.

Bei Verringerung der Stimulationsfrequenz verringert sich die Amplitude des AP folgerichtig auf Grund der Zunahme der Anzahl der Fasern, in denen die Wahrscheinlichkeit des Zusammentreffens von Impulsen in den ZEB sprunghaft von 0 auf 1 steigt. Die im Versuch gemessene Größe vom AP wird sich bei Verringerung der Stimulationsfrequenz f_a von f_{0max} bis f_{0min} von der maximalen Bedeutung bis auf 0 verändern.

Die graphische Darstellung der Abhängigkeit $r = r(f_a)$ der durch diese Versuchsmethode erhaltenen Resultate stellt eine kumulative Kurve dar, d. h. eine graphische Darstellung der empirischen Integralfunktion der Verteilung der Zahl der Nervenfasern nach der Frequenz der orthodromen Impulse. Mit Hilfe der graphischen Differenzierung der kumulativen Kurve läßt sich das Histogramm der Verteilung der Anzahl der Nervenfasern nach der Folgefrequenz der Impulse der orthodromen Ströme finden. Dieses Histogramm ergibt nicht die Verteilung der Gesamtzahl der Nervenfasern, sondern nur des Teiles der Fasern, für welchen die Leitungsgeschwindigkeit der Impulse zur modalen Gruppe v_m gehört. Folglich wird mit Hilfe der beschriebenen Methode ein bedingtes Verteilungsgesetz $W_1 v_m(f)$ bestimmt.

Das Verteilungsgesetz nach der Frequenz kann aus der vorher errechneten Verteilungsdichte der Anzahl der Nervenfasern nach der Leitungsgeschwindigkeit ermittelt werden. Das Gesagte ist auch für den Fall der Bearbeitung von Versuchen richtig, die nach der Methode der „entgegengesetzten" Impulse durchgeführt wurden, bei der das Histogramm der Anzahl der Verteilung der Nervenfasern nach der Größe $\frac{l}{2}$ bestimmt wurde.

Die Aufgabe, das Verteilungsgesetz der Anzahl der Nervenfasern nach der Lei-

---

[1]) f_{0max} ist die Frequenz orthodromer Impulse, die l_{min} entspricht, und f_{0min} entspricht l_{max}.

tungsgeschwindigkeit der Impulse zu finden, hat ebenfalls eine selbständige Bedeutung; es existieren einige Lösungsarten für diese Aufgabe. Unter anderem kann diese Charakteristik mit der Kreuzkorrelationsmethode [22], aber auch durch Bearbeitung der Resultate von Versuchen mit unmittelbarer Nervenreizung durch elektrischen Strom bestimmt werden. Bei der Anwendung der oben beschriebenen Berechnungsmethoden sind einige Einschränkungen zu beachten, die mit der geringen Länge der Nerven und den großen Geschwindigkeiten der Impulsleitung zusammenhängen. Um diese Einschränkungen zu beseitigen, wurden Modifikationen der experimentellen Methoden vorgeschlagen [23].

Die Erarbeitung entsprechender Berechnungsmethoden der gesuchten statistischen Charakteristiken erforderte den Aufbau komplizierter mathematischer Modelle. So ist es notwendig, für die modifizierten Methoden, die die antidrome Stimulation des Nervs mit Hilfe zweier Impulse und einer Serie von Impulsen mit veränderlichen Intervallen zwischen benachbarten Impulsen verwenden und für die Berechnung der Verteilungsdichte der Anzahl der Nervenfasern nach der Frequenz der orthodromen Impulse, ein System von Integralgleichungen zu lösen [24].

Vergleich der Parameter der Ausgangsprozesse und Bewertung des Realisationsgrades der Durchlaßfähigkeit des Systems. Im Unterschied zum Verhalten der Systeme bei elektrischer Stimulierung mit überschwelligen Signalen ist bei deren natürlichem Funktionsablauf unter stationären Bedingungen das Eingangssignal schwellennah in dem Sinne, daß bei seiner Einwirkung die Impulsströme am Ausgang zufällig sind. Dabei nimmt an der Signalübertragung nur ein Teil der Elemente des Systems teil. Darum formiert sich der zufällige Prozeß am Ausgang des Systems als Resultat der Summation m zufälliger Ströme. Die Anzahl der Ströme m — und folglich der in diesem Prozeß engagierten Elemente — ist kleiner als die Anzahl der aktiven Elemente bei Stimulation des Systems mit überschwelligen Eingangssignalen. Jeder dieser Ströme hat eine Intensität, die kleiner ist als die der „Eigen"-Frequenz des gegebenen Elementes.

Eine solche Modellbeschreibung des Arbeitscharakters der betrachteten neurophysiologischen Systeme entspricht den bekannten experimentellen Werten. Unter anderem funktionieren die motorischen Neuronen des motorischen Zentrums des Rückenmarks auf ähnliche Weise infolge der verschiedenen hemmenden Einflüsse [25] und des Vorhandenseins einer veränderlichen Anzahl von Neuronen unterhalb des Schwellenwertes [14].

Der Strom der Zeitelemente des Auftretens der Impulse des summativen Prozesses am Ausgang des Systems ist für den Fall eines schwellennahen Eingangssignals bei großer Anzahl m der addierten Ströme und unter der Bedingung der Unabhängigkeit dieser Ströme ein POISSONscher Strom [26]. Deshalb kann der zufällige Ausgangsprozeß mit Hilfe des Modells des Schroteffekts beschrieben werden [27]. Für diese Prozesse vom Typ des Schroteffekts sind die Methoden der Berechnung statistischer Momente bekannt. Unter anderem ist die Dispersion dieser Art Prozesse proportional der Zahl der summierten Ströme und dem Mittelwert der Intensitäten dieser Ströme.

Die Dispersionen der summativen Prozesse am Ausgang der zu vergleichenden

Systeme können mit Hilfe automatischer, statistischer Bearbeitungen von Elektrogrammen auf elektronischen Rechenmaschinen bestimmt werden. Deshalb kann bei einem bekannten Verhältnis der mittleren Intensitäten $\bar{f}$ der Ausgangsimpulsströme, für deren Bestimmung die oben vorgeschlagenen experimentell-statistischen Methoden der Bearbeitung von Versuchsergebnissen bei antidromer Stimulation des Nervs mit „entgegengesetzten" Impulsen oder entgegengesetzten Strömen benutzt werden können, das Verhältnis der Zahl der aktiven Elemente zweier zu vergleichender neurophysiologischer Objekte bestimmt werden.

Die Methode der vergleichenden Einschätzung der Ausgangsprozesse nach den Parametern m und $\bar{f}$ unter den Bedingungen des natürlichen Funktionsablaufs der zu betrachtenden Systeme kann auch für die Bewertung des Realisierungsgrades der „Durchlaßfähigkeit" des Systems im gegebenen Prozeß benutzt werden. Dafür kann z. B. das Verhältnis der summativen Intensität des Ausgangsstromes und der Momente des Auftretens von Impulsen bei der Einwirkung entsprechender schwellennaher Eingangssignale zur summativen Intensität des analogen Stromes beim Einwirken überschwelliger Signale betrachtet werden. Diese Art der Bewertung des Realisierungsgrades der Durchlaßfähigkeit des Systems im gegebenen Prozeß ist nicht die einzig mögliche. Diese Bewertung kann ebenso mit Hilfe des Vergleichs der Anzahl der engagierten Elemente m und n und der Verteilungszentren der Frequenzen $\bar{f}$ und $\bar{f}_0$ ausgeführt werden.

Quantitative Bewertung des Synchronisationsgrades der Impulsströme des Bündels und das Modell des Mechanismus der Schmerzsignalisation

Eine wichtige Charakteristik der Struktur des ENG ist die mengenmäßige Bewertung des Synchronisationsgrades der summierten zufälligen Impulsströme. Die Untersuchung der Synchronisation der Impulsströme von Biopotentialen ist wichtig für neurophysiologische Probleme. Insbesondere bei der Analyse der betrachteten Übertragungssysteme für Signale muß berücksichtigt werden, daß die Synchronisation der Ausgangsströme in gewissem Sinne die Wirkung der Verbindungen zwischen den Elementen des Systems widerspiegelt.

Es ist bekannt, daß unter verschiedenen Bedingungen des Funktionsablaufs dieser Systeme, Übergänge von asynchroner Generierung der Ausgangsströme zu einem bestimmten Grad ihrer Synchronisation beobachtet werden. Eine solche Erscheinung ist gültig in Prozessen der Ermüdung und der Aneignung von Arbeitsfertigkeiten, in einigen pathologischen Prozessen und bei der Übermittlung von Schmerzsignalen von der Peripherie zum Zentrum [28, 29]. Die aufgezählten Prozesse sind mit dem Vorhandensein einer bestimmten Synchronisation der Impulsströme in den Muskel- und Nervenfasern verbunden.

Allgemein ist die Aufgabe der Bestimmung quantitativer Charakteristiken zur Bewertung des Synchronisationsgrades im Bündel der zufälligen Impulsströme äußerst kompliziert. Im folgenden wird ein verhältnismäßig leichtes Schema der Synchronisation des Bündels von Impulsströmen betrachtet, das für die Modellierung peripherer Mechanismen der Schmerzsignalisation erarbeitet wurde.

Es sind experimentelle Ergebnisse über die Entstehung der Schmerzsignale bekannt; nicht als Resultate der Erregung besonderer „Schmerz"-Rezeptoren, sondern empfindlicher Nervenfasern. Diese Ergebnisse lagen der Hypothese zugrunde, daß die Schmerzsignalisation bei synchroner Erregung einer gewissen Anzahl afferenter Fasern weitergegeben wird [30].

Für die Begründung des mathematischen Modells ist es notwendig, kurz auf die Besonderheiten der betrachteten Prozesse einzugehen. Bei der Analyse der empirischen Abhängigkeit „Effekt-Dosis" (Effekt der Erhöhung des arteriellen Drucks beim Einführen großer Dosen verschiedener chemischer Stoffe in die Arterien narkotisierter Katzen) wurde festgestellt, daß auf der graphischen Darstellung dieser Abhängigkeit zwei Bereiche hervorgehoben werden können. Die im ersten Bereich aufgezeigte Kurve hat einen fließenden Anstieg mit einem Übergang in ein horizontales Plateau, und im zweiten Bereich erfolgt bei einer bestimmten kritischen Dosis des chemischen Reagens eine jähe, sprunghafte Verstärkung des Effekts. Dieser Charakter der Kurve kann auf folgende Art erklärt werden:

Im ersten Bereich läuft mit der Erhöhung der Konzentration des chemischen Stoffes eine Vergrößerung der Anzahl der aktiven Rezeptoren und der Frequenz der durch sie generierten Impulse ab. Die Impulsströme bleiben asynchron. Im zweiten Bereich vollzieht sich als Resultat einer unmittelbaren Reizung empfindlicher Fasern, die in einem Büschel (Stamm) gesammelt sind, die Synchronisation der Impulsströme, die durch die Rezeptoren generiert werden. Mit Erhöhung der Dosis des chemischen Stoffes wächst die Anzahl der Fasern, die synchrone Entladungen abgeben.

Für den oben beschriebenen Prozeß kann ein Modell des Bündels der zufälligen Impulsströme, das folgendes Strukturschema hat, vorgeschlagen werden: Die Ströme des Bündels teilen sich in zwei Gruppen. Zur ersten dieser Gruppen gehören die synchronen Ströme — eine konstante Phasenverschiebung zwischen ihnen ist erlaubt —, zur zweiten die unabhängigen, asynchronen Ströme. Für den ersten Bereich der Dosis-Wirkung-Abhängigkeit wird angenommen, daß die synchronen Gruppen der Ströme fehlen. Im zweiten Bereich vergrößert sich mit dem Anwachsen der Dosis des Stoffes die Anzahl der ersten Gruppe infolge der Verringerung der zweiten.

In der Theorie der zufälligen Impulsströme werden einige Parameter betrachtet, mit welchen der Synchronisationsgrad der Impulsströme des Bündels zu charakterisieren ist [17]. Zu ihnen gehört insbesondere die Wahrscheinlichkeit P_{nr} des Zusammenfallens einer nicht genauer bestimmten Zahl r von Impulsen aus der Gesamtzahl n der Ströme. Diese Wahrscheinlichkeit hängt für das Bündel unabhängiger Ströme vom Wachstum n ab und wächst auch mit ihm oder bei Verschiebung des Verteilungszentrums $\bar{f}$ der Impulsfolgefrequenz in den einzelnen Strömen nach rechts.

Für ein gemischtes Schema des Bündels, das aus Impulsströmen der zwei oben angeführten Gruppen besteht, nimmt diese Wahrscheinlichkeit auch mit der Zahl der synchronen Gruppen des Stroms zu. Der Synchronisationsgrad kann auch mit

Hilfe der mathematischen Erwartung des Zufallsprozesses, der durch Summation der Ströme gebildet wurde, eingeschätzt werden. Es sind auch andere quantitative Bewertungen der Synchronisation der Impulsströme vorgeschlagen. Vom Standpunkt der Bearbeitung der Elektrogramme auf ERM ist die Zeit der Dämpfung der Autokorrelationsfunktion des summativen Prozesses eine geeignete Charakteristik. Beachten wir, daß zwei Synchronisationsprinzipien als Grundlage des beschriebenen Modells dienten — das strukturelle und das wahrscheinliche.
Das Modell des Schemas des Zusammenfallens der Impulsströme kann auch für die Bewertung des Abhängigkeitsgrades der Impulsströme spontaner und ausgelöster Aktivität der Neuronen verschiedener Zonen der Hirnrinde angewendet werden.

***

Es wurden die Fragen der Analyse von Prozessen der Signalübertragung in heterogenen, viele Elemente enthaltenden Strukturen des Nervensystems beleuchtet. Mit Hilfe stochastischer Modelle und experimentell-statistischer Methoden wurde eine mathematische Beschreibung der Prozesse erhalten und einige Berechnungsmethoden für die Analyse dieser Klasse von Systemen erarbeitet. Die betrachteten angenäherten Bewertungen der quantitativen Charakteristiken der struktur-funktionalen Organisation ähnlicher Objekte des Nervensystems können für eine erfolgreiche Analyse neurophysiologischer Prozesse in der Norm und im pathologischen Zustand, in onto- und phylogenetischen Untersuchungen benutzt werden.

Literatur

1. Lasarjow, P. P., Gegenwärtige Erfolge der Biophysik. M., 1927.
2. Bernstein, N. A., Allgemeine Biomechanik. M., 1926.
3. Rashevsky, N., Mathematical Biophysiks. New York, 1960.
4. Wiener, N., Kybernetik. Moskau, 1958.
5. McCulloch, W. S., Pitts, W., Logische Berechnungen von Ideen, die sich auf die Nervenaktivität beziehen. — „Automaten", (Sammelband). M., 1956, S. 362.
6. Gelfand, I. M., Zetlin, M. L., Über analoge Modelle von Steuerungssystemen. — „Vorträge der Akademie der Wissenschaften der UdSSR", 1960, 131, 6.
7. Wiener, N., Rosenblueth, A., Impulsleitung im Herzmuskel. — „Kybernetischer Sammelband", 1961, Nr. 3.
8. Jenik, F., Pulse processing by neuron models. — „Neural Theory and Modeling", Stanford Univ. Press, 1964, p. 190.
9. Lewis, E. R., An elektronic model of the neuron based on the dynamics of potassium Sodium ion fluxes. — „Neural Theory and Modeling" Stanford Univ. Press, 1964, p. 154.
10. Harmon, L. D., Lewis, E. R., Neural Modeling. „Physiological Reviews", 1966, v. 46, 3, p. 513.
11. Rosenblueth, A., Wiener, N., et al., A statistical analysis of synaptic exitation. — „J. Cell. and Comp. Physiol.", 1949, 34, N 2, p. 173.

12. Gasser, H. S., Grundfest, H., Axon diameter in relation to spike dimensions and the conduction velocity in mammalian and fibres. — „Amer. J. Physiol.", 1939, 127, p. 393.
13. Gasser, H. S., Erlanger, S., On Electrical signs of Nervous activity. Univ. of Pennsylvania Press. Philadelphia, 1937.
14. Lloyd, D. P. C., Monosynaptic reflex response of individual motoneurones as a function of frequency. — „J. gen. Physiol.", 1957, 40, p. 435.
15. Seweke, A. W., Chajutin, W. M., Die Messung des Frequenzspektrums afferenter Impulse in einem ganzen Nervenstamm. — „Physiologische Zeitschrift der UdSSR", 1966, Nr. 3, S. 258.
16. Buchthal, F., Madsen, A., Synchronous activity in normal and atropie muscle. — „EEG a. Clin. Neuroph.", 1950, v. 2, 3, p. 425.
17. Sedjakin, N. M., Die Elemente der Theorie der zufälligen Impulsströme. M., 1965.
18. Balanter, B. I., Seweke, A. W., Chajutin, W. M., Die Bestimmung des Frequenzspektrums afferenter Impulse und des Verteilungsgesetzes der Rezeptoren nach der Impulsfrequenz bei Potentialableitungen vom ganzen Nerv. — „Gegenwärtige Probleme der Physiologie und der Pathologie des Nervensystems", (Sammelband). M., 1965, S. 190.
19. Balanter, B. I., Eine Möglichkeit zur Errechnung des Verteilungsgesetzes der Zahl der Rezeptoren eines gewissen Feldes nach der Frequenz der durch sie generierten Impulse. — „Bulletin der experimentellen Biologie und Medizin", 1966, Nr. 6, S. 120.
20. Kryshanowskij, G. N., Tetanus-Intoxikation als neurophysiologisches Problem und Modell für neurophysiologische Forschungen. — „Gegenwärtige Probleme der Physiologie und Pathologie des Nervensystems", (Sammelband). M., 1965, S. 131.
21. Douglas, W. W., Ritchie, J. M., A technique for recording functional activity in specific groups of modullated and non-modullated fibres in whole nerve trunk. — „J. Physiol.", 1957, 138, p. 19.
22. Siminoff, R., The analysis of cardiovascular reflexes with an analog cross-correlator. — „Intern. J. Neuropharmacol.", 1963, 10, p. 205.
23. Gladyschewa, O. S., Seweke, A. W., Die Bestimmung des Spektrums der Frequenz von afferenten Impulsen mit Hilfe einer sich ständig verändernden Frequenz der Folge von antidromen Signalen. — „Wissenschaftliche Aufzeichnungen der Staatlichen Gorki-Universität", Angewandte Mathematik und Kybernetik. Gorki, 1967, S. 453.
24. Tatarinow, L. I., Eine Methode zur Bestimmung der Verteilungsdichte der Zahl der Nervenfasern nach der Frequenz der Impulsfolge im Nervenstamm. — „Wissenschaftliche Aufzeichnungen der Staatlichen Gorki-Universität", Angewandte Mathematik und Kybernetik, 1967, S. 465.
25. Eccls, J. S., Die Physiologie der Nervenzelle. M., 1959.
26. Chintschin, A. J., Die mathematische Theorie der Massenbedienung. M., 1963.
27. Pugatschow, W. S., Die Theorie der Zufallfunktionen. M., 1962.
28. Person, R. S., Die Muskeln — Antagonisten in den Bewegungen des Menschen. M., 1965.
29. Gelfand, I. M., Gurfinkel, W. S., Kotz, J. M., Zetlin, M. L., Schik, M. L., Über die Synchronisation motorischer Einheiten und der mit ihnen verbundenen Modellvorstellungen. — „Biophysik", 1963, Band VIII, Ausgabe 4, S. 475.
30. Chajutin, W. M., Motorische Gefäßreflexe. M., 1964.

Bei Fragen zur Produktsicherheit wenden Sie sich bitte an:
If you have any questions regarding product safety,
please contact:

Walter de Gruyter GmbH
Genthiner Straße 13
10785 Berlin
productsafety@degruyterbrill.com